SMART ENGLISH

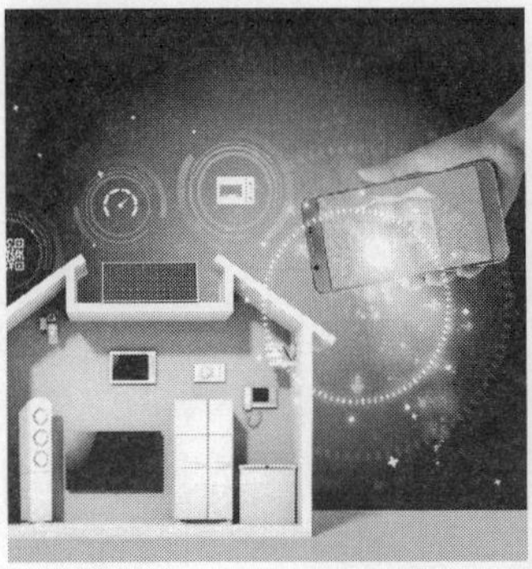

스마트 잉글리시를 통한

4차산업 핵심기술 및 글로벌 도전

남상엽 · 고인숙 공저

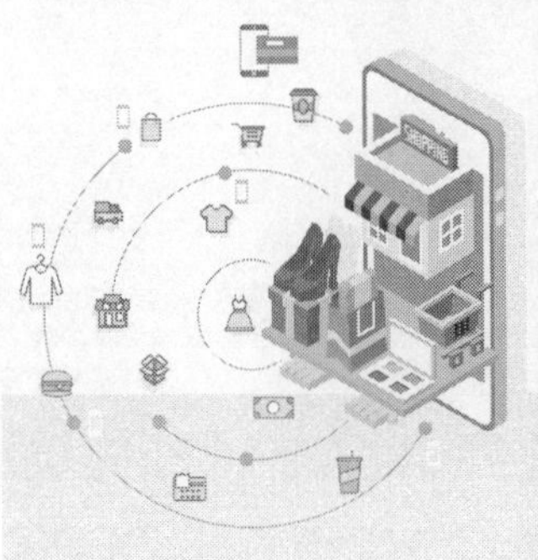

도서출판 상학당

欲爲大者 當爲人役

크고자 하거든 남을 섬기라

			학습 모듈코드	20010301_14v2
대분류	중분류	소분류	세분류	능력단위
정보통신/20	정보기술/01	정보기술전략. 계획/031	정보기술기획/01	IT비지니스환경분석/01

4차산업 핵심기술 및 글로벌 도전

머리말

4차산업혁명(4IR : Fourth Industrial Revolution)의 특징은 초연결, 초지능, 초융합으로 설명할 수 있다. 융합의 의미는 새로운 등장, 새로운 발전과정, 미래전망 등으로 전개는 하는 것을 말한다.

4차산업혁명의 15대 핵심기술 분야를 보면 ICT(Information Communication Technology : 정보통신기술)의 융합으로 이루어진 기술임을 알 수 있다. 15분야의 핵심기술은 ① 인공지능(AI : Artificial Intelligence)/빅데이터(Big Date) 분야, ② 5세대 이동통신(5G : Fifth Generation) 분야, ③ 정보보안(Information Security), ④ 지능형 센서(Intelligent Sensor), ⑤ 증강현실/가상현실(AR : Augmented Reality/VR : Virtual Reality), ⑥ 스마트 가전(Smart Home Appliance), ⑦ 지능형 로봇(Robot), ⑧ 미래형 자동차(Futuristic Car), ⑨ 스마트 공장(Smart Factory), ⑩ 바이오(Bio), ⑪ 웨어러블(Wearable), ⑫ 물류(Logistics), ⑬ 안전(Safety), ⑭ 에너지(Energy), ⑮ 스마트 홈(Smart Home)이다.

이처럼 1차산업혁명에서 4차산업혁명의 기술들은 끊임없이 계속 변화해 왔다.

고교 시절, 입시성적으로 결정된 대학 학벌이 4IR 엔지니어(Engineer) 지망생으로 최적인가? 한 번 생각해 볼 필요가 있다. 역시 지난 학벌보다 현재의 실력이 중요하다. 뛰어난 과학기술자가 되기 위해서 상상력과 창의력을 갖춘 호기심이 있는지 생각해 봐야 한다. 영어에서 쓰기나 말하기를 잘하는 비결이 따로 있는 것이 아니다. 그저 상황에 맞는 표현을 만들어나가는 것이다.

영어는 억양이 중요하다고 한다. 그런데 대부분 한국식 영어는 모노톤(Monotone)이다. 대부분 글로벌 영어(중국, 인도, 프랑스, 러시아 등)는 억양이 강한 영어를 구사한다. 한국인들은 콩글리시를 창피하게 여길 필요가 없으며 오히려 글로벌 언어를 쓰고 있다고 자신감을 갖는 배짱이 필요하다. 실제로 대화에선 헤게모니(Hegemony)가 아주 중요하다.

미국인에게 뭔가를 부탁할 때 정확하게 애기해도 못들은 척하지만 그들이 내게 무엇인가 아쉬운 게 있으면 '개떡같이 애기해도' 찰떡같이 알아듣는다.

이런 점을 감안할 때 실제론 존재하지도 않는 표준 영어 발음을 익히려는 노력의 일환으로 먼저 귀가 뚫려야 한다. 이해를 하지는 못하더라도 우선 말로서 들릴 수 있어야 하기 때문이다.

결심이라는 것은 미래의 최고 4IR 엔지니어로써 두루 실력을 갖추기 위하여 여러분 스스로 바꾸고 싶은 어떤 것에 대하여 스스로 하는 약속이라고 할 수 있다.

매일 10개 단어와 20분 영어 듣기 등 결심은 여러분이 노력할 수 있는 목표를 주고, 지속적으로 실력을 향상시키도록 동기부여를 해주기 때문에 중요하다.

남과 다른 생각과 방식으로 과감히 도전을 해야 한다. 4차산업혁명 같은 변화의 흐름을 슬기롭게 대처하고 이를 이끌어가기 위해서는 남과 다른 생각과 방식으로 과감히 글로벌 도전을 위하여 자기의 준비가 필요하다. 글로벌 도전은 오늘 당장은 힘들고 어렵겠지만 이 시기를 참고 견디어 내면 마침내 희망찬 미래를 맞이하게 될 것이다.

이 교재는 의료 IT, 컴퓨터, 정보통신, 인공지능, 콘텐츠, 핀테크 엔지니어링, 보안 등 4차산업 관련 의료, 바이오, 공학, 금융 및 경영분야의 융합학문 입문자를 대상으로 4차산업 핵심기술 및 글로벌 도전을 위한 지침서이므로, 기본적인 지식이 없어도 단계별 4차산업 핵심 필요지식 및 글로벌 수행과정을 꾸준히 따라오면 4차산업 핵심기술 및 글로벌 도전에 관련 의지, 결심과 지식을 얻어 능력을 발휘하는 계기가 되는 단계로 발전하여 실력과 도전 의식 향상이라는 숲을 볼 수 있도록 눈높이를 맞추는 데 1차적인 목표를 두었다.

이 교재의 주요구성은 다음과 같다.

학습 1. 4IR 핵심기술과 글로벌 도전 출발, 학습 2. 4IR 글로벌 도전의 핵심과 미션, 학습 3. 4IR 글로벌 도전의 결심과 집중, 학습 4. 4IR 글로벌 도전의 이유와 역량, 학습 5. 4IR 글로벌 도전의 시작과 목표, 학습 6. 4IR 글로벌 도전의 진화와 과정, 학습 7. 4IR 글로벌 도전의 미래와 매너, 학습 8. 4IR 글로벌 도전의 성공과 혁신, 학습 9. 4IR 글로벌 도전의 신뢰와 안전한 거래, 학습 10. 4IR 글로벌 도전의 가치와 디지털 전환, 학습 11. 4IR 글로벌 도전의 전략과 서비스 융합, 학습 12. 4IR 글로벌 도전의 성과 창출과 고도화, 학습 13. 4IR 글로벌 도전의 기반확립과 결실 등으로 구성되어 있다.

특히 각 장에서는 수행순서에 따른 수행질문에 따라 임의적으로 해법을 제시하여 창의적인 사고를 학생들이 추가로 작성하고 제시된 수행과제를 보다 많은 지식을 상호간 문제점에 대하여 토론하고 확인할 수 있다.

이 교재가 출간되기까지 가장 많은 지원과 아낌없는 격려를 보내주신 도서출판 상학당의 남승우 사장님 및 4차산업 핵심기술 및 글로벌 도전 관련 자문 및 논문, 보고서 사이트 등 자료 제공을 해주신 관련 교수님, 기업 및 단체에 대하여 지면을 빌려 깊은 감사의 말씀을 드리고, 특히 4차산업 핵심기술 및 글로벌 도전 관련 자료를 인터넷 블로그 및 관련 연구소 자료집에 올려주신 저자들 등 관련 관계자 여러분에게 감사의 마음을 전한다. 이 교재에서 부족했던 점이나 기타 문의사항과 관련한 자료 제공 및 지원은 도서출판 상학당을 통해 지속적으로 지원할 계획이며, 수행에 필요한 자료 등 기타 보충자료 또한 지속적으로 업데이트할 예정이므로 독자 여러분의 따뜻한 질책과 조언을 부탁드린다.

저자 씀

차 례

차 례

4차산업 핵심기술 및 글로벌 도전 학습모듈 위치

대분류	20. 정보통신
중분류	01. 정보기술
소분류	01. 정보기술전략.계획

세분류	능력단위
정보기술전략 정보기술컨설팅	08. 실행계획 수립
	09. 투자성과 분석
03. 정보기술기획	01. 비즈니스 환경분석
	02. 정보기술 환경분석
SW제품기획 빅데이터분석	03. 정보기술 운영전략 수립
	04. 정보기술 모형 설계
	05. 정보기술 아키텍쳐 설계
	06. 정보기술 운영정책 수립
	07. 인적 · 물적 자원계획 수립

4차산업 핵심기술 및 글로벌 도전 학습모듈 개요

1. 학습 모듈의 목표

4차산업 핵심기술 및 글로벌 도전은 4차산업의 핵심기술 13개를 바탕으로 글로벌 국가나 기업에 비즈니스화 하기 위하여 체계적으로 환경분석을 수행함으로써 글로벌 도전을 수행할 수 있다. 데이터를 저장하는 클라우드 기술, 전송하는 인터넷 기술, 분석하는 인공지능(AI) 기술, 융합하는 응용 프로그래밍 인터페이스(API) 기술 지능형 로봇, 블록체인, 스마트 헬스케어 등과 같은 5G 정보통신 기술을 최대한 활용 · 융합한 것이다. 그러므로 4차산업 핵심기술과 더불어 글로벌 도전에 필요한 스마트 영어와 정보통신 기술과 융합을 통해서 다양한 비즈니스 데이터를 수집 · 통합 · 활용 및 서비스를 제공하는 비즈니스 환경을 만들어야 한다. 또한 글로벌 도전능력인 스마트 영어를 학습하고 글로벌 도전 준비 완료 후 자기 능력을 활용하여 글로벌 도전 전략과 일정 등 비즈니스 환경분석을 학습하는 데 목표로 한다.

2. 선행 학습

4차산업 핵심기술에 대한 이해, 글로벌 도전의 스마트 영어 이해, 디지털 트윈, 사물인터넷, 미래 자동차, 인공지능, 클라우스기술, 인터넷기술, 가상현실, 증강현실, ICT, 플랫폼, 스마트시티, 스마트건설, 바이오헬스, 지능형로봇. 스마트팩토리, 컴퓨터 활용 능력 등

3. 핵심 용어

경영전략, 비즈니스 니즈, 스마트영어, 가치사슬, 고객환경분석, 4차산업혁명, 미래자동차, AR/VR, 스마트헬스케어, 블록체인, 스마트팩토리, 지능형로봇, 빅데이터, IoT, 인공지능, 시뮬레이션, 클라우드, 5G 분석기술, 가시화/시각화 운영기술 등

4. 교육과정 학점 및 이수시간

학 습	교육과정 학점 및 이수시간	
	학점	이수시간
1. 4IR 핵심기술과 글로벌 도전 출발	2	2
2. 4IR 글로벌 도전의 핵심과 미션	2	2
3. 4IR 글로벌 도전의 결심과 집중	2	2
4. 4IR 글로벌 도전의 이유와 역량	2	2
5. 4IR 글로벌 도전의 시작과 목표	2	2
6. 4IR 글로벌 도전의 진화와 과정	2	2
7. 4IR 글로벌 도전의 미래와 매너	2	2
8. 4IR 글로벌 도전의 성공과 혁신	2	2
9. 4IR 글로벌 도전의 신뢰와 안전한 거래	2	2
10. 4IR 글로벌 도전의 가치와 디지털 전환	2	2
11. 4IR 글로벌 도전의 전략과 서비스 융합	2	2
12. 4IR 글로벌 도전의 성과 창출과 고도화	2	2
13. 4IR 글로벌 도전의 기반확립과 결실	2	2

4차산업 핵심기술 및 글로벌 도전 학습모듈 명세서

학습명	학습내용명
1. 4IR 핵심기술과 글로벌 도전 출발	1-1 4차산업혁명의 15대 핵심기술 1-2 4차산업혁명과 융합 1-3 4IR Engineer의 글로벌 도전
2. 4IR 글로벌 도전의 핵심과 미션	2-1 4차산업혁명의 핵심기술, 인공지능 2-2 4IR Engineer 지망생에게 건네는 두 가지 당부 2-3 4IR Engineer 영어 공부법의 원칙 2-4 4IR Engineer의 글로벌 도전
3. 4IR 글로벌 도전의 결심과 집중	3-1 4차산업혁명의 핵심기술, 빅데이터 3-2 4IR Programming Language 3-3 미래 4IR 엔지니어로써 영어 실력 향상에 대한 결심 3-4 4IR Engineer의 글로벌 도전
4. 4IR 글로벌 도전의 이유와 역량	4-1 4차산업혁명의 핵심기술, 사물인터넷 4-2 4IR Engineer의 글로벌 도전 준비 4-3 4IR 엔지니어로써 영어 실력을 키워야하는 이유 4-4 4IR Engineer의 글로벌 도전
5. 4IR 글로벌 도전의 시작과 목표	5-1 4차산업혁명의 핵심기술, 디지털트윈 5-2 4IR Engineer의 글로벌 도전 시작 5-3 4IR Engineer의 글로벌 도전
6. 4IR 글로벌 도전의 진화와 과정	6-1 4차산업혁명의 핵심기술, 5G 이동통신 6-2 4IR Engineer의 글로벌 도전 실수 6-3 4IR Engineer의 글로벌 도전
7. 4IR 글로벌 도전의 미래와 매너	7-1 4차산업혁명의 핵심기술, 미래형 자동차 7-2 4IR Engineer의 글로벌 도전 매너 7-3 4IR Engineer의 글로벌 도전
8. 4IR 글로벌 도전의 성공과 혁신	8-1 4차산업혁명의 핵심기술, 스마트시티 8-2 4IR Engineer의 글로벌 도전 성공혁신 8-3 4IR Engineer의 글로벌 도전

학습명	학습내용명
9. 4IR 글로벌 도전의 신뢰와 안전한 거래	9-1 4차산업혁명의 핵심기술, 블록체인 9-2 4IR Engineer의 글로벌 도전 신뢰 9-3 4IR Engineer의 글로벌 도전
10. 4IR 글로벌 도전의 가치와 디지털 전환	10-1 4차산업혁명의 핵심기술, 스마트팩토리 10-2 4IR Engineer의 글로벌 도전 가치 10-3 4IR Engineer의 글로벌 도전
11. 4IR 글로벌 도전의 전략과 서비스 융합	11-1 4차산업혁명의 핵심기술, 스마트 헬스케어 11-2 4IR Engineer의 글로벌 도전 전략 11-3 4IR Engineer의 글로벌 도전
12. 4IR 글로벌 도전의 성과 창출과 고도화	12-1 4차산업혁명의 핵심기술, 스마트 물류 12-2 4IR Engineer의 글로벌 도전 성과 창출 12-3 4IR Engineer의 글로벌 도전
13. 4IR 글로벌 도전의 기반확립과 결실	13-1 4차산업혁명의 핵심기술, 지능형 로봇 13-2 4IR Engineer의 글로벌 도전 기반 확립 13-3 4IR Engineer의 글로벌 도전

학습 1	4IR 핵심기술과 글로벌 도전 출발
학습 2	4IR 글로벌 도전의 핵심과 미션
학습 3	4IR 글로벌 도전의 결심과 집중
학습 4	4IR 글로벌 도전의 이유와 역량
학습 5	4IR 글로벌 도전의 시작과 목표
학습 6	4IR 글로벌 도전의 진화와 과정
학습 7	4IR 글로벌 도전의 미래와 매너
학습 8	4IR 글로벌 도전의 성공과 혁신
학습 9	4IR 글로벌 도전의 신뢰와 안전한 거래
학습 10	4IR 글로벌 도전의 가치와 디지털 전환
학습 11	4IR 글로벌 도전의 전략과 서비스 융합
학습 12	4IR 글로벌 도전의 성과 창출과 고도화
학습 13	4IR 글로벌 도전의 기반확립과 결실

학습 목표

1. 4IR 핵심기술과 글로벌 도전 출발을 이해할 수 있다.

1-1 4차산업혁명의 15대 핵심기술

4차 산업혁명(4IR : Fourth Industrial Revolution)의 15대 핵심기술 분야를 보면 ICT(Information Communication Technology : 정보통신기술)의 융합으로 이루어진 기술임을 알 수 있다. 15분야의 핵심기술은 ① 인공지능(AI : Artificial Intelligence)/빅데이터(Big Date) 분야, ② 5세대 이동통신(5G : Fifth Generation) 분야, ③ 정보보안(Information Security), ④ 지능형 센서(Intelligent Sensor), ⑤ 증강현실/가상현실(AR : Augmented Reality/VR : Virtual Reality), ⑥ 스마트 가전(Smart Home Appliance), ⑦ 로봇(Robot), ⑧ 미래형 자동차(Futuristic Car), ⑨ 스마트 공장(Smart Factory), ⑩ 바이오(Bio), ⑪ 웨어러블(Wearable), ⑫ 물류(Logistics), ⑬ 안전(Safety), ⑭ 에너지(Energy), ⑮ 스마트 홈(Smart Home)이다.

이처럼 1차 산업혁명에서 4차산업혁명의 기술들은 끊임없이 계속 변화해 왔다.

〈표 1-1〉 4차산업혁명 15대 핵심기술 분야

전략분야	기술개발 테마
AI/ 빅 데이터 (8)	① 음성인식 SW ② 영상처리 시스템 ③ 인공지능 플랫폼 ④ 인지과학 SW ⑤ 빅데이터 기반 SW ⑥ Cloud Brokering ⑦ Cloud service ⑧ 가상화/컨테이너
5G (7)	① 초고속단거리 무선통신부품 ② 5G 무선전송 및 접속 기술 ③ 5G 프론트홀 · 백홀 기술 ④ 5G 코어 네트워크 기술 ⑤ massive MCT 기술 ⑥ 무선 접속을 위한 RRH 기술 ⑦ 고속 이동체를 위한 초고속 인터넷 제공 기술
정보 보호 (9)	① 생체인증 ② 클라우드 보안 ③ 사물 인터넷 보안 ④ 모바일 보안 ⑤ 스마트 산업제어시스템(ICS) 보안 ⑥ 지능형 자동차 보안 ⑦ 지능형 보안위협 대응 ⑧ 블록체인/블록체인 기반 보안 ⑨ 지능형 영상보안
지능형 센서 (9)	① 광학부품 및 기기 ② 반도체 검사장비 ③ 반도체 공정장비 ④ 반도체 패키징 소재 ⑤ 전력반도체소자 ⑥ 고주파 반도체 ⑦ SoC 부품 ⑧ 반도체 센서 ⑨ 반도체 화학 소재
AR/VR (7)	① AR/VR 응용 서비스 플랫폼 ② 실사 기반 AR/VR 영상 입력 장치 ③ 과업 특화형 개인 AR/VR 디스플레이 도구 ④ AR/VR 서비스용 콘텐츠 ⑤ AR/VR 오감 인터랙션 시스템 ⑥ 공간형 AR/VR 디스플레이 솔루션 ⑦ AR/VR 콘텐츠 제작용 소프트웨어

전략분야	기술개발 테마
미래형 자동차 (9)	① 운전자용 편의시스템 ② 자율주행차량용 카메라 ③ 정보제공 시스템 ④ 자율주행자량의 Lidar ⑤ 전기자동차 충전인프라 ⑥ 친환경 경량화 부품 ⑦ 전력변환 시스템 ⑧ 전기구동 시스템 ⑨ 에너지 저장/관리 시스템
스마트 공장 (8)	① 스마트 제조 애플리케이션 ② 센서 및 화상처리 기술 ③ 스마트 제조 CPS ④ 제조 빅데이터 분석 시스템 ⑤ 스마트 제조 AR/VR ⑥ 3D 프린팅 제조 시스템 ⑦ 산업용 고신뢰/저전력 네트워킹 ⑧ 스마트공장 플랫폼
바이오 (9)	① 유전체분석 및 정보 분석 ② 바이오칩 ③ 분자진단 ④ 면역화학진단 ⑤ 웰빙 전통식품 ⑥ 건강 기능성 식품 소재 ⑦ 기능성 화장품 ⑧ 아토피개선 화장품 ⑨ 부착형 화장품
웨어러블 (8)	① 스마트 시계 · 밴드 ② 스마트 신발 ③ 스마트 의류 ④ 스마트패치 ⑤ 생활약자보조 착용기기 ⑥ 실감 · 체험형 웨어러블 디바이스 ⑦ 레저 · 스포츠용 웨어러블 디바이스 ⑧ 휴대용 생체인증기기 · 시스템
물류 (6)	① 물류 로봇 · 드론 관제시스템 ② 소형지게차 기술 ③ 스마트 화물이동정보 모니터링 시스템 ④ 스마트 패키징 시스템 ⑤ 배송물류 라우팅 지원시스템 ⑥ 스마트 물류창고

〈표 1-1〉 4차산업혁명 15대 핵심기술 분야

전략분야	기술개발 테마
스마트 가전 (8)	① 피코 프로젝터 ② 스마트 미러 ③ 에어가전 ④ 스마트 콘센트 및 플러그 ⑤ 스마트 비서 ⑥ 융·복합형 정수기 ⑦ 스마트키친 디바이스 ⑧ 고효율 난방기기
로봇 (8)	① 인간 친화형 협동로봇 ② 착용형 근력증강 웨어러블 로봇 ③ 산업용 부상방지 및 작업지원 로봇 ④ 물류 로봇 ⑤ 스포츠 시뮬레이터 로봇 ⑥ 노인과 장애인을 위한 근력보조 웨어러블 로봇 ⑦ 소셜 로봇 플랫폼 및 서비스 ⑧ 가전 로봇
안전 (6)	① 센서형 식품 안전관리 시스템 ② 안전사고 대응 지능형 모니터링시스템 ③ 지능형 화재안전 대응 시스템 ④ 유해물질 유통 모니터링 시스템 ⑤ 미세먼지 측정 시스템 ⑥ 범죄 대응 시스템
에너지 (15)	① 대기오염 물질처리 소재 및 공정 ② 수처리 공정 전처리 설비 ③ 재활용 폐기물 분리 및 재사용 설비 ④ 연료전지용 M-BOP ⑤ xEMS 시스템 ⑥ 소규모 분산자원 중개 시스템 ⑦ 폐열에너지 활용 시스템 ⑧ 제조업 부생가스 재활용 ⑨ 레독스 플로우 배터리 ⑩ 초고용량 커패시터 ⑪ 이차전지 전해질 ⑫ 건물 일체형 신재생에너지 시스템 ⑬ 태양광 발전시스템 ⑭ 태양광 공정장비 ⑮ 소형풍력발전기
스마트 홈 (5)	① 생활밀착형 스마트디바이스 ② 스마트홈 서비스 플랫폼 ③ 스마트 통합형 홈 네트워크 연동기술 ④ 홈/빌딩 지능형 공간 서비스 ⑤ 지능형 HEMS

1-2 4차산업혁명과 융합

4차산업혁명(4IR)의 특징은 초연결, 초지능, 초융합으로 설명할 수 있다. 융합의 의미는 새로운 등장, 새로운 발전과정, 미래전망 등으로 전개하는 것을 말한다.

융합은 일상적인 용어로는 섞는다는 의미로써 퓨전(Fusion)에 해당되고 정책적인 용어일 때는 융합(融合)과 이질적 개체들(지식과 학문, 제품과 세비스, 산업, 사회 등 새로운 여러 가지 개념, 기법, 사물 등으로 치환, 연결, 창조물)을 연결하여 통합된 부가가치를 더 큰 새로운 개체로 만드는 창의적인 혁신 활동 사항들, 컨버젼스(Convergence)를 사용하는 여러 관점에서 신개념의 혁신을 의미한다. 즉 디지털 컨버젼스는 ICT와 전통 산업인 기계, 전자, 섬유, 금융 등이 디지털 제품, 서비스, 산업 등 등장으로 IT융합, 산업융합이 탄생하였다.

컨버젼스는 과거에는 지식/학문, 기술, 산업 등에 등장한 현상, 즉 자연발생적인(우연한) 혁신이지만 언제부터는 목표 달성을 위한 의도적인 혁신으로 탄생하게 되었다.

예를 들면 메카트로닉스(Mechatronics, 기계공학+전기/전자공학+시스템공학), 서비스 과학(Service Science, 경영학+산업공학+심리학+수학+사회학 등) 같은 융합지식/학문 또는 바이오 컴퓨팅, 재생의학(Regenerative Medicine)같은 융합기술(Converging Tech)은 자연발생적으로 또는 학자/기술자들이 의도적으로 만들어 낸 것이다.

21세기 들어오면서 나노기술(NT : Nano Technology, 기계+전기+전자+화학+물리학+생물+IT 등 융합기술), 바이오 기술(BT : Bio Technology, 유전자(Gene : 생명체의 융합기술), 정보기술(IT : Information Technology), 그리고 인지과학(Cognitive Science, 뉴우런(Neuron : 신경계)의 창조적인 융합, 즉 언어학+신경과학+철학+인류학+인공지능+심리학 등의 융합) 등이 탄생하기 시작했다.

이러한 컨버젼스는 융합 제품/서비스(스마트 자동차/선박, 헬스케어 등), 융합 산업(스마트시티, 스마트팜, 스마트그리드, 스마트팩토리, 스마트홈, 디지털 트윈 등) 등으로 발전하게 되었다.

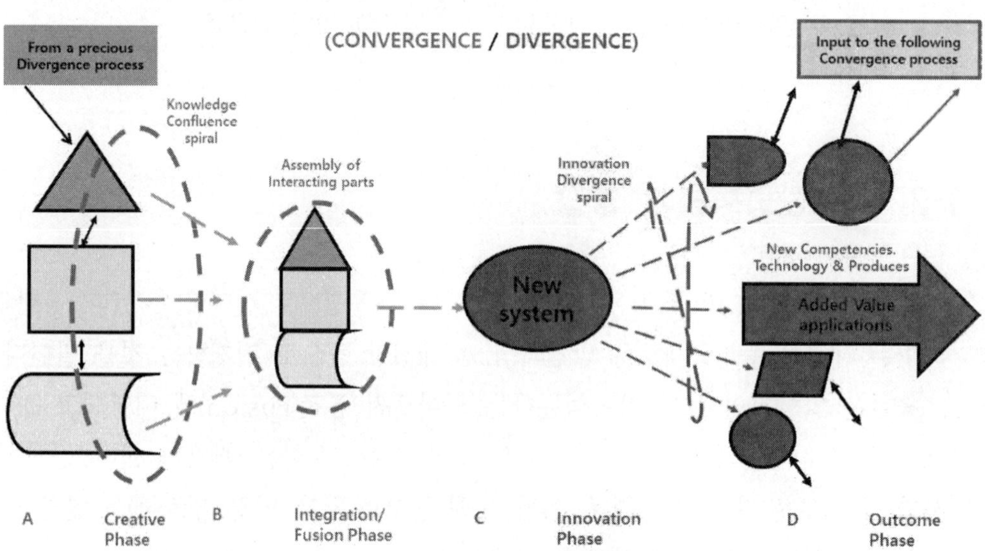

[그림 1-1] 융합과 발산 과정

출처 : WTEC, Convergence of Knowledgem Technology and society, 2013, 7

컨버젼스의 미래는 지식, 기술 및 사회의 융합인 CKTS융합(Convergence of Knowledge, Technology, and Society), 즉 국가 및 인류차원의 사회문제를 해결을 위한 지식과 기술의 융합을 의미한다.

융합, 컨버젼스는 새로운 시스템이 만들어 질 때가지 이질적 요소들이 하나로 모이는 수렴(Convergence)과정과 새로운 시스템이 다양한 애플리케이션(Application)을 통해 확산되는 발산(Divergence)과정이 반복되는 진화과정으로 정의한다.

많은 사람들이 4차산업 혁명의 핵심기술 분야에서 일을 하거나, 업무에 4IR 관련 기술을 활용하므로 4IR과 연관된 단어를 배우고 사용하는 것은 큰 도움이 될 것이다. 가장 흔하게 사용되는 4IR 기술관련 단어들을 알아 두어야 한다.

4IR 핵심기술은 어떻게 기술 간에 융합하고 응용 하는냐에 따라서 새로운 분야와 새로운 기술이 탄생하곤 한다.

4IR는 AI, BigData, Blokchain, 드론, 3D 프린터, GPU, 시스템반도체, NT와 소재기술, 센서, 슈퍼컴퓨터, 초고속통신망, 분산처리 등 하나 하나의 신기술이나 제품이 만들어 내는 변혁이 아니라 요소기술과 제품/서비스가 서로 연결되어 폭발적인 시너지를 만들고 선도기업들이 시장과 산업을 선점하는 협업 네트워크 컨버젼스의 대변혁이다.

1-3 4IR Engineer의 글로벌 도전

1. 기본표현

분 류	항 목
중분류	인사/안부, 부탁/요청/수락/거절, 축하/칭찬, 감사, 사과/용서/양보, 신상/성향, 행동/지시, 질문/대답, 숫자, 시각, 시간, 날짜, 날씨, 숫자/날짜단어장
소분류	자주 쓰이는 표현, 인사, 소개, 근황, 우연한 만남, 타인의 안부, 작별 인사, 연락 당부, 새해 인사

Meeting New People

A : Hi, are you a computer science major?

B : Right. How did you know that?

A : I saw your book. By the way, I am Rachael.

B : I am Sam. Nice to meet you. Where are you from?

A : I'm from L.A. How about you?

B : I am from here, New York. What's your major, Rachael?

A : I am majoring in Medical Information Technology.

B : Oh, that sounds great.

수행 내용

재료 · 자료

- 4차산업 혁명 관련 자료

기기(장비 · 공구)

- 컴퓨터, 프린터, 주변기기

안전 · 유의사항

- 컴퓨터 및 주변기기의 전원을 관리한다.

수행 순서

01 AI/빅데이터 기술개발 테마의 정의에 대하여 분석하라.

구 분	기술개발테마	정 의
1	음성인식 SW	컴퓨터와 같은 자동적 수단을 이용해 인간이 발생시키는 음성신호로부터 언어적 의미를 식별해내는 기술을 의미
2	영상처리 시스템	영상을 분석하여 내포된 특성을 인식하고 패턴을 추출하는 기술로 목적과 대상에 따라 객체 인식(얼굴, 색상, 글자, 숫자, 사물 등), 상황 감지, 모션인식 및 추적, 검색할 수 있는 시스템
3	인공지능 플랫폼	비정형, 정형 데이터, 사진, 동영상 등 다양한 멀티 콘텐츠에 대한 상황정보(Context)를 인지/학습하고 분석하여 사용자가 원하는 정보를 신속하게 검색, 추천, 예측하는 기술을 의미
4	인지과학 SW	사람의 지각, 기억, 학습 및 감정 등 인지과정을 규명해 인간 중심의 사회를 구현하고 각종 인공물 개발에 적용 가능한 SW
5	빅데이터 기반 SW	빅데이터 플랫폼을 통한 데이터 수집, 저장, 분산 처리, 검색, 공유, 분석, 시각화 등을 이용하여 데이터를 처리하는 소프트웨어
6	Cloud Brokering	복수의 퍼블릭 IaaS 플랫폼과 연동하여 맞춤형 서비스 구성, 워크플로우 매니저 기능 등을 제공하는 서비스

구 분	기술개발테마	정 의
7	Cloud service	사용자의 환경 밖에서 서비스로서 제공된 확장 가능한 컴퓨팅 자원을 사용한 양에 따라 비용을 지불하고 사용하는 서비스를 제공하는 기술
8	가상화 /컨테이너	기존의 서버 가상화가 '하드웨어 레벨'의 가상화라 한다면, 가상화/컨테이너는 OS레벨의 가상화라 할 수 있으며 도커(Docker)가 대표적인 컨테이너 기술의 하나임

02 5G 기술개발 테마의 정의에 대하여 분석하라.

구 분	기술개발테마	정 의
1	초고속단거리 무선통신부품	기존의 주파수 대역에서 벗어나 다양한 주파수 대역을 활용할 수 있는 초고속 무선 통신 및 초절전 무선통신 부품
2	5G 무선전송 및 접속 기술	이동통신 네트워크의 용량을 증대하는 Flexible spectrum usage 기술과 소형셀 기지국 SW에 서로 다른 여러 개의 주파수 대역을 묶어 하나의 주파수처럼 속도를 끌어올리는 기술을 융합하여 사각지대 없는 데이터 전송을 구현하는 기술
3	5G 프론트홀 · 백홀 기술	5G로 이동통신이 발달함에 따라 트래픽 증가에 대한 대안이 되는 기술
4	5G 코어 네트워크 기술	각종 서비스를 제공해주는 유선 네트워크 시스템에 대한 기능 분산화, 유무선 융합화, 트래픽 최적화 기술
5	massive MCT 기술	소량의 데이터를 송/수신하는 무수히 많은 MTC device를 수용하기 위해 기존과 다른 네트워크 · 통신 방식 및 비용 측면을 고려한 새로운 메커니즘
6	무선 접속을 위한 RRH 기술	전기적 또는 무선 인터페이스를 통해 원격 전파 트랜스시버에 연결해 주는 전파 조작 기술
7	고속 이동체를 위한 초고속 인터넷 제공 기술	고속 이동 환경에서 기가(Gbps)급 데이터 서비스를 제공하여 고속으로 움직이는 철도나 자동차에 고속 인터넷 제공

03 정보보호 기술개발 테마의 정의에 대하여 분석하라.

구 분	기술개발테마	정 의
1	생체인증	생체인식이라고도 하며 지문 · 목소리 · 눈동자 등 사람마다 다른 특징을 인식 하는 것. 즉 인간의 신체적 · 행동적 특징을 자동화된 장치로 측정하여 개인식별의 수단으로 활용하는 모든 것을 가리킴
2	클라우드 보안	HW/SW 등 각종 ICT 자원을 통신망에 접속해서 서비스로 이용하는 방식인 클라우드의 안전성 강화를 위해 요구되는 보안 기술
3	사물 인터넷 보안	인간과 사물, 서비스 세 가지 분산된 환경 요소에 대해 인간의 명시적 개입 없이 상호 협력적으로 센싱, 네트워킹, 정보 처리 등 지능적 관계를 형성하는 사물 공간 연결망인 사물인터넷의 안전성 강화를 위해 요구되는 보안 기술
4	모바일 보안	모바일 환경을 보호하기 위한 총체적인 활동으로, 보안 위협은 스마트폰의 보안 위협 이슈로 부각
5	스마트 산업제어시스템 (ICS) 보안	산업제어시스템은 산업 생산을 위해 이용되는 제어 시스템으로 SCADA 시스템, 분산 제어 시스템, 프로그래머블 로직 컨트롤러 및 프로그래머블 오토메이션 컨트롤러 등이 있음. ICS 보안은 주로 전력, 석유 · 가스, 물, 통신 및 교통 운송 등의 분야에 도입 중
6	지능형 자동차 보안	기술융합을 통해 안전성 및 편의성을 획기적으로 향상시킨 자동차인 지능형 자동차의 안전성 강화를 위해 요구되는 보안 기술
7	지능형 보안위협 대응	특정 ICT의 불법 조작 또는 정보 탈취를 위하여, 오랜 기간동안 불법 정보 활동을 지속하는 지능형 보안위협에 대응하여 네트워크 샌드박스와 엔드 포인트 보안, 이메일 필터링, 메모리 분석 기반 지능형 익스플로잇 탐지, 데이터 및 보안이벤트 연관성 분석 등을 수행하는 전방위적 보안 대응 기술
8	블록체인/ 블록체인 기반 보안	블록체인 기술이 적용된 전자화폐의 거래를 투명하고, 안전하게 보호하기 위한 분산 네트워크 운영, 암호화 등의 다양한 보안 기술
9	지능형 영상보안	고정식 카메라 및 단일 센서를 이용한 기존 아날로그/디지털 CCTV 감시 통합관제 시스템의 문제점을 개선하여 실시간(사전 예방형) 모니터링이 가능하도록 루프 센서, 열적외선 이미지 센서, RFID 및 초음파 방식 등을 활용한 통합관제 시스템

04 지능형 센서 기술개발 테마의 정의에 대하여 분석하라.

구 분	기술개발테마	정 의
1	광학 부품 및 기기	렌즈를 통해 들어온 이미지를 디지털 신호로 변환시키는 부품이며, 모듈을 구성하는 이미지 센서와 렌즈 모듈, IR-filter Package 등의 개발 및 양산 기술 포함
2	반도체 검사장비	반도체 제조공정에서 공정이 완료된 후 웨이퍼와 패키지 상태에서 반도체 칩이 제 기능을 올바로 수행할 수 있는지를 확인하고 불량 유무를 결정하는 장비
3	반도체 공정 장비	반도체 회로설계, 웨이퍼 제조 등 반도체 제조를 위한 준비 단계부터 웨이퍼를 가공하고 칩을 제조하는 단계까지의 모든 장비를 지칭
4	반도체 패키징 소재	반도체 칩에 필요한 전원을 공급하고, 반도체 칩과 메인 PCB 간에 신호연결을 위해 전기적으로 연결하고 외부의 습기나 불순물로부터 보호할 수 있도록 포장하는데 필요한 소재
5	전력 반도체 소자	전력반도체 전력을 시스템에 맞게 배분하는 제어와 변환기능을 가진 소자로 에너지 절약 및 제품의 크기를 축소하기 위해 전력변환 장치에 사용
6	고주파 반도체	고주파수 대역 신호를 고속 처리 할 수 있는 고주파 시스템에 사용되는 고주파 반도체
7	SoC 부품	스마트폰, 태블릿 등 차세대 이동통신기기에 필수적으로 내장되어 동영상 · 멀티미디어 콘텐츠, 웹 콘텐츠 등의 다양한 데이터 서비스를 지원할 수 있는 관련부품
8	반도체 센서	외부로부터의 갖가지 신호를 전기신호로 변환하는 것으로, 반도체의 여러 가지 효과가 이용되고 있으며, 이것을 이용한 다양한 센서를 통칭
9	반도체 화학 소재	반도체용 화학 소재로 박리성, 도전성 및 정전기 차폐 등의 기능성이 부여된 소재 및 고성능 반도체 소재를 지칭

05 AR/VR 기술개발 테마의 정의에 대하여 분석하라.

구 분	기술개발테마	정 의
1	AR/VR 응용 서비스 플랫폼	각 기업이나 개인들이 소비자들에게 자신들의 AR/VR 응용 서비스를 편리하게 제공할 수 있도록 지원해주는 플랫폼
2	실사 기반 AR/VR 영상 입력 장치	실제 환경을 기반으로 하는 AR/VR 콘텐츠 제작이 가능하도록 하는 영상 입력 장치
3	과업 특화형 개인 AR/VR 디스플레이 도구	부품 수리, 수중 탐사 작업 등 특정 과업에 특화된 개인 AR/VR 디스플레이 도구
4	AR/VR 서비스용 콘텐츠	사용자가 현실 세계에서 직접 경험하지 못하는 상황을 체험할 수 있도록 하는 AR/VR 서비스에 특화시킨 콘텐츠
5	AR/VR 오감 인터랙션 시스템	실감 시네마, 차세대 게임(가상현실), 홀로그램, ScreenX 등 실감형 기술을 이용해 시청각 중심의 콘텐츠 한계를 극복하는 상호작용 시스템
6	공간형 AR/VR 디스플레이 솔루션	복수의 사용자가 거리와 상관없이 같은 가상공간에서 상호작용이 가능하도록 제작된 AR/VR 디스플레이용 솔루션
7	AR/VR 콘텐츠 제작용 소프트웨어	AR/VR 콘텐츠 제작을 위한 엔진, 시뮬레이터 등 AR/VR 콘텐츠 제작에 최적화된 소프트웨어

06 스마트가전 기술개발 테마의 정의에 대하여 분석하라.

구 분	기술개발테마	정 의
1	피코 프로젝터	기존의 업무용, 가정용 프로젝터와 달리 매우 작은 크기로 휴대하기 간편한 프로젝터 제품군을 지칭하며, 작은 배터리를 내장해 외부전원이 없이도 화면 투사 및 시청이 가능한 프로젝터
2	스마트 미러	특수증착 처리된 유리를 사용해 평소에는 일반거울처럼 사용하다가 터치 등의 동작을 통해 PC 모니터나 스마트폰 액정 역할을 하는 스마트 디스플레이
3	에어가전	공기청정기, 선풍기, 에어컨, 제습기 등 실내공기 상태를 조절하는 가전을 통칭하는 기기

구 분	기술개발테마	정 의
4	스마트 콘센트 및 플러그	전원On/Off 제어, 전력측정, 안전관리, 통신기능을 포함한 차세대 제품으로 기존의 단순한 기계식구조를 탈피하여 전력의 이상상태를 모니터링하고 외부에 전송할 수 있는 IoT형 기기를 의미
5	스마트 비서	주요가전제품을 컨트롤하고, 화재, 침입 등 위기상황에서 자체적으로 제어하는 지능형 비서 기기 및 시스템
6	융·복합형 정수기	융복합형 정수기는 물리/화학적인 정수기능 외에 수질에 대한 측정, 필터의 오염정도, 급수수질에 대한 실시간 모니터링 등 입·출력되는 수질정보를 사용자에게 실시간 제공하는 통신기능을 포함하며, 냉·온수, 탄산, 수소수, 커피추출 등 부가기능을 결합하여 활용도를 높인 제품을 의미
7	스마트키친 디바이스	스마트 전자레인지, 렌지 후드 등 가정용 주방에서 탑재된 센서를 통해 자동 작동하는 기능 등 IoT 기반의 센서 네트워크를 이용하여 동작되는 중방용 가전기기를 의미
8	고효율 난방기기	가정용 전기기기 중 1~2인이 사용가능한 가정용 소형 난방기기 및 이를 제조하기 위한 기술로, 스마트 기능 탑재를 통한 사용자설정에 따라 자동으로 온도설정 및 On/Off 기능 등이 가능한 기술 및 시스템

07 로봇 기술개발 테마의 정의에 대하여 분석하라.

구 분	기술개발테마	정 의
1	인간 친화형 협동 로봇	산업자동화 분야에 사용되며 인간과 작업 공간을 공유하면서 인간과의 직접적인 상호 작용을 위해 설계된 로봇
2	착용형 근력증강 웨어러블 로봇	신체 외부에 착용해 근력을 증강시키고, 이를 통해 기존 사용자가 수행하기 힘들었던 과업들을 효과적으로 수행하도록 지원해주는 로봇
3	산업용 부상방지 및 작업지원 로봇	산업현장에서 개별 작업에 최적화된 보조력을 생성하여 작업자의 부상을 방지하거나 작업 효율을 증가시켜주는 로봇
4	물류 로봇	인간을 대신하여 생산자와 소비자 사이에서 원료 재료, 부품, 상품을 안전하고 효율적으로 전달하기 위하여 물류 센터 등에서 상품을 자동으로 관리하는 로봇
5	스포츠 시뮬레이터 로봇	스포츠 활동의 실제적인 움직임을 모사하는 로봇으로, 실제 스포츠 환경의 제약 요인으로부터 벗어나 효과적인 스포츠 활동을 가능하게 하고 실감나는 가상의 스포츠 체험을 제공
6	노인과 장애인을 위한 근력보조 웨어러블 로봇	노인들과 장애인들을 위한 근력보조 서비스를 제공하기 위해 신체 외부에 장착하는 로봇

구 분	기술개발테마	정 의
7	소셜 로봇 플랫폼 및 서비스	사람들의 반응이나 행동에 따라 상호 작용하는 지능형 서비스 콘텐츠를 통해서 사람들의 교육 및 여가 활동에 도움을 주는 로봇
8	가전 로봇	일반 가정 내에서 인간과 함께 생활하며 지능형 가전 역할 또는 가사 활동을 보조하는 미래 지능형 로봇

08 미래형 자동차 기술개발 테마의 정의에 대하여 분석하라.

구 분	기술개발테마	정 의
1	운전자용 편의시스템	운전자에게 편의를 제공해주는 목적으로 사용되는 전기 전자장치(도어 및 윈도우, 스마트키, 선루프, 메모리시트, TPMS, 공조기, 시트벨트 등)와 관련된 부품 및 시스템
2	자율주행 차량용 카메라	차량의 윈드쉴드에 부착되어 전방의 장애물(차량, 보행자, 자전거, 이륜차)을 감지하거나 도로 정보를 인식하여 운전자 지원시스템 및 자율주행시스템에 제공함으로써 차량의 안전을 확보하는데 필요한 제품군
3	정보제공 시스템	반 자율주행 상황에서도 주행 중 운전자에게 안전하게 정보제공을 해주고 사고 위험을 줄일 수 있는 정보 제공의 기능을 갖춘 시스템
4	자율주행 차량의 Lidar	사물까지의 거리측정을 위한 수단으로 활용되고 있는 LidaR는 빛을 발사해 물체에 반사되어 돌아오는 시간과 강도, 주파수와 편광상태의 변화 등을 측정하여 대상과의 거리 등 물리적 성질을 측정하는 장치
5	전기자동차 충전인프라	전기자동차에 탑재된 이차전지를 급속 충전하기 위한 기본적인 충전시스템과 관제 플랫폼, 긴급충전 서비스 등을 포함하는 기술
6	친환경 경량화 부품	자동차 중량 감소를 위한 차제 내부의 경량화 부품 소재 등을 의미
7	전력변환 시스템	전기에너지를 이용하여 운행하는 전기자동차(EV)나 하이브리드자동차(HEV), 플러그인 하이브리드 자동차(PHEV) 등의 전기동력 기반 자동차(xEV)에서, 차량 전장시스템이 요구하는 전원형태(전압, 전류, 주파수 등)를 갖도록 전기에너지를 변환하고 제어하는 장치
8	전기구동 시스템	엔진이 없는 전기자동차에서 동력을 발생하는 장치로 전동기와 인버터로 구성되며 전동기축에 감속기 또는 변속기를 연결하여 회전력을 바퀴에 전달하여 차량을 구동시키는 모듈 부품임
9	에너지 저장/관리 시스템	리튬배터리 셀/모듈, 대용량 릴레이, 전류센서, 고전압 케이블, 커넥터 등의 에너지 저장기술과, 에너지의 소모, 방전, 충전을 관리하는 시스템을 의미

09 스마트공장 기술개발 테마의 정의에 대하여 분석하라.

구 분	기술개발테마	정 의
1	스마트 제조 애플리케이션	스마트공장의 공정설계, 제조실행분석, 품질분석, 설비보전, 안전/증감작업, 유통/조달/고객대응 등을 실행하는 애플리케이션
2	센서 및 화상처리 기술	기존 센서에 논리, 판단, 통신, 정보저장 기능이 결합되어 데이터 처리, 자동 보정, 자가 진단, 의사결정 기능을 수행하는 고기능, 고정밀, 고편의성, 고부가가치 센서
3	스마트 제조 CPS	기업의 정보시스템(ERP, CRM, SCM, MES 등) 및 컴퓨팅 시스템(PLC, CAD, CAM, 센서 등)과 현실세계의 사물(기계, 로봇 등)들과 네트워크로 통합하여 제어하는 기술
4	제조 빅데이터 분석 시스템	제조의 全주기를 빅데이터 심층분석을 통해 정확한 수요예측, 고객 맞춤형 설계, 심층적 피드백 반영, 라인효율 최적화, 예방형 장비 교체, 선진적 물류 /유통체계, 장비효율 극대화, 레고식 맞춤형/주문형 생산, 이상탐지 기반 고품질 제품 생산 등을 가능하게 하는 시스템
5	스마트 제조 AR/VR	자동차/기계 부품 등의 여러 요소를 입력하여 산출된 시제품의 AR/VR 영상을 검토하여 보완, 정밀도 등 품질향상, 비용 및 시간 절감을 도모하게 하는 기술
6	3D 프린팅 제조 시스템	디지털 디자인 데이터를 이용, 소재를 적층(積層)해 3차원 물체를 제조하는 기술로 사용자 요구에 맞게 다종소량 제조에 적합하고 제조사의 전체 비용 절감 효과를 볼 수 있는 제품
7	산업용 고신뢰/저전력 네트워킹	스마트공장 환경에 적합한 네트워킹 기술을 제공하는 제품 및 기술을 개발하는 것으로 공장 환경에 적합한 고신뢰성 저전력의 네트워킹 기술을 탑재한 제품, 단위 시간 당 전송 속도뿐만 아니라 지연시간(Latency), 전력 소모 등 종합적인 성능의 획기적 개선이 필요하며, 설치 면적, 유연성, 신뢰성 등에 서도 우수한 특성을 제공해야 함
8	스마트공장 플랫폼	글로벌 기업이 주도하고 있는 스마트공장 플랫폼의 국내 실정에 맞는 중소기업형 스마트공장 공통 플랫폼을 의미. 센서, PLC, 설비 등과의 공통 연결을 지원하고 표준화된 데이터 교환을 가능하게 하고, 응용프로그램 및 클라우드와 통합 등의 기능을 제공하는 제품 구분 기술개발 테마 정의

10 바이오 기술개발 테마의 정의에 대하여 분석하라.

구 분	기술개발테마	정 의
1	유전체 분석 및 정보 분석	인간 등 생물의 유전체를 초고속으로 해석하여 산업적, 의학적 유용한 유전정보를 획득하기 위한 차세대 유전정보 해독, 분석 및 활용 기술
2	바이오칩	작은 기판 위에 DNA, 단백질 등 생물 분자들을 결합시켜 유전자 결함, 단백질 분포, 반응 양상 등을 분석해낼 수 있는 생물학적 마이크로칩
3	분자진단	대표적 체외진단 기법으로, 인체나 바이러스 등의 유전자 정보를 담고 있는 DNA의 분자수준 변화를 기내 핵산 증폭기술 PCR 등의 기술을 적용하여 질병 등을 진단
4	면역화학 진단	감염성 인자, 외부 이물질, 독소(독성물질), 살아있는 세포와 암 등을 포함한 모든 자극에 대한 방어 기전이 포함된 면역에 기초를 두고 혈청학적 현상을 화학적인 입장에서 추구하는 진단
5	웰빙 전통식품	건강기능성 소재와 발효기술로 새로운 유통기술 등을 융합한 고부가 식품
6	건강 기능성 식품 소재	생물, 식물에서 추출한 소재나 신체에 존재하는 효소 등으로 신체의 항상성을 유지시키며 대사를 촉진시키기 위하여 제조·가공하기 위한 소재
7	기능성 화장품	피부의 미백에 도움을 주는 제품, 피부의 주름개선에 도움을 주는 제품, 피부를 곱게 태워주거나 자외선으로부터 피부 보호에 도움을 주는 제품 중 어느 하나 이상 포함
8	아토피 개선 화장품	유아기 혹은 소아기에 시작되는 만성적이고 재발성의 염증성 피부질환인 소양증(가려움증)과 피부 건조 증상 등을 완화하거나 개선을 목적으로 하는 화장품
9	부착형 화장품	얼굴 모양 및 개선시키고자 하는 부분의 모양에 맞추어 시트, 하이드로겔과 카타플라스마 제형 등을 사용하여 피부에 수분과 다양한 영양 성분, 미백과 주름 개선 성분 등을 공급

11 웨어러블 기술개발 테마의 정의에 대하여 분석하라.

구 분	기술개발테마	정 의
1	스마트 시계 · 밴드	센서기술을 활용하여 사용자 신체 및 활동 정보를 측정하는 손목 착용형 기기로 스마트폰과 연동하여 문자 · 전화 · SNS 등을 이용할 수 있고, 연동 없이 직접 데이터 처리가 가능한 기기도 포함
2	스마트 신발	신발에 지능형 센서를 장착하여 사용자의 운동상태 및 보행습관 등의 분석이 가능한 신발로 일체형, 분리형(기기장착 또는 인솔) 등이 있음
3	스마트 의류	디지털화된 의류로 웨어러블 컴퓨터를 패션에 적용한 것을 의미. 의류에 디지털 센서, 초소형 컴퓨터 칩이 들어있어 의복 자체가 외부 자극을 감지하고 반응할 수 있음
4	스마트 패치	신체에 부착하여 내 · 외부의 다양한 정보를 획득하여 외부 전자기기 혹은 의료 전문가에게 전달하여 사용자의 건강 증진에 기여할 수 있는 패치를 의미
5	생활약자 보조 착용기기	유아 · 노약자 · 장애인 등에게 위급 상황 발생 시 센서 작동으로 보호자에 도움을 요청하거나, 건강패턴을 실시간으로 기록 · 분석하는 디바이스를 의미. 착용자의 신체적 · 인지적 정보를 수집하여 필요한 정보제공 및 신체적 · 인지적 능력을 보조하는 기능을 갖춘 디바이스를 의미
6	실감 · 체험형 웨어러블 디바이스	오감(시각, 청각, 촉각 등)의 표현 및 인터페이스 기술을 조합해서 실제와 유사한 느낌을 제공하는 웨어러블 기술을 의미. 영상물 속에 직접 들어가 있는 것과 같은 생생함을 주거나 다른 대상이 된 것 같은 느낌을 줄 수 있음
7	레저 · 스포츠 용 웨어러블 디바이스	레저 · 스포츠용 각종 도구나 장갑, 신발, 안경 등 신체의 각 부위에 부착된 장치로 운동량 데이터를 수집하고 모바일 기기를 통해 시각화된 정보를 제공하고 운동량 향상을 위한 코칭 등이 가능한 디바이스
8	휴대용 생체인증기기 · 시스템	사람의 신체적 특징(지문, 얼굴, 홍채)와 행동적 특징(음성, 서명, 걸음걸이)을 자동화된 IT기술로 추출 및 저장하여 휴대용 IT기기로 개인을 식별하거나 확인하는 수단을 의미

12 물류 기술개발 테마의 정의에 대하여 분석하라.

구 분	기술개발테마	정 의
1	물류로봇 · 드론 관제시스템	배송로봇 · 드론에 관한 감시, 통제 및 트래픽 관리 등을 위해 현장상황을 별도의 장소에서 집중화하여 모니터링하기 위한 시스템
2	소형지게차 기술	소형 트럭에 싣고 다니면서 500kg 수준의 중량물까지 들어 올려 적재함에 싣고 내릴 수 있는 소형 지게차 기술
3	스마트 화물 이동 정보 모니터링 시스템	RFID/센서 기술이 결합된 물류용기(파렛트, 플라스틱 상자, 대차 등)를 기반으로 상품의 이력 추적, 상품 품질 지표 기준, 다양한 물류 정보 서비스 등을 제공할 수 있는 친환경 첨단 물류시스템
4	스마트 패키징 시스템	온도, 충격, 냄새 등 화물 특성에 따라 다양한 화물 상태를 실시간으로 확인하여 공유함으로써 화물의 안전성, 보안성을 확보하고 가시성을 향상 시켜 물류서비스 수준을 향상하는 기술
5	배송물류 라우팅 지원시스템	중소기업 등이 말단 배송 시 배송루트 결정, 물동량 배분, 운행 지역 결정 등 말단 배송 운영의 효율화를 지원할 수 있는 상용화된 시스템 제공 기술
6	스마트 물류창고	단순히 제품을 보관만 하는 곳이 아니라, 고객의 수요변동에 능동적으로 대처하는 공급망 관리(SCM) 및 부가서비스(Value Added Service)를 수행 하는 창고

13 안전 기술개발 테마의 정의에 대하여 분석하라.

구 분	기술개발테마	정 의
1	센서형 식품 안전관리 시스템	ICT, 바이오기술, 센싱기술 등을 활용해 식품의 이력, 안전, 품질과 신선도 등의 각종 정보를 제공하고 효율적인 관리가 가능하도록 하는 차세대 식품 시스템
2	안전사고 대응 지능형 모니터링 시스템	모바일과 앱을 통해 정보를 공유하고, 문자 · 영상 등 다양한 ICT 기술과 장비들을 활용하여 재난관리 정보를 사전에 공유 · 전파하고 피해를 최소화 하기 위한 시스템

구 분	기술개발테마	정 의
3	지능형 화재안전 대응 시스템	ICT 및 센싱기술을 바탕으로 최근 대형 및 고층화 된 건물에서 발생하는 화재를 조기에 발견하고 신속하게 대응함으로써 피해를 최소화하도록 하는 시스템
4	유해물질 유통 모니터링 시스템	유해물질이 누출되었을 경우, 곧바로 감지해 통합 모니터링을 한 뒤 처리시스템으로 전송해 정보를 수집하고 전달하는 시스템으로, 유독성물질 누출로 인한 피해를 최소화하고 쾌적한 환경에서 작업하도록 도움
5	미세먼지 측정 시스템	심장과 호흡기에 치명적인 질환을 일으키는 원인으로 작용하는 미세먼지 및 초미세먼지로의 노출을 사전에 차단하고 실시간으로 경보하는 시스템
6	범죄 대응 시스템	대량살상용 유독성산업용화합물(군사용 화학작용제 포함), 폭발물 및 감염 성병원균에 대한 탐지/식별 또는 실시간 모니터링 장비/시스템을 개발하여 원인물질을 추적 조사함으로써 경보/주의보를 조기에 발령하고 신속히 대처함으로써 인명 및 물적 피해확산을 줄여 사회적 경제적 피해를 최소화하기 위한 시스템

14 에너지 기술개발 테마의 정의에 대하여 분석하라.

구 분	기술개발테마	정 의
1	대기오염 물질 처리 소재 및 공정	대기 중 잔류하여 환경오염을 유발하는 물질을 저감하는 공정 및 정화기술로 사전에 예방하거나 사후에 대기 환경 부하를 저감할 수 있는 기술 및 제품
2	수처리 공정 전처리 설비	수처리 공정의 유입수에 공정의 효율을 감소시키거나 오염을 유발하는 물질을 제거하거나 감소시키는 기술 및 시설
3	재활용 폐기물 분리 및 재사용 설비	폐기물 매립/소각기술, 유해 폐기물 처리기술, 폐기물 재활용 및 자원화와 관련된 기술로, 폐기물의 재사용이 가능하도록 설계 하는 기술을 의미. 최근에는 플라즈마를 이용한 열분해 용융방법을 이용한 폐기물 처리 기술이 개발되고 있음
4	연료전지용 M-BOP	연료전지용 M-BOP는 연료전지 스택의 안정적 운전을 위하여 가스공급 등에 필요한 기계적 주변장치들을 의미. 스택 및 시스템의 내구성 향상과 운전 최적화를 위한 연료 공급 시스템, 공기 공급 시스템, 수처리 시스템 등으로 구분 가능
5	xEMS시스템	에너지의 효율적인 이용이 가능하도록 관련 데이터를 수집, 분석, 정보화하여 관리 및 운용하는 시스템을 의미하며 스마트그리드, 스마트시티, 마이크로그리드 등 다양한 환경에서 필수적으로 요구하는 시스템

구 분	기술개발테마	정 의
6	소규모 분산자원 중개 시스템	10MW 이하의 수요 인근에 위치하는 자원을 총칭하며 기존의 중앙전원이 가지고 있는 대규모 및 장거리 송전과 대비되는 개념
7	폐열에너지 활용 시스템	에너지 생성 과정에서 사용하지 못하고 버려지는 폐열을 이용하여 새로운 에너지를 생산하는 시스템
8	제조업 부생가스 재활용	화력발전소 또는 일반 산업체에서 배출되는 CO2를 고농도로 포집한 후 산업적인 용도로 이용하거나, 지중이나 해저에 주입하여 대기로부터 격리하는 기술을 의미하며, 분리방법을 통한 CO2 포집, 포집된 CO2의 산업 목적으로의 이용, 포집 CO2의 압축, 수송 및 저장 기술을 포함
9	레독스 플로우 배터리	산화수가 다른 액상의 양극전해액 및 음극전해액으로 구성된 전지로서 양극 및 음극 전해액을 구성하고 있는 레독스 쌍의 전위차에 의해 기전력이 발생하고 충·방전이 가능한 이차전지 시스템
10	초고용량 커패시터	대용량 에너지를 저장 후 높은 전류를 순간적·연속적으로 공급하는 고출력 전기에너지 저장장치로 전극활물질, 전해질 등 핵심원료소재 개발 기술과 시스템 제작기술 등의 내용을 포함
11	이차전지 전해질	이차전지의 양극 및 음극사이에서 해당 이온의 삽입/탈리 혹은 산화/환원 반응에 필요한 이온이 이동하는 매질의 역할을 하는 물질. 성상에 따라 액체 전해질, 고체 혹은 젤 상태의 고분자 전해질, 이온성 액체 전해질, 기타 세라믹 형태의 무기 고체 전해질 등을 포함
12	건물 일체형 신재생에너지 시스템	건축물의 에너지 자립을 위해 태양광 모듈을 건물의 외피 또는 설비 시스템과 접목하여 건축 부자재의 기능과 전력생산을 동시에 할 수 있는 기술을 의미
13	태양광 발전시스템	태양광 발전시스템은 태양전지(solar cell)로 구성된 모듈(module)과 축전지 및 전력변환장치 등의 기술로 구성
14	태양광 공정장비	태양광 공정 장비란 실리콘계(실리콘 박막 포함) 및 박막 태양전지 등을 제조할 수 있는 공정 및 제조할 수 있는 모든 장비를 의미
15	소형풍력 발전기	한국에너지공단 인증 기준에 의해 회전자 면적 200㎡이하 정격용량 30㎾ 미만을 소형 풍력발전기로 정의하며 용도 상으로 독립전원용 또는 계통연계형으로 구분됨

15 스마트홈 기술개발 테마의 정의에 대하여 분석하라.

구 분	기술개발테마	정 의
1	생활밀착형 스마트 디바이스	통신기능을 통해 다양한 기능을 수행할 수 있는 기능뿐만 아니라, 지능화된 자원 관리 시스템과 사용자 인터페이스를 통해 각종 스마트 기기를 상호 제어하고 연동할 수 있는 기술
2	스마트홈 서비스 플랫폼	스마트홈과 외부의 소통을 위한 통신 채널을 제공하고 스마트홈을 구성하는 다양한 스마트가전 및 서비스들을 관장하며 실감 · 감성 · 융합형 홈 서비스를 제공하는 플랫폼 기술
3	스마트 통합형 홈 네트워크 연동기술	가정 내의 디지털 정보가전을 유 · 무선으로 연결하여 정보교환, 원격제어, 멀티미디어 서비스 등을 제공하는 기반기술
4	홈/빌딩 지능형 공간 서비스	다목적(주거 및 비 주거) 빌딩에서 전통적인 제어를 위한 BAS와 시설/설비의 제어를 위한 BMS 뿐만 아니라 에너지의 효율적인 관리를 위한 EMS 또는 BEMS를 포함하는 기술
5	지능형 HEMS	댁내 에너지 사용량 정보를 실시간으로 획득한 Bigdata 처리 및 다양한 IoT 통신 기능을 제공하며, 사용자 패턴 및 외부환경 요인과의 지능적 결합, 에너지 공급사와의 협력을 통해 고객 중심의 전력, 물, 가스, 온수 등의 총 에너지 사용량 및 비용을 절감 가능하게 해주는 제품

16 4IR Engineer의 글로벌 도전을 위해 유용한 문장을 영어로 표현하라.

Useful Expressions(문장을 영어로 표현하기)

1. 처음 뵙겠습니다. 저는 저스틴 비버라고 해요.
   Pleased to meet you. My name is Justin Bieber.

2. 안녕하세요 삼성에서 근무하는 저스틴 비버입니다.
   Hello. I'm Justin Bieber, I work at SamSung.

3. 여기에는 어쩐 일이세요?
   What brings you here?

4. 가족에게 저의 안부를 전해 주세요.
   Send my regards to your family.

5. 계속 연락하기로 해요.
   Let's keep in touch.

6. 영어를 잘 하시네요.
   Your English is very good.

학습활동.1 교수 · 학습 방법

교수 방법

- 4IR 핵심기술과 글로벌 도전 출발에 대한 관련 용어, 구성, 방식 이해 정도를 파악한 후 수업을 진행한다.
- 교수자의 주도로 4IR 핵심기술과 글로벌 도전 출발 등의 내용을 PPT 자료로 제시한 후 설명한다.
- 가능하면 사전에 개인별 학습 자료를 준비하여 모든 학생이 참여할 수 있는 문제 해결식 수업, 협력 수업이 가능하도록 한다.
- 4IR 핵심기술과 글로벌 도전 출발 전 과정을 작업의 순서에 따라 단계적으로 실습이 이루어질 수 있도록 지도한다.
- 교재를 통해 수업을 준비하는데 있어서 필요한 모든 정보나 팁, 힌트 등 도움이 될 만한 내용들을 확인할 수 있다.
- 학생들이 만들게 될 각 모델들은 수업시간에 중점적으로 다뤄질 부분과 어휘, 질문, 답을 포함하고 있으며 또한 탐구할만한 추가적인 아이디어들도 포함하고 있다.

학습 방법

- 4IR 핵심기술과 글로벌 도전 출발에 대한 관련 용어를 숙지하고, 4IR 핵심기술과 글로벌 도전 출발에 대해 이해한다.
- 4IR 핵심기술과 글로벌 도전 출발의 각 단계별 중점 사항을 체계적으로 학습한다.
- 4IR 핵심기술과 글로벌 도전 출발의 수행순서의 전 과정을 실습한다.
- 4IR 핵심기술과 글로벌 도전 출발의 내용을 이해한다.
- 4IR 핵심기술과 글로벌 도전 출발를 이해하고 숙달이 될 때까지 학습한다.

학습활동.1 평가 및 피드백

평가 준거

- 평가자는 피평가자가 수행 준거 및 평가 내용에 제시되어 있는 내용을 성공적으로 수행할 수 있는 지를 평가해야 한다.

학습내용	평가항목	성취수준		
		상	중	하
4IR 핵심기술과 글로벌 도전 출발	4IR 핵심기술과 글로벌 도전 출발을 이해할 수 있다.			

평가 방법

• 작업 포트폴리오

학습내용	평가항목	성취수준		
		상	중	하
4IR 핵심기술과 글로벌 도전 출발	4IR 핵심기술과 글로벌 도전 출발을 이해할 수 있다.			

• 필기시험

학습내용	평가항목	성취수준		
		상	중	하
4IR 핵심기술과 글로벌 도전 출발	4IR 핵심기술과 글로벌 도전 출발을 이해할 수 있다.			

• 체크리스트를 통한 관찰

학습내용	평가항목	성취수준		
		상	중	하
4IR 핵심기술과 글로벌 도전 출발	4IR 핵심기술과 글로벌 도전 출발를 이해할 수 있다.			

• 피드백

1. 작업 포트폴리오
   - 제출한 보고서를 평가한 후 주요 사항에 대하여 표시하여 돌려준다.
2. 필기시험
   - 평가 결과 성적이 저조한 학생은 보고서 제출 기회를 부여한다.
3. 체크리스트를 통한 관찰
   - 실습 과정에서 평가한 후 개선해야 할 사항 등을 정리하여 돌려둔다.

참 | 고 | 문 | 헌

1. 4차산업 혁명 15대 핵심기술분야
2. 김덕현, 4차산업혁명과 융합. https://brunch.co.kr/@duk-hyun/11, 2018. Aug.04
3. http://www.moreagile.net/2014/08/it.html
4. 컴퓨터 정보용어 대사전 한국사전연구사
5. 위키백과, https://ko.wikipedia.org/wiki/
6. https://www.oxford-royale.com/articles/reasons-learn-english/
7. https://m.blog.naver.com/PostView.
8. 중앙일보, 라이프 트렌드, 글로벌 기업 일자리 도전, 청년들이여 이렇게 준비하라
9. 엄일연, https://m.post.naver.com/viewer/ 철저히 준비하고 혁신적으로 도전하라, 글로벌SE, 2018.12.04
10. https://blog.hyosung.com/1381 [마이프렌드 효성 블로그]
11. https://www.bioin.or.kr/과학기술이 해결할 수 있는 10대 글로벌 도전과제, 2019. 4.11
12. MIT Technology Review, Ten big global challenges technology could solve, 2019.2.27
13. https://www.sedaily.com/NewsVIew/1VQZIUGI22
14. https://daystudy.tistory.com/227
15. https://newsroom.intel.co.kr/인텔, 글로벌 도전과제
16. https://phrase.dict.naver.com/네이버 글로벌 회화

학습 1	4IR 핵심기술과 글로벌 도전 출발
학습 2	**4IR 글로벌 도전의 핵심과 미션**
학습 3	4IR 글로벌 도전의 결심과 집중
학습 4	4IR 글로벌 도전의 이유와 역량
학습 5	4IR 글로벌 도전의 시작과 목표
학습 6	4IR 글로벌 도전의 진화와 과정
학습 7	4IR 글로벌 도전의 미래와 매너
학습 8	4IR 글로벌 도전의 성공과 혁신
학습 9	4IR 글로벌 도전의 신뢰와 안전한 거래
학습 10	4IR 글로벌 도전의 가치와 디지털 전환
학습 11	4IR 글로벌 도전의 전략과 서비스 융합
학습 12	4IR 글로벌 도전의 성과 창출과 고도화
학습 13	4IR 글로벌 도전의 기반확립과 결실

학습 목표

1. 4IR 글로벌 도전의 핵심과 미션을 이해할 수 있다.

2-1 4차산업혁명의 핵심기술, 인공지능

인공지능(人工知能, AI : Artificial Intelligence)이란 인간처럼 학습하고 생각할 수 있는 컴퓨터 시스템이다.

인공지능은 사전적 의미로 '기계로부터 만들어지는 지능'으로 '컴퓨터 공학에서 이상적인 지능을 갖춘 존재, 혹은 시스템에 의해 만들어진 지능'을 의미한다. 즉 인공지능은 컴퓨터 기술을 이용하여 특별한 업무 수행에 인간의 학습능력, 추론능력, 지각능력, 자연어의 이해능력, 인간을 대체, 인지능력의 제고, 자연스러운 인간의 의사소통 통합, 복잡한 콘텐츠의 이해, 결론을 도출하는 과정 등 모든 지능적인 행동들을 모방함으로써 문제를 해결할 수 있는 기술이다. 인공지능은 4차 산업혁명의 핵심 기술이다.

인공지능이라는 용어는 [그림 2-1]처럼 1956년 디지털 역사에 지대한 공헌을 한 사람들이 참여한 미국의 다트머스 회의(Dartmouth Conference)에서 처음 언급되었다. 이 회의에서 인공지능이라는 분야를 확립하였다. 이 회의를 개최한 존 매카시(John McCarthy) 교수는 인공지능을 인간의 지능으로 할 수 있는 학습, 사고, 행동, 자기계발 등을 컴퓨터가 할 수 있도록 연구하는 것이라고 정의했다.

[그림 2-1] 인공지능 발전 전망

캐나다 토론토 대학교의 제프리 힌튼(Geoffrey Hinton) 교수 연구팀이 딥러닝(Deep Learning) 기술을 활용해 인간의 뇌를 닮은 심층신경망을 안정적으로 훈련하는 데 성공했다. 딥러닝은 원래는 사물이나 데이터를 분류하는데 사용하는 기술이었다.

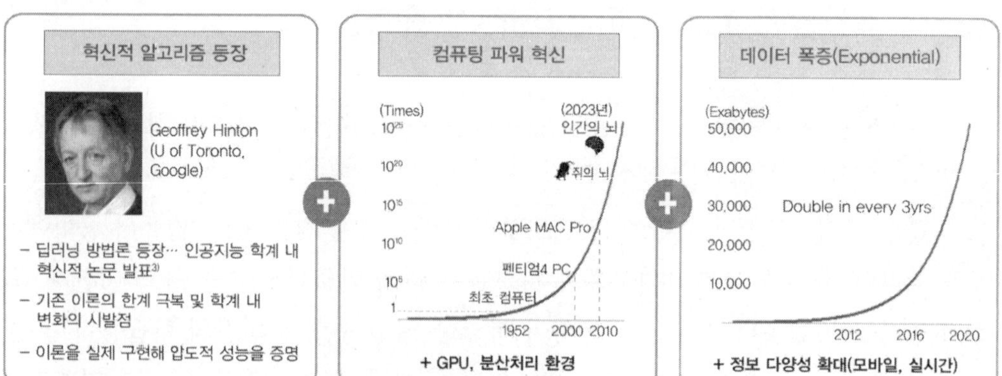

[그림 2-2] 인공지능 발전의 핵심 요소

딥러닝 방식이 인공지능 연구의 다양한 분야에 적용되면서, 인공지능이 제4차 산업혁명의 핵심기술로 발전하는 핵심요소는 [그림 2-2]처럼 혁신적인 알고리즘 등장, 컴퓨터 파워 향상, 데이터의 폭등 등으로 발전할 가능성이 보이며 인공지능 연구 전성시대가 다시 시작되었다.

인공지능 관련 기술 분야는 〈표 2-1〉처럼 광범위하고 다양하다. 이중 패턴인식, 자연어처리, 머신러닝 등 데이터 분석 및 처리를 위한 핵심기반 기술들도 여러 종류 기술이 있다.

〈표 2-1〉 인공지능 관련기술 분야

관련 기술 분야	주요내용
패턴인식 (Pattern Recognition)	기계에 의하여 도형, 문자, 음성 등을 식별시키는 것
자연어 처리(Natural Language Processing)	인간이 보통 쓰는 언어를 컴퓨터에 인식시켜 처리하는 일, 정보검색, 질의응답, 시스템 자동번역, 통역 등이 포함
자동제어 (Automatic control)	제어 대상에 미리 설정한 목표 값과 검출된 피드백신호를 비교하여 그 오차를 자동적으로 조정하는 제어
로봇틱스(Robotics) /인지 로봇공학	로봇에 관한 과학이자 기술학으로 로봇의 설계, 제조, 응용분야를 다룬다. 인지 로봇공학은 제한된 계산차원을 사용해 복잡한 환경의 복잡한 목표를 달성하도록 하는 인식능력을 로봇에게 부여하는 기술
컴퓨터 비젼 (Computer vision)	컴퓨터 비전은 로봇의 눈을 만드는 연구분야로 컴퓨터가 실세계 정보를 취득하는 모든 과정을 다룸
양자컴퓨터 (Quantum Computer)	양자역학의 원리에 따라 작동되는 미래형 첨단 컴퓨터 양자역학의 특징을 살려 병렬처리가 가능해지면 기존의 방식으로 해결할 수 없었던 다양한 문제를 해결가능
자동추론 (Automated Reasoning)	계산기 과학의 한 분야로 추론의 다양한 측면을 이해함으로써 컴퓨터에 의한 완전한 자동추론을 가능하게 하는 소프트웨어 개발을 목표로 하고, 인공지능 연구의 일부로 이론 계산기 과학 및 철학과도 깊은 관계가 있음
사이버네틱스 (Cybermetics)	생물 및 기계를 포함하는 계(系)에서 젱와 통신 문제를 종합적으로 연구하는 학문
데이터마이닝 (Data mining)	많은 데이터 가운데 숨겨져 있는 유용한 상관관계를 발견하여 미래에 실행 가능한 정보를 추출해 내고 의사결정에 이용하는 고정
지능엔진 (Intelligent Agent)	인공지능적 기능을 가진 소프트웨어 엔진, 사용자를 보조하고 반복된 컴퓨터 관련 엄무를 인간을 대신하여 실시하는 엔진
시멘틱 웹 (Sematic web)	컴퓨터가 정보자원의 뜻을 이해하고 논리적 추론까지 할 수 있는 차세대 지능형 웹
텍스트 마이닝 (Text Mining)	비정형 텍스트 데이터에서 새롭고 유용한 정보를 차아내는 과정 또는 기술
상황인식 컴퓨팅 (Context Aware Computing)	가상공간에서 현실의 상황을 정보화하고 이를 활용하여 사용자 중심의 지능화된 서비스를 제공하는 기술

2-2 4IR Engineer 지망생에게 건네는 두 가지 당부

1. "대학 학벌이 얼마나 중요하냐"고 물어본다면

고교 시절, 입시성적으로 결정된 대학 학벌이 4IR 엔지니어(Engineer) 지망생으로 최적인가? 한 번 생각해 볼 필요가 있다.

뛰어난 과학 기술자이 되기 위해서 상상력과 창의력을 갖춘 호기심이 있는지 생각해 봐야 한다.

누군가 물어본다면 집에 있는 모든 가전제품(Home Appliance)을 한 가지라도 뜯어보고 싶다는 생각조차 해 본 적이 있냐고 묻고 싶은 것이다. 아니면 레고 블록을 가지고 그 무엇이라도 만들어 기쁨을 느껴 보았는지 묻고 싶다.

[그림 2-3] Stay Your Line

출처 : success pictures

"입시에 실패하는 바람에 더 좋은 대학에 못갔다"는 제자에게 난 이렇게 말한다. "재수해서 서울대나 연·고대쯤 갈 수 있으면 그렇게 해라." 그게 아니면 다시 오지 않는 어제 때문에 돌이킬 수 없는 일로 후회하지 말고 지금 오늘을 위해 하루 하루 미래를 위해 4IR Engineer 지망생을 위해 실력을 쌓는 것이 중요하다고 전해주고 싶다.

대기업이든 중소기업이든 회사에 들어가서 6개월만 지나면 어느 학교 출신인지 자격증이 무엇이 있는지 그리 중요하지 않다. 라이센스 하나 가지고 먹고 사는 분야에서는 학교 간판 평생 따지지만 4IR Engineer는 진짜 실력이 중요하다.

내가 모토로라(Motorola)에 입사 했을 때 학벌 때문에 나름 주눅이 들어 있었다. 팀 동료는 예일대, 버클리대, 캘리포니아 공대(Caltech), 위 매니저는 매사추세츠공대, 시니어 매니저는 파리1대학, 디렉터는 스탠포드대 출신이었다. 반면, 한국과학기술원(KAIST)건 서울대, 연고대건 미국인 중에선 아는 사람이 별로 없었다.

기술과 신제품 차원에서 무엇인가 중요한 결정을 내려야 할 때면 그 쟁쟁한 학교 출신들을 조차도 알프레드(Alfred)라는 친구 얘기에 귀를 기울이는 것이 아닌가! 알고 보니 알프레드는 반도체, 통신, 생산 및 패키징 설비 등 여러 분야에 두루 실력을 갖추고 있었다. 아마도 알프레드는 연봉이 디렉터는 물론 임원(VP)보다 높았을 것이다. 나중에 우연한 기회에 그의 이력(Biography)을 들었을 때 깜짝 놀랐다. 그는 일반 지방 소도시의 대학을 나온 것이다. 역시 지난 학벌보다 현재의 실력이 중요하다.

2. 4IR Engineer에게 필요한 영어 공부, 적정 수준

데이비드 크리스털의 저서 《글로벌 언어로서 영어》에 의하면 전 세계적으로 영어를 사용하는 숫자는 원어민보다 비원어민이 3배 정도 많다고 한다. 즉 영어를 원어민처럼 구사하는 사람보다는 강한 액센트와 불안전한 문법의 엉터리 영어(Bloken English)를 사용하는 사람이 많다는 것이다. 한국은 콩글리시, 중국은 찡글리시, 프랑스는 프랑그레, 영국의 스코틀랜드는 스코티시라고 불리는 영어이다. 약 20년 전 통계이니 지금은 현재 그 비율이 훨씬 높아졌을 것이다.

글로벌 엔지니어링 기업 중 상당수는 인도, 중국 출신 임직원이 많게는 절반 이상 근무한다. 그 밖에 국적 출신도 적지 않다. 한국인이 미국 사람들이 구사하는 영어는 이럴 것이라고 기대하는 것 같은 표준영어(Norm)는 사실상 존재하지 않는다고 봐야 한다.

우리 역시 학교 다닐 적에 문법과 독해 중심의 전통적 영어 교육을 받았다. 성문종합영어나 맨투맨 영어 같은 교재로 공부했다. 정작 외국인을 만나면 한마디도 영어를 구사할 수 없던 환경이므로 문법, 독해 중심 교육이 유일한 방법이지 않았을까?

영어에서 쓰기나 말하기를 잘하는 비결이 따로 있는 것이 아니다. 그저 상황에 맞는 표현을 만들어 나가는 것이다.

영어는 억양이 중요하다고 한다. 그런데 대부분 한국식 영어는 모노톤(Monotone)이다. 대부분 글로벌 영어(중국, 인도, 프랑스, 러시아 등)는 억양이 강한 영어를 구사한다. 한국인들은 콩글리시를 창피하게 여길 필요가 없으면 오히려 글로벌 언어를 쓰고 있다고 자신감을 갖는 배짱이 필요하다. 실제로 대화에선 헤게모니(Hegemony)가 아주 중요하다.

내가 미국인에게 뭔가를 부탁할 때 정확하게 얘기해도 못들은 척하지만 그들이 내게 무엇인가 아쉬운 게 있으면 '개떡같이 얘기해도 찰떡같이' 알아듣는다.

이런 점을 감안할 때 실제론 존재하지도 않는 표준 영어 발음을 익히려는 노력의 일환으로 먼저 귀가 뚫려야 한다. 이해를 하지는 못하더라도 우선 말로서 들릴 수 있어야 하기 때문이다.

2-3 4IR Engineer 영어 공부법의 원칙

IT 엔지니어의 제로부터 시작하는 영어공부법의 저자인 牛尾剛(Ushio Tsuyoshi)의 영어 공부법을 벤치마킹한 5가지 원칙을 소개한다. 영어를 잘하기 위해서는 [그림 2-4]처럼 뇌의 새로운 영역인 영어뇌를 만들어야 한다.

1. 사운드 퍼스트(Sound First)의 원칙

먼저 귀가 뚫려야 한다. 이해를 하지는 못하더라도 우선 말로서 들릴 수 있어야 한다.

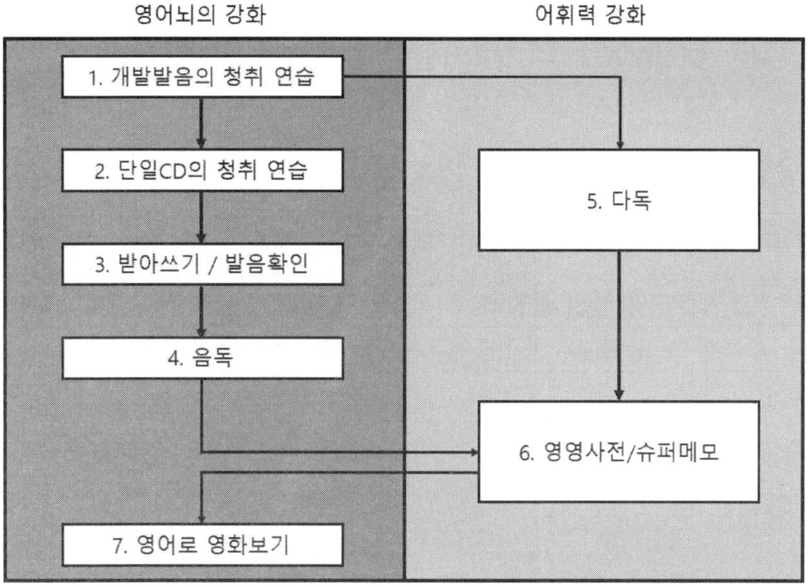

[그림 2-4] 영어학습을 위해 영어뇌 만들기

출처 : http://www.moreagile.net/2014/08/it.html

2. 다이렉트 이해(Direct Understanding)의 원칙

영어를 번역해서 생각하지 말고 영어 그대로 이해한다.

3. 스피킹 중심(Speaking Centered)의 원칙

네이티브의 발음과 억양을 흉내 내어 음독하는 것은 영어를 유창하게 말하는 방법이다.

4. 문맥이해(Contextual Experienced)의 원칙

단어나 문법이 아닌 전체적인 문맥으로서 대량의 문장을 이해하는 방법이다.

5. 선택과 집중(Choice and Focus)의 원칙

영어는 크게 미국식과 영국식이 있어 어느 쪽이든 선택해야만 한다.

2-4 4IR Engineer의 글로벌 도전

1. 공항/비행기

분 류	항 목
중분류	항공권 예약, 발권, 출입국수속, 비행기 내, 비행기 환승/연착, 수하물/환전/공항이동
소분류	자주 쓰이는 표현, 항공편 예약, 요금 문의, 예약 확인, 예약 변경

Flight Reservation

A : Asiana airlines. How may I help you?

B : Hello, I need to change my departure date.

A : May I have your mame?

B : Yes, my name is Justine.

A : You are supposed to fly to New York on May 2nd.
When would you prefer to fly?

B : I want to fly one day earlier.

A : Let me check if the flights are available.
We have two flights available.
One at 10 a.m. and the other at 3 p.m.

B : I'd like to take the 3 p.m. flight.

수행 내용

재료 · 자료

- 4차산업 혁명 관련 자료

기기(장비 · 공구)

- 컴퓨터, 프린터, 주변기기

안전 · 유의사항

- 컴퓨터 및 주변기기의 전원을 관리한다.

수행 순서

01 인공지능의 활용분야에 대하여 분석하라.

인공지능(AI : Artificial Intelligence)은 다양한 분야에 적용되어 문제 해결에 기여하고 있다. 인공지능은 여러 요소 중 문제 해결에 필요한 기술을 분야에 맞게 활용할 수 있는 도구로 활용된다. 도입 단계의 AI기술이 실험실 연구수준을 넘어 상용화 단계로 발전하면서, 폭발적 시장 성장과 他산업의 지능형 융합을 견인하고 있다.

[그림 2-5]처럼 인공지능의 활용은 언어, 시각, 청각 등 인지, 해석 및 상황 이해 등 추론이 가능한 인공지능은 타 분야와 융합하여 새로운 부가가치를 창출하고 있다.

글로벌 ICT기업은 AI 플랫폼을 기반으로 타 산업과의 협력을 통해 개방형 생태계 구축에 주력하고, 핵심시장 선점을 가속화하고 있다. 즉 아마존 알렉사는 가전제품, 자동차 등의 지능형 융합을 통해 전방위적으로 시장 확대되고 있다.

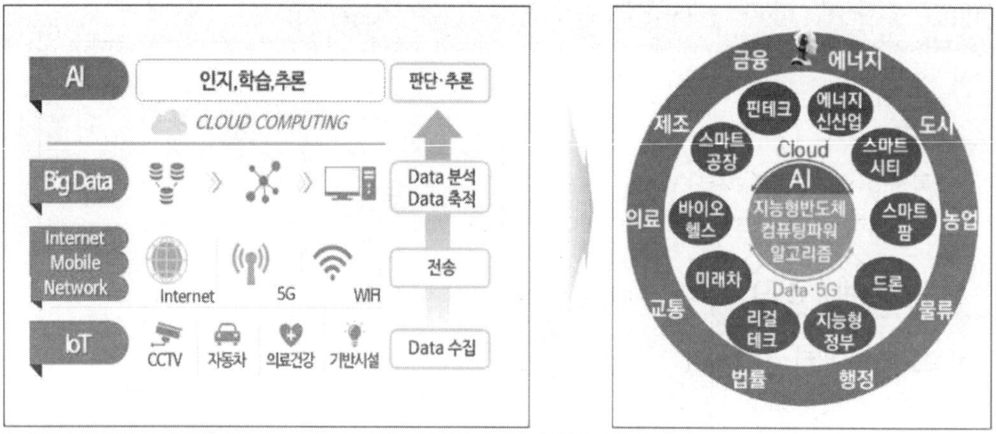

[그림 2-5] 인공지능의 활용

제조, 자동차 등 他 산업과의 지능형 융합으로 차별적 부가가치 창출은 물론, 기존 산업 분야의 획기적 변화를 촉발하고 있다.

인공지능(AI : Artificial Intelligence)기술은 자체의 기술혁신을 넘어 과학기술과 산업기술 영역의 성장을 가속하는 혁신의 조력자(Enabler) 역할을 수행한다.

〈표 2-2〉 AI의 산업별 활용 분야

산업분야	발전 전망	적용 사례	
자동차 	부분 자율주행 → 완전 자율주행	(테슬라) 오토파일럿 (자율주행 3단계) 구현('16)	(벤츠) 자율주행 5단계 AV 상용화('21)
제조 	공장 내 자동화 → 공장 간 연계 자동화	(아디다스) 신발 주문-제작까지 1일 소요('16)	(보쉬) 전세계 250개 공장 연결('20)
에너지 	건물 에너지 효율화 → 국가 전력망 효율화	(딥마인드) 구글 데이터센터 냉각효율 40% 개선('16)	(GE) 전력망의 전력배분 효율성 제고('17~)

〈표 2-3〉 인공지능의 장기간 연구기 필요한 분야 활용

(물리) 美 페르미연구소	(천문학) NASA-구글	(신소재) 도요타	(신약) 아톰와이즈
중성자 물리연구 분석('15) (분석시간 : 수개월→하루) 	외계행성 탐색 적용('17) (제2의 태양계 발견) 	연료전지 촉매제 개발('17~) (신형차 CO_2배출량 감축) 	에볼라 치료약 후보 발굴('17) (소요기간 : 수년→하루) 

장기간 연구가 필요분야(물리실험, 신약개발 등)에 AI를 활용하여 시간 비용을 획기적으로 단축, 新제품 서비스의 연구개발 촉매제 역할을 수행하고 있다.

02 인공지능, 머신러닝 및 딥러닝에 대하여 분석하라.

인공지능(AI : Artificial Intelligence)과 머신러닝(Machine Learning), 딥러닝(Deep Learing)은 모두 밀접한 관련이 있으며 이를 도식화 하면 아래와 같다.

머신 러닝은 인공지능의 부분 집합이다. [그림 2-6]처럼 '인공지능 〉 기계학습 〉 신경망 〉 딥러닝'이라고 할 수 있다.

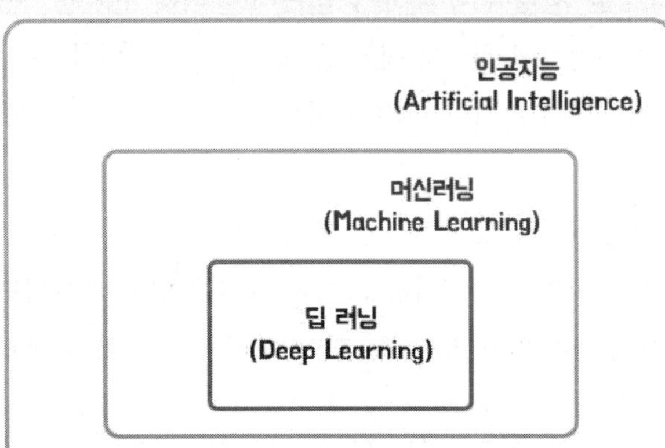

[그림 2-6] 인공지능, 머신러닝, 딥러닝의 관계도

인공지능이 나머지 두 개념을 아우르는 가장 큰 개념이며, 딥러닝이 그에 속하는 가장 작은 개념이다.

1. 인공지능

인공지능이란 기계 혹은 시스템에 의해 만들어진 지능을 의미한다. 세계적인 관심을 받은 알파고부터 사진을 보고 사물을 판단하는 소프트웨어, 영화 AI에 나오는 로봇까지 모두 인공지능의 종류들이다. '인공지능'이라는 용어 그대로 인간이 지닌 지적 능력을 인공적으로 구현한 것들 모두 인공지능에 포함된다.

2. 머신러닝

우리말로 '기계학습'인 머신러닝(Machine Learning)은 인공지능의 하위 분야다. 이는 기계가 직접 데이터를 학습(러닝)함으로써 그 속에 숨겨진 일련의 규칙성을 찾는다. 즉 우리가 가지고 있는 사례 형식의 데이터를 컴퓨터가 학습해 그를 기반으로 새 데이터를 평가, 예상하고 이를 우리가 활용할 수 있게 한다. 감기에 걸린 환자들의 체온과 건강한 사람들의 체온 데이터를 컴퓨터에게 학습시킨 후 특정 체온을 제시했을 때 그 체온을 가진 사람이 감기에 걸렸는지의 여부를 판독하게 하는 것이 기계학습의 예시이다.

3. 딥러닝

딥러닝((Deep Learing : 심층학습)이란 기계학습의 일부로 기계학습과 대부분의 것들이 매우 비슷하지만 일반적인 기계학습과 구별되는 두 가지 큰 특징은 다음과 같다.

1) 데이터의 특징을 사람이 추출하지 않는다(데이터 전체를 학습시킨다)

'데이터의 특징을 사람이 추출하지 않는다.' 라는 것은 데이터에서 일부 특징들만 사람이 뽑아서 기계에게 전달해 학습시키는 것이 아니라, 데이터 자체를 컴퓨터에게 전달한다는 것이다.

예를 들면 컴퓨터에 개와 고양이 사진을 학습시켜 특정사진의 동물이 개인지 고양이인지 분류하도록 한다면, 일반적인 기계학습의 경우 개와 고양이의 구별되는 큰 특징들만 뽑아 컴퓨터에게 전달시키지만 딥러닝은 개, 고양이 사진 자체를 컴퓨터가 학습하도록 하는 것이다.

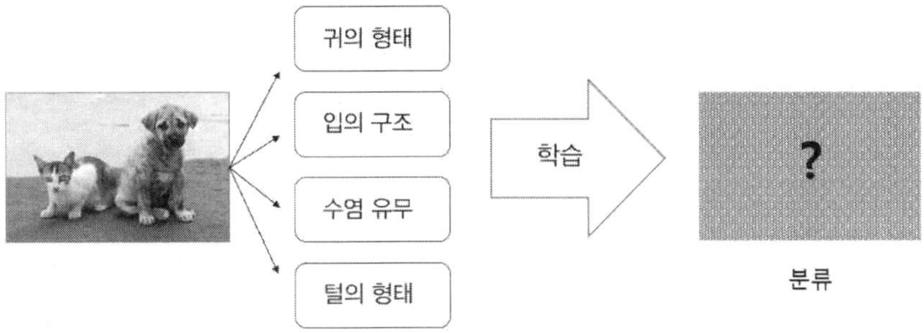

[그림 2-7] 머신러닝을 통한 개와 고양이 분류

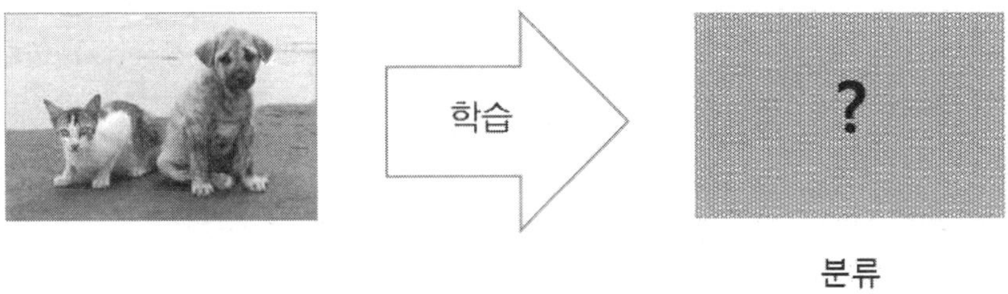

[그림 2-8] 딥러닝을 통한 개와 고양이 분류

2) 주로 인공신경망 구조를 사용하여 학습한다

주로 인공 신경망 구조를 통해 학습한다는 것은 딥러닝이 데이터를 학습할 때 인간의 뇌에서 일어나는 의사결정 과정을 모방한 인공신경망(Artificial Neural Network) 구조를 통해서 학습한다는 것이다.

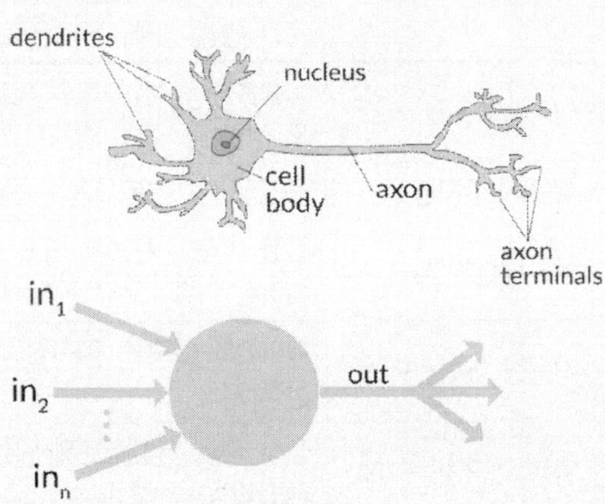

[그림 2-9] 인공신경망

출처 : https://appliedgo.net/media/perceptron/neuron.png)

인공신경망이란 간략히 말해 뇌에서 수많은 뉴런들이 모여 신호를 전달하는 과정을 모델링하여 만든 것이다.

03 인공지능 기술의 분류 및 종류에 대하여 분석하라.

1. 인공지능 기술의 분류

인공지능 기술의 구분은 〈표 2-4〉처럼 지식을 확보하는 알고리즘을 연구하는 학습지능, 시각, 청각, 언어 등 한 종류 입력을 가지고 지식을 확보하는 단일지능과 여러 형태의 입력을 통합하여 이해 판단하는 복합지능 기술로 구분한다.

〈표 2-4〉 인공지능 기술분류(Technology Tree)

중분류	소분류	세분류	요소기술
인공지능	학습지능	머신러닝	베이지안 학습, 인공신경망, 딥러닝, 강화학습, 앙상블 러닝, 판단근거 설명
		추론/지식표현	추론, 지식표현 및 온톨로지, 지식처리
	단일지능	언어지능	언어분석, 의미이해, 대화 이해 및 생성, 자동 통역·번역, 질의응답(Q/A), 텍스트 요약·생성
		시각지능	영상 처리 및 패턴 인식, 객체 인식, 객체 탐지, 행동 이해, 장소/장면 이해, 비디오 분석 및 예측, 시공간 영상 이해, 비디오 요약
		청각지능	음성분석, 음성인식, 화자인식/적응, 음성합성, 오디오 색인 및 검색, 잡음처리 및 음원분리, 음향인식
	복합지능	행동/소셜지능	공간 지능, 운동 지능, 소셜 지능, 협업 지능
		상황/감정이해	감정 이해, 사용자 의도 이해, 뇌신호인지, 센서데이터 이해, 오감 인지, 다중 상황 판단
		지능형 에이전트	에이전트 플랫폼, 에이전트 기술, 게임 지능, 모방창작 지능
		범용 인공지능(AGI)	상식 학습, 범용 문제해결, 평생 학습, 도덕-윤리-법 지능

2. 인공지능 기술의 종류

인공지능은 인간이 가진 지각, 학습, 추론, 자연어 처리 등의 능력을 컴퓨터가 실행할 수 있도록 프로그램으로 구현하는 기술로 기계학습(머신러닝), 딥러닝, 자연어 처리, 음성인식, 시각인식 등 첨단기술을 개발하는 방향으로 발전되고 있다. 또한 안전, 의료, 국방, 금융, 복지 등 다양한 응용 분야에 특화된 소프트웨어와 머신러닝, 클라우드, 고성능 컴퓨터 기술 등을 포함하고 있다.

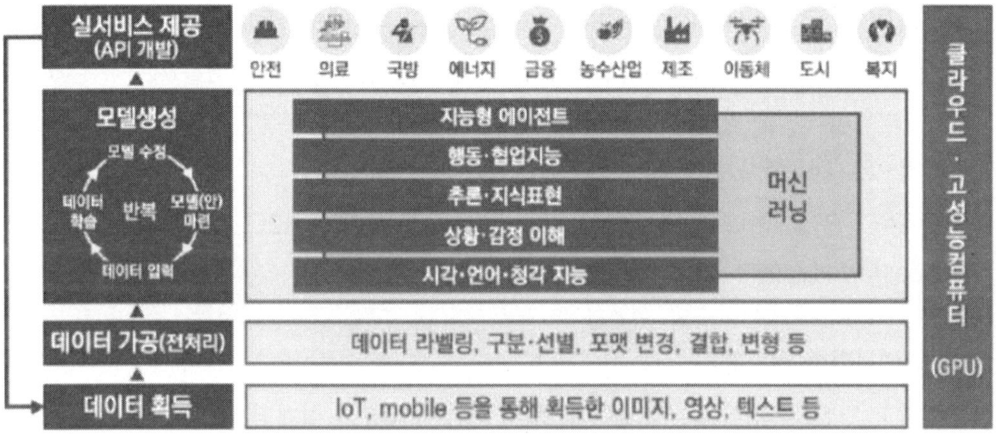

[그림 2-10] 인공지능 기술의 범위

출처 : 과학기술정보통신부, "I-Korea 4.0 실현을 위한 인공지능(AI) R&D 전략," 2018.5.

1) 자연 언어 생성 기술

컴퓨터 데이터에서 텍스트를 생성한다. 현재 이 기술은 고객 서비스, 보고서 발행과 비즈니스 인텔리전스 통찰력 요약에 사용된다. 이러한 기술을 제공하는 업체는 Attivio, Automated Insights, Cambridge Semantics, Digital Reasoning, Lucidworks, Narrative Science, SAS, Yseop이 있다.

2) 음성 인식 기술

인간의 말을 받아서 컴퓨터 응용 프로그램에 유용한 형식으로 변환한다. 현재 대화식 음성 응답 시스템 및 모바일 응용 프로그램에 사용된다.

이러한 기술을 제공하는 업체는 NICE, Nuance Communications, OpenText, Verint Systems가 있다.

3) 가상 에이전트 기술

단순한 대화방에서부터 인간과 네트워크를 형성할 수 있는 고급 시스템에 이르기까지 다양하게 분포되어 있다.

현재 고객 서비스 및 지원 및 스마트 홈 관리자로 사용된다.

이러한 기술을 제공하는 업체에는 Amazon, Apple, Artificial Solutions, Assist AI, Creative Virtual, Google, IBM, IPsoft, Microsoft, Satisfi이 있다.

4) 머신러닝 플랫폼(Machine Learning Platforms) 기술

디자인하고 교육해서 어플리케이션과 프로세스와 다른 기계들에 적용하는 컴퓨팅 파워뿐만이 아니라 알고리즘과 API와 개발 및 교육용 툴킷 그리고 데이터를 제공하는 것으로 현재 광범위한 엔터프라이즈 응용 프로그램에서 사용되며 대부분은 예측 또는 분류를 위한 목적으로 활용된다.

이러한 기술은 Amazon, Fractal Analytics, Google, H2O.ai, Microsoft, SAS, Skytree에서 제공한다.

5) AI 최적화 하드웨어 기술

AI 지향 연산 작업을 효율적으로 실행하기 위해 특별히 설계되고 설계된 그래픽 처리 장치(GPU) 및 어플라이언스을 말한다.

이러한 기술에서 딥 학습 응용 프로그램간의 차이가 나타난다.

이러한 기술은 Alluviate, Cray, Google, IBM, Intel, Nvidia가 제공하고 있다.

6) 의사 결정 관리 기술

AI 시스템에 규칙과 논리를 적용해서 초기 세팅이나 교육 그리고 지속적인 유지 관리 및 조정에 사용되는 엔진이다.

이는 성숙한 기술로서 다양한 기업용 응용 프로그램에서 사용되며 자동화 된 의사 결정을 지원하거나 수행한다.

이러한 기술은 Advanced Systems Concepts, Informatica, Maana, Pegasystems, UiPath에서 제공하고 있다.

7) 딥러닝 플랫폼(Deep Learning Platforms) 기술

다중 추상화 계층을 가진 인공신경망으로 구성된 특수 학습 유형의 기계 학습 기술로써 현재 매우 큰 데이터 세트가 지원하는 패턴 인식 및 분류 응용 프로그램에 주로 사용된다.

이러한 기술은 Deep Instinct, Ersatz Labs, Fluid AI, MathWorks, Peltarion, Saffron Technology, Sentient Technologies에서 제공하고 있다.

8) 생체 인식 기술

이미지와 터치 인식, 언어 및 신체 언어를 포함하되 이에 국한되지 않는 인간과 기계 간의 자연스러운 상호 작용을 가능하게 한다.

현재 주로 시장 조사에 사용된다.

이러한 기술은 3VR, Affectiva, Agnitio, FaceFirst, Sensory, Synqera, Tahzoo에서 제공하고 있다.

9) 로봇 프로세스 자동화 기술

효율적인 비즈니스 프로세스를 지원하기 위해 스크립트 및 기타 방법을 사용하여 인간의 행동을 자동화한다.

인간이 작업이나 프로세스를 실행하기에는 너무 비싸거나 비효율적인 곳에서 현재 사용된다.

이러한 기술은 Advanced Systems Concepts, Automation Anywhere, Blue Prism, UiPath, WorkFusion에서 진행하고 있다.

10) 텍스트 분석 및 NLP 기술

자연 언어 처리(NLP)는 통계 및 기계 학습 방법을 통해 문장 구조 및 의미, 정서 및 의도에 대한 이해를 촉진함으로써 텍스트 분석을 사용 및 지원한다. 사기 탐지 및 보안, 광범위한 자동화 보조 장치 및 구조화되지 않은 데이터 마이닝 용 응용 프로그램에 사용된다.

이러한 기술은 Basis Technology, Coveo, Expert System, Indico, Knime, Lexalytics, Linguamatics, Mindbreeze, Sinequa, Stratifyd, Synapsify에서 제공하고 있다.

04 IT의 기본단어인 Application, Database, Function, Install, Program에 대하여 분석하라.

IT 분야에서 일을 하거나, 업무에 IT를 활용하므로 IT와 연관된 단어를 배우고 사용하는 것은 큰 도움이 될 것이다. 가장 흔하게 사용되는 IT단어들을 알아보자.

Application(어플리케이션)은 중세 시대 이후로 쭉 사용되었기 때문에 굉장히 오래된 단어이지만, 컴퓨터 시대가 도래하면서 전혀 다른 의미를 가지게 되었다. IT 분야에서 어플리케이션은 특정 업무를 처리하거나 적용하는데 도움이 되는 컴퓨터 소프트웨어를 의미하는 명사이다. 예를 들어 마이크로소프트 오피스는 컴퓨터 어플리케이션으로 편지를 쓰거나 데이터를 입력하고 그래프를 그리는데 사용할 수 있다.

입사 면접 때 알아두면 유용할 수 있는 단어이다. 어떤 어플리케이션에 익숙하냐는 질문을 받을 수 있으니까 App은 어플리케이션의 줄임말로 보통 모바일 기계에서 특정 업무를 처리할 수 있게 해주는 전용 리소스를 말한다.

Database(데이터베이스)는 이런 application의 일종이다. 'data'와 'base'라는 두 단어가 합쳐져서 만들어진 현대 단어이다. 'Data'는 통계수치나 정보 아이템들 혹은 자료를 의미하고 'base'는 무언가를 지지하는 바탕이다. 데이터베이스가 구축되면 거기 들어있는 다양한 방법으로 사용할 수 있으니 수치를 분석하거나 편지를 보내기가 훨씬 수월해진다.

Function(폰션)은 여러 개의 의미를 가진 영어 단어이다. 때로 컴퓨터 Function은 컴퓨터 프로그램의 특정 일부를 지칭하거나, 절차나 업무의 종류를 말하기도 한다. 작동이나 명령의 유의어로 사용되기도 합니다. F1부터 F12의 키들이 바로 기능 키이며, F1은 도움말을 불러온다.

Install(인스톨)은 컴퓨터에는 보통 어느 정도의 자료나 프로그램이 설치되어 있다. 집에 배관시설, 가스, 전기가 설치되어 있는 것처럼 말이다. 필요에 따라 다른 프로그램들을 컴퓨터에 설치하기도 한다. 컴퓨터를 사기 전에 어떤 것이 설치되어 있는지 먼저 확인하라.

Program(프로그램)은 컴퓨터 하드 드라이브에 저장되어 있는 파일에 들어있는 명령어들의 목록이다. 컴퓨터에서 처리되는 모든 작업은 프로그램을 사용한다. 사용자의 지시를 이행하기 위해 컴퓨터가 읽어내는 특별한 언어로 쓰여져 있다.

모질라 파이어폭스(Mozilla Firefox)와 같은 웹 브라우저도 컴퓨터 프로그램이다. 컴퓨터 프로그램은 기능이나 역할에 따라 구분이 된다. 예를 들면, 시스템 소프트웨어나 어플리케이션 소프트웨어로 나눈다.

Computer(컴퓨터)는 Hardware(하드웨어), Software(소프트웨어) 그리고 Firmware(펌웨어)로 구성되어 있다. 하드웨어는 기본적인 장비를 의미하며, 모니터, 키보드, 마우스, 하드드라이브 등을 칭한다. 소프트웨어는 컴퓨터를 사용할 수 있도록 컴퓨터에 설치되어 있는 프로그램들을 의미한다. 어플리케이션은 소프트웨어의 일종이다. 일반적으로 소프트웨어는 하드디스크(HDD : Hard disc)와 같은 외부 저장장치에 저장된다. 프로그램을 사용할 때 컴퓨터는 저장장치로부터 그 프로그램을 읽어 일시적으로 그 명령들을 RAM(Random Access Memory)으로 옮긴다. RAM은 휘발성 메모리이므로 전원이 유지되지 않으면 데이터를 잃어버린다. 그래서 전원이 유지되지 않아도 영구히 데이터를 저장하는 비휘발성 메모리 장치가 ROM(Read Only Memory)이다. 이러한 ROM의 특성을 이용하여 컴퓨터의 시스템 소프트웨어인 BIOS(Basic Input Output System)나 영구히 저장하는 소프트웨어를 펌웨어라고 한다.

이 모든 단어들은 서로 아주 긴밀히 연결되어 있으며 컴퓨터를 사용하는 방법에 대한 지식을 요구하기 때문에 설명하기가 쉽지 않다. 그러나 한 번 익숙해지고 사용하기 시작하면 훨씬 더 이해하기가 쉬울 것이다.

05 영어 공부법의 5가지 원칙에 대하여 분석하라.

1. 사운드 퍼스트(Sound First)의 원칙

먼저 귀가 뚫려야 한다. 이해를 하지는 못하더라도 우선 말로서 들을 수 있어야 한다. 인간의 뇌는 소리에 대해서 필터링을 적용하여 언어와 그 외의 소리(노이즈)로 구분하여 처리하는데, 외국어에 대해서는 언어가 아닌 노이즈로 인식을 하게 된다. 그러므로 귀를 뚫는데 집중해야 한다.

원어민의 발음에 최대한 가깝게 소리를 낼 수 있게 발음과 억양을 연습하는 것이 맨 처음 이뤄져야 한다.

American Accent Training을 이용하여 매일 30분씩 한 달 정도 연습하여 쓸만한 발음을 낼 수 있다.

영어에 사용되는 음을 먼저 이해하지 않으면 듣기도 읽기도 잘 늘지 않는다.

처음에는 의미를 이해하지 못하는 것이 당연하다. '음'에 대한 감을 단련해 두어야 한다.

2. 다이렉트 이해(Direct Understanding)의 원칙

영어를 번역해서 생각하지 말고 영어 그대로 이해한다.

영어는 한국어로 1 대 1 번역이 불가능하다.

3. 스피킹중심(Speaking Centered)의 원칙

네이티브의 발음과 억양을 흉내내어 음독하는 것은 영어를 유창하게 말하기 위한 초필살기이다.

단, 한국식 발음으로는 해 봤자 아무소용 없다. 반드시 네이티브의 발음을 최대한 흉내내야 한다. 음독 시에는 스마트폰의 녹음기 기능 등을 이용해 자신의 발음을 체크해 보자

4. 문맥이해(Contextual Experienced)의 원칙

자잘한 단어나 문법이 아닌 전체적인 문맥으로서 대량의 문장을 이해하는 방법이다. 단어도 표현도 그 상황 안에서 의미를 파악해야 한다.

같은 상황에서 몇 번이고 같은 표현을 반복함으로써 그 의미가 자연히 통하게 된다. 단어나 문법을 따로 공부할 필요는 없다. 그것보다 실생활의 영어를 대량으로 접해보자. 그러면 자연스럽게 몸에 익혀진다.

5. 선택과 집중(Choice and Focus)의 원칙

영어는 크게 미국식과 영국식이 있어 어느 쪽이든 선택해야만 한다.

자신이 주로 사용하고 싶은 쪽으로 타겟팅을 해서 그쪽 분야의 영어를 집중적으로 공략한다.

06 영어 공부법의 다독, 슈퍼메모 및 영영사전에 대하여 분석하라.

인터넷의 등장으로 비록 사이버상이지만 마음먹기에 따라서는 얼마든지 영어권에서 생활하는 사람들과 같은 인터넷 환경을 누릴 수 있게 되었다. 영어권 커뮤니티에 가입하고 영어뉴스를 보고 영어권 사람들과 SNS를 즐기자. 생활상에서 영어를 문화의 일부로서 정착시키려는 노력이 필요하다.

1. 다 독

영어에 기반이 아주 없는 사람이라면 우선은 영어 동화책부터 시작한다. 이 책은 절대적인 '양'을 강조한다. 쉬운 것부터라도 많이 읽는 것이 중요하다. 킨들이나 iBook, 구글 플레이를 통해 무료 또는 상당히 저렴하게 구할 수 있다. 반드시 미리보기 등을 통해 자신의 레벨에서 사전 없이 읽을 수 있는 수준인지 살펴보고 구입하자.

살아있는 영어를 접하고 싶다면 외국인의 SNS를 팔로우 하는 것도 효과적이다. 자신이 배우고자 하는 영역의 인물이라면 자연스럽게 그 분야의 어휘를 늘려갈 수 있을 것이다. 일단 관심사와 연관시켜 모든 생활의 주로 사용 언어를 영어로 바꾸는 노력이 필요하다.

2. 슈퍼메모

단어 암기 툴로 유명한 anki를 사용해 본 단어들을 정리해 놓자. 단기 기억에서 장기 기억으로 옮겨가기 위해서는 반복적으로 기억하는 것이 반드시 필요하다. anki는 플래시 카드 툴 중에서도 가장 추천할 만하다.

3. 영영사전

영영사전은 롱맨 영영사전을 추천하고 있다. 영영사전으로 봐도 단어의 뜻이 이해가 가지 않을 경우 구글 이미지 검색을 이용한다. 이미지 검색뿐만 아니라 그냥 구글 검색을 이용해도 관련된 생생한 정보들이 나열되므로 기억하는 데 많은 도움이 된다.

영어는 시간과 싸움이므로 천천히 하루 조금씩 반복해서 쉽없이 영어뇌를 만드는 것이 중요한 것 같다. 조그만 시간을 투자해서 도전해 보자. 영어공부만큼 적은 투자로 많이 얻을 수 있는 공부도 없다. 인터넷 세상에선 영어 구사가 가능한 것만으로도 세상이 나와 직접 링크되기 때문이다.

다음 문장을 참고하라.

You, me, or nobody is gonna hit as hard as life. But it ain't about how hard ya hit. It's about how hard you can get it and keep moving forward. How much you can take and keep moving forward. That's how winning is done!

07 4IR Engineer의 글로벌 도전을 위해 유용한 문장을 영어로 표현하라.

Useful Expressions(문장을 영어로 표현하기)

1. 로밍 서비스를 신청하고 싶어요.
   I'd like to sign up for roaming service.

2. 경유지에서는 얼마나 기다려야 해요?
   How long is the layover?

3. 편도인가요? 왕복인가요?
   One-way, or round-trip?

4. 실례합니다. 3A 게이트는 어떻게 가요?
   Excuse me. How do I get to gate 3A?

5. 수하물 찾는 곳이 어디예요?
   Where is the baggage claim area?

학습활동.2 교수 · 학습 방법

교수 방법

- 4IR 글로벌 도전의 핵심과 미션에 대한 관련 용어, 구성, 방식 이해 정도를 파악한 후 수업을 진행한다.
- 교수자의 주도로 4IR 글로벌 도전의 핵심과 미션 등의 내용을 PPT 자료로 제시한 후 설명한다.
- 가능하면 사전에 개인별 학습 자료를 준비하여 모든 학생이 참여할 수 있는 문제 해결식 수업, 협력 수업이 가능하도록 한다.
- 4IR 글로벌 도전의 핵심과 미션 전 과정을 작업의 순서에 따라 단계적으로 실습이 이루어질 수 있도록 지도한다.
- 교재를 통해 수업을 준비하는데 있어서 필요한 모든 정보나 팁, 힌트 등 도움이 될 만한 내용들을 확인할 수 있다.
- 학생들이 만들게 될 각 모델들은 수업시간에 중점적으로 다뤄질 부분과 어휘, 질문, 답을 포함하고 있으며 또한 탐구할만한 추가적인 아이디어들도 포함하고 있다.

학습 방법

- 4IR 글로벌 도전의 핵심과 미션에 대한 관련 용어를 숙지하고, 4IR 글로벌 도전의 핵심과 미션에 대해 이해한다.
- 4IR 글로벌 도전의 핵심과 미션의 각 단계별 중점 사항을 체계적으로 학습한다.
- 4IR 글로벌 도전의 핵심과 미션의 수행순서의 전 과정을 실습한다.
- 4IR 글로벌 도전의 핵심과 미션의 내용을 이해한다.
- 4IR 글로벌 도전의 핵심과 미션을 이해하고 숙달이 될 때까지 학습한다.

학습활동.2 평가 및 피드백

평가 준거

- 평가자는 피평가자가 수행 준거 및 평가 내용에 제시되어 있는 내용을 성공적으로 수행할 수 있는 지를 평가해야 한다.

학습내용	평가항목	성취수준		
		상	중	하
4IR 글로벌 도전의 핵심과 미션	4IR 글로벌 도전의 핵심과 미션을 이해할 수 있다.			

평가 방법

- 작업 포트폴리오

학습내용	평가항목	성취수준		
		상	중	하
4IR 글로벌 도전의 핵심과 미션	4IR 글로벌 도전의 핵심과 미션을 이해할 수 있다.			

- 필기시험

학습내용	평가항목	성취수준		
		상	중	하
4IR 글로벌 도전의 핵심과 미션	4IR 글로벌 도전의 핵심과 미션을 이해할 수 있다.			

- 체크리스트를 통한 관찰

학습내용	평가항목	성취수준		
		상	중	하
4IR 글로벌 도전의 핵심과 미션	4IR 글로벌 도전의 핵심과 미션을 이해할 수 있다.			

- 피드백

1. 작업 포트폴리오
   - 제출한 보고서를 평가한 후 주요 사항에 대하여 표시하여 돌려준다.
2. 필기시험
   - 평가 결과 성적이 저조한 학생은 보고서 제출 기회를 부여한다.
3. 체크리스트를 통한 관찰
   - 실습 과정에서 평가한 후 개선해야 할 사항 등을 정리하여 돌려둔다.

참|고|문|헌

1. 감동근, https://news.samsung.com/kr/gksrnr-dpswlsldj 지망생에게 건네는 두 가지 당부, 2017.10/12
2. 김덕현, 4차산업혁명과 융합. https://brunch.co.kr/@duk-hyun/11, 2018. Aug.04
3. http://www.moreagile.net/2014/08/it.html
4. http://wiki.hash.kr
5. Glenn McDonald, 현실로 다가온 영화 터미네이터 속 기술들, CIO코리아, 2015.7.15
6. Clint Boulton, AI에 제동을 걸어야 하는 6가지 이유, CIO코리아, 2018.4.11
7. 블로터 채반석 기자, 인공지능-'스카이넷'의 시대가 올까?, 네이버 캐스트, 2016.3.17
8. 지재원, 인공지능의 장점과 한계, 이글루시큐리티, 2017.6.7
9. 이은표 목사, 인공지능(A.I.)의 전망과 기독교 세계관적 평가, 네이버 블로그, 2018.8.20
10. 한국지식재산연구원, 인공지능(AI) 기술 및 정책 동향
11. 정보통신기술진흥센터, 주간기술동향, 인공지능 기술 동향 및 발전 방향
12. 소프트웨어정책연구소, 기계학습의 원리, 능력과 한계
13. 데이터전문가 지식포털, 머신러닝 및 딥러닝
14. 과학기술정책연구원, 인공지능 시대의 법적 · 윤리적 쟁점
15. 연세대학교-정보대학원 UX Lab, 인공지능의 학습 어떻게 이뤄지나
16. 휴넷, 메타인지의 정의
17. 박승규, 인공지능 기술동향, iitp.
18. 과기정통부, "데이터 · AI경제 활성화 계획", 관계부처일동, 2019.1. pp.2~3.
19. 과기정통부 보도자료, "데이터 · 인공지능(AI) 경제 활성화의 이정표 제시", 2019.1.

학습 1	4IR 핵심기술과 글로벌 도전 출발
학습 2	4IR 글로벌 도전의 핵심과 미션
학습 3	**4IR 글로벌 도전의 결심과 집중**
학습 4	4IR 글로벌 도전의 이유와 역량
학습 5	4IR 글로벌 도전의 시작과 목표
학습 6	4IR 글로벌 도전의 진화와 과정
학습 7	4IR 글로벌 도전의 미래와 매너
학습 8	4IR 글로벌 도전의 성공과 혁신
학습 9	4IR 글로벌 도전의 신뢰와 안전한 거래
학습 10	4IR 글로벌 도전의 가치와 디지털 전환
학습 11	4IR 글로벌 도전의 전략과 서비스 융합
학습 12	4IR 글로벌 도전의 성과 창출과 고도화
학습 13	4IR 글로벌 도전의 기반확립과 결실

학습 목표

1. 4IR 글로벌 도전의 결심과 집중을 이해할 수 있다.

3-1 4차산업혁명의 핵심기술, 빅데이터

1. 빅데이터의 정의

빅 데이터(Big Data)는 종래의 사용되는 데이터 수집, 관리 및 처리 소프트웨어의 수용 한계를 넘어가는 방대한 크기의 데이터를 의미 한다. 즉 기존 데이터베이스 관리도구의 능력을 넘어서는 대량(수십 Tera Byte)의 정형, 비정형의 데이터를 포함한 데이터로부터 가치를 추출하고 결과를 분석하는 기술이다.

2. 빅데이터의 특징

빅데이터의 특징은 데이터의 크기(Volume), 데이터의 형태의 다양성(Variety), 데이터의 생성 속도(Velocity)이지만 최근에는 데이터의 가치(Value)와 복장성(Complexity)이 추가되어 정확성(Veracity), 가변성(Variability), 시각화

(Visualization) 등이 포함되는 경향이 있다.

크기(Volume)는 데이터의 물리적인 크기를 말하고, 다양성(Variety)은 데이터의 형태 유무와 연산가능 여부에 따라 나누어지는 데이터의 다양함을 말하고, 속도(Velocity)는 많은 데이터를 어떻게 빠르게 분석하고 처리하는 능력을 말한다.

데이터의 정확성(Veracity)은 빅데이터 시대에 방대한 데이터의 양을 분석하여 일정한 패턴을 추출하지만 정보의 양이 많아지는 만큼 데이터의 신뢰성이 떨어지기 쉽다. 따라서 빅데이터를 분석하는데 있어 기업이나 기관에 수집한 데이터가 정확한 것인지, 분석할 만한 가치가 있는지 등을 살펴야 하는 필요성이 대두되었고 이러한 측면에서 새로운 속성인 정확성(Veracity)이 제시되고 있다.

데이터의 가변성(Variability)은 최근 소셜미디어의 확산으로 자신의 의견을 웹사이트를 통해 자유롭게 게시하는 것이 쉬워졌지만 실제로 자신의 의도와는 달리 자신의 생각을 글로 표현하게 되면 맥락에 따라 자신의 의도가 다른 사람에게 오해를 불러일으킬 수 있다. 이처럼 데이터가 맥락에 따라 의미가 달라지는 가변성이 제시되고 있다.

데이터의 시각화(Visualization)는 빅데이터의 정형 및 비정형 데이터를 수집하여 복잡한 분석을 실행한 후 용도에 맞게 정보를 가공하는 과정으로써 정보 사용 대상자의 이해정도에 따라서 정보의 가공을 위해 소모된 시간적, 경제적 비용이 무용지물이 될 수 있기 때문에 시각화가 필요하다.

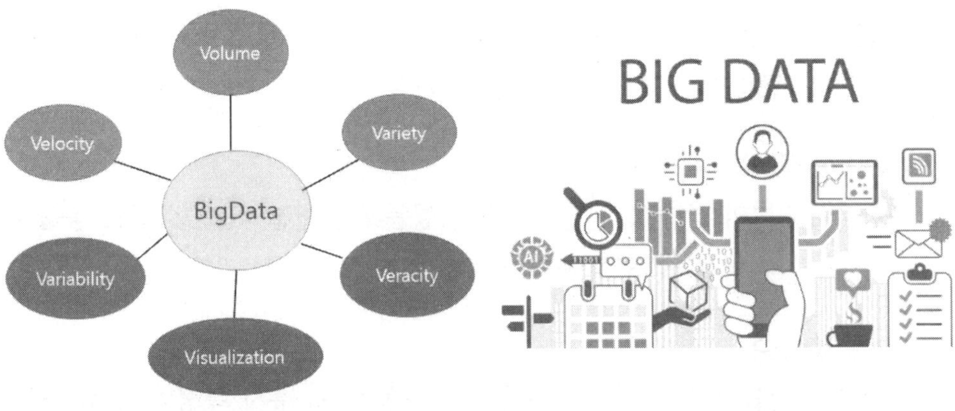

[그림 3-1] 빅데이터의 특징

3. 빅데이터의 분석 기법

빅데이터는 데이터의 유형이 정형데이터(고객 데이터, 상품 판매데이터 등)와 비정형데이터(SNS활동 기록, 영상 정보, 위치 정보 등)에 따라서 분석 기술이 다르게 적용된다.

1) 데이터 처리기술

빅데이터의 데이터 처리 과정은 여러 개의 데이터를 작은 연산으로 나누고 이를 취합하여 하나의 결과로 만드는 데이터의 병렬 처리로써 데이터를 독립된 형태로 나누고 이를 병렬적으로 처리하는 분할하고 점령(Divide and Conquer)하는 것이다. 빅데이터 분석 기술과 방법들 중에 정형데이터의 분석은 데이터 마이닝, 휘귀분석으로써 기존 통계학과 전산학에서 사용되던 인공지능의 데이터마이닝, 기계학습, 자연언어처리, 패턴인식 등이 해당한다.

비정형 데이터의 분석은 텍스트 마이닝, 오피니언 마이닝, 소셜네트워크 분석, 군집분석 등이 있다.

(1) 텍스트 마이닝

비/반정형 텍스트 데이터에서 자연언어처리 기술에 기반을 두어 가치있는 유용한 정보를 추출, 가공한다.

(2) 오피니언 마이닝

소셜미디어 블로그, 게시판 등의 정형/비정형 텍스트의 제품/서비스에 대한 긍정, 부정, 중립의 선호도를 판별, 추출한다.

(3) 소셜네트워크 분석

소셜네트워크의 영향력, 관심사, 성향, 행동패턴 연결 구조 및 강도 등을 바탕으로 사용자의 명성 및 영향력을 측정한다.

(4) 군집 분석

비슷한 특성을 가진 개체를 합쳐가면서 최종적으로 유사 특성의 데이터 군집을 발굴, 추출한다.

2) 데이터 저장 기술

빅데이터의 저장기술은 주로 대기업에서 사용하는 아파치 하둡과 저렴한 비용으로 운운 가능함으로써 중소기업에서 주로 사용하는 NoSQL(Not Only Structured Query Language)이다.

(1) 아파치 하둡(Apache Hadoop)

대량의 자료를 처리할 수 있는 큰 컴퓨터 클러스터에서 동작하는 분산 응용 프로그램을 지원하는 프리웨어 자바 소프트웨어 프레임워크로 분산 파일 시스템인 HDFS에 데이터를 저장, 분산 처리 시스템인 MapReduce로 데이터를 처리한다.

(2) NoSQL

기존 관계형 데이터베이스 제품군인 RDBMS(Relational Database Management System, 종류는 MS-SQL, Oracle, Sybase, MySQL 등)가 아닌 SQL를 사용하지 않는 데이터베이스 시스템으로 비정형 데이터의 저장을 위해 유연한 데이터 모델을 지원하고 저렴한 비용으로 분산처리와 병렬처리가 가능하다.

3) 데이터 시각화기술

빅 데이터 분석 기술을 통해 분석된 데이터의 의미와 가치를 시각적으로 쉽게 이해 가능한 형태로 표현하기 위한 기술로 대표적인 것으로는 R(프로그래밍 언어), 파워포인트(PowerPoint), 엑셀(Exele), 타블로(Tableau), 파이선(Python) 등이 있다.

3-2 4IR Programming Language

4차산업혁명 핵심기술 관련된 제품이나 서비스 등을 구현하기 위하여 컴퓨터 알고리즘의 기술에 사용하는 언어를 프로그래밍 언어(Programming Language)라고도 한다.

1. 기계어와 고급언어

4차산업혁명 관련 제품이나 서비스는 프로그램의 명령에 따라 자동적으로 메모리 장치에 있는 데이터를 꺼내어 연산하고, 그 결과를 메모리에 집어넣는 일을 하는 기계이다.

기계어(ML : Machine Language)는 하드웨어에 직접적으로 실행하는 형태의 목적코드(Object Code) 등의 언어로써 구문 규칙이나 의미 규칙으로 특별히 정해지지 않지만, 마이크로 프로세서 반도체 제조업체나 컴퓨터의 기종 등에서 정해진 명령어(Instruction), 프로세서(Processor) 레지스터(Register) 구성, 어드레스(Address) 방식 등에 따라서 다르게 사용된다.

기계어 명령을 취급하는 데이터에 기호를 일대일로 대응하여 조합, 작성한 저급 프로그래밍 언어가 어셈블리 언어(AL : Assembly Language)이다.

특정한 컴퓨터의 세밀한 특성에 의존하지 않는 형태로, 프로그램을 써서 이용이 가능한 프로그래밍 언어가 연구되었다. 이것은 기계어에 비하여 인간이 일상에서 사용하는 자연 언어에 가까운 프로그램 언어를 고급언어라고 한다.

고급언어의 종류는 C언어, 포트란(FORTRAN), 베이직(BASIC). 알골(ALGOL), 파스칼(PASCAL), 파이썬(Python), 자바(JaVa) 등이다.

2. 언어처리기

작성된 프로그램의 의미대로 기계어 프로그램으로 변환(Translate)해야만 컴퓨터를 움직이는 시스템이 되고, 프로그램을 읽으면서 그 의미대로 컴퓨터를 움직이는 시스템을 언어처리기라고 한다.

언어처리기에 따른 의미대로 동작하는 것을 프로그램의 실행(Execution)이라고 한다. 언어처리기 중 기계어로 변환하는 것을 어셈블리 언어에서는 어셈블러라 하고, 고급언어에서는 컴파일러(Compiler)라고 한다. 변환하기 전의 프로그램을 원시 프로그램 혹은 소스 코드(Source Code)이라 하고, 변환하여 만든 프로그램을 목적 프로그램(Object Program)이라 한다.

3. 프로그래밍 언어의 조립

프로그래밍 언어는 컴퓨터의 공통 기능을 사람이 알기 쉬운 표현 형식으로 정리한 것이다. 컴퓨터는 기억장치에 있는 데이터를 꺼내어 계산하여 얻어진 결과를 기억장치에 넣는 동작을 연속적으로 실행한다. 따라서 프로그래밍 언어는 결과를 넣는 동작 표현을 단위로 하여 만든다. 결과를 넣어두는 것을 변수(Variable)라 하고, 넣는 동작을 배정(Assignment)이라고 한다. 또 계산을 표시한 단위를 표현식(Expression)이라고 한다.

변수와 표현식을 지정하여 배정조작을 나타낸 단위를 배정문이라고 한다. 배정문을 써 늘어놓음으로써 그 순서대로 실행하도록 지시한다. 여기에다 무조건적으로든 또 조건부로든 다음에 실행할 배정문을 적극적으로 지정하는 goto문을 설치하면 어떤 프로그램이라도 쓸 수 있다. 다음 문의 지정에는 문에 단 번호와 기호를 사용한다. 이것을 문의 표식(Label)이라고 한다. 배정문과 goto만으로 쓰인 프로그램은 평판적이 되고, 그 구조를 자칫 알기 어렵게 된다. 사람에게는 그런 경우 구분이나 반복 등의 구조를 프로그램상에서 확실히 알 수 있는 작성법을 두는 것이 좋다.

조건에 따른 동작을 지시는 구조를 조건문(Conditional Statment)이고, 반복 지시하는 구조를 반복문(Loop)이다. 대상이 다른데 같은 동작이나 계산을 몇 번이나 하는 것은 번거롭다. 그래서 정리하여 한 번만 쓰고 거기에 이름을 붙이고 그 후에는 그 이름만 쓰면 된다. 그러한 정리를 절차 또는 함수(Function) 하고, 그 대상을 인수(Factor) 또는 파라미터(Parameter)이다. 또 구체적으로 대상을 지정하는 것은 호출(Call)이다. 프로그램에서는 수와 문자를 따로 취급할 뿐만 아니라 그것들을 조합해서 만드는 데이터도 작성하여 나타내거나 변수로 하기도 한다. 그러므로 데이터에도 여러 가지 구조를 허용하고 있고, 이것을 자료구조(Data Structure)라고 한다.

같은 종류의 데이터에 번호를 붙여 늘어놓은 배열(Array)이 있고, 데이터 구조의 각 종류를 데이터의 형(Type)이라고 한다. 프로그램에서는 변수 · 절차 · 함수 · 형 등에 이름을 붙여 사용한다. 각 이름은 사용하기 전에 용도를 확실하게 해 놓지 않으면 안된다. 이것을 선언(Declaration)이라고 한다.

4. 프로그래밍 언어의 종류

배정의 반복이라는 사고에 입각해서 만든 많은 프로그래밍 언어를 절차적 프로그래밍 언어라고 한다. FORTRAN · ALGOL 60은 가장 오래 된 것으로 수치계산을 목적으로 설계되었으며, PASCAL은 알골의 발전형 언어이다. 사무처리용으로는 COBOL이 널리 쓰이고, 초보자용으로 설계된 BASIC은 현재 퍼스널 컴퓨터에서 널리 쓰이고 있다.

시스템 작성용 언어로는 C언어와 Ada가 유명하다. 이에 대해 다른 사고법으로 작성한 프로그램에서의 처리는 주어진 데이터에서 원하는 결과의 데이터를 얻는 데 있으므로 수학에서 말하는 함수에 해당한다. 거기에 함수를 짜 맞추어 새로운 함수를 만드는 것을 기본으로 한 프로그래밍 언어를 생각해 냈다. 이것을 함수형(Functional) 프로그래밍 언어라고 한다. 기호 처리용으로 설계된 LISP는 오늘날에 이르기까지 인공지능 연구 등에 폭넓게 쓰이고 있는 함수형 프로그래밍 언어의 선배격이다. 주어진 데이터와 원하는 결과의 데이터는 어떤 결정된 관계에 있다.

사물의 관계는 논리로 파악할 수 있다. 그래서 논리를 조립하는 것을 기본으로 한 프로그래밍 언어를 생각했다. 이것을 논리 프로그래밍 언어라 하는데, PROLOG는 그 대표격이다. APL은 컴퓨터 내부 논리까지 기술할 수 있는 함수형 프로그래밍 언어와 논리 프로그래밍 언어는 다음 세대의 컴퓨터 방향을 모색하는 길잡이로서 기대되고 있다.

[그림 3-2] How you look

출처 : success pictures

3-3 미래 4IR 엔지니어로써 영어 실력 향상에 대한 결심

1. 4IR 엔지니어가 무슨 영어에 대한 결심인가? 결심이 무엇을 말하는 걸까?

결심이라는 것은 미래의 최고 4IR 엔지니어로써 두루 실력을 갖추기 위하여 여러분 스스로 바꾸고 싶은 어떤 것에 대하여 스스로 하는 약속이라고 할 수 있다.

2. 그럼 언어를 배우는 데 있어서 결심을 하는 것이 왜 중요한 걸까?

결심은 여러분이 노력할 수 있는 목표를 주고, 지속적으로 실력을 향상 시키도록 동기부여를 해 주기 때문에 중요하다.

3. 미래 4IR 엔지니어로써 실력 향상을 위해 도와줄 수 있는 3가지 결심

물론 3가지를 모두 할 필요는 없다. 한 가지를 정해서 지켜나가는 것이 여러 개의 결심을 하고 모두 다 실패하는 것 보다는 훨씬 낫다.

1) 결심 1 : 나는 매일 10개의 새 단어를 배울 것이다.

매일 10개의 새 단어, 1년이면 3,650개 이다. 보통 영어를 모국어로 사용하는 사람들이 평균 10,000개 단어의 어휘력을 가지고 있다고 한다. 결국 매일 10개씩 배워나가면 3년이 덜 걸린다. 매일 5개만 목표로 한다고 해도, 1년에 1,500개의 단어는 배우는 것이다!

그럼 배울 단어들을 어디서 찾으면 좋을까?

새로운 단어를 찾는데 가장 좋은 방법은 독서이다. 영자신문을 읽으면 매일 여러 개의 새 단어들을 마주치게 될 것이다. 많은 신문들이 무료로 온라인 기사를 제공하며, 어떤 곳은 비디오나 오디오 섹션도 있어서 여러분의 듣기 실력도 늘릴 수 있다.

2) 결심 2 : 나는 매일 최소 20분 영어 듣기, 영어 팜송 암기해서 부르기 연습을 할 것이다.

하루에 20분, 절대 처음에는 많게 들리지 않는다. 그렇지만 조금씩 반복하면 큰 도움이 될 것이다. 짧은 시간 자주 연습하는 것이 여러분이 영어 향상 학습법에서

듣고 말하고 노래하는 것을 영어 뇌기억 장치가 새로 탄생하여 기억할 수 있도록 도와주고, 다음 학습 전까지 잊어버리지 않도록 하기 때문에 아주 효과적이다.

3) 결심 3 : 나는 매주 말하기, 듣기, 글쓰기 습관으로 굳어 버린 실수 하나를 고쳐 나갈 것이다.

이미 습관이 되어버린 실수는 우리가 말을 할 때나 글을 쓸 때 으레 나타난다. 우리 모두는 이런 문제를 가지고 있으며, 모두가 약간씩 다른 실수를 하고 있다. 여러분이 가장 자주 하는 실수가 무엇인지 여쭤보고, 매주 그 중 하나를 고치는 것에 집중해 보자.

예를 들어 매번 들어도 정확한 발음을 할 수 없을 때나, 정확한 의미를 모르고 말을 할 때, 그리고 전체 의미를 이해하고 듣는 경우이다. 그리고 말 할 대에 과거형 쓰는 것을 종종 잊어 버린다면 써 놓은 글들을 다시 한 번 검토해서 과거형 사용하는 데 실수를 하지 않았는지 확인하는 것이다.

역시 듣기나 말 할 때에 한 번에 하나씩 집중해 나가는 것이 이런 실수들을 고치는데 아주 유용하다. 한 가지에만 집중하기 때문에 말을 할 때 기억하기 쉬워서 실수를 덜 하게 될 것이다.

영어 공부하는데 이 외에 다른 결심을 한 것이 있나? 아니면 이 중에 하나를 시도해 보고 싶으신가? 위 3가지 결심 이외에도 여러분의 새로운 결심으로 도전해보자.

3-4 4IR Engineer의 글로벌 도전

1. 숙 박

분 류	항 목
중분류	예약/체크인, 서비스, 체크아웃
소분류	자주 쓰이는 표현예약, 체크인

Hotel Reservation

A : Good afternoon. How may I help you?

B : I'd like to reserve a single room.

A : When do you need it for?

B : I'll be there on 9th of May.

A : How long will you be staying?

B : I will stay untill the 11th of May.

A : Wait a moment. I'll check on that.
Thank you for waiting. We have a single room available.

B : What's the rate?

A : We charge $150 a day.

B : I'll take it.

A : Whose name shall I put this under?

B : David Kim.

수행 내용

재료 · 자료

• 4차산업 혁명 관련 자료

기기(장비 · 공구)

• 컴퓨터, 프린터, 주변기기

안전 · 유의사항

• 컴퓨터 및 주변기기의 전원을 관리한다.

수행 순서

01 레지스터의 개념, 종류 및 구성에 대하여 분석하라.

프로세서 레지스터(Processor Register, 순화 용어 : 기록기) 또는 단순히 레지스터는 컴퓨터의 프로세서 내에서 자료를 보관하는 아주 빠른 기억 장소이다.

레지스터는 메모리 계층의 최상위에 위치하며, 가장 빠른 속도로 접근 가능한 메모리이다. 최신 프로세서에서 레지스터는 대개 레지스터 파일로 구현되지만 과거에는 플립플롭, 마그네틱 코어, 박막 필름 메모리 등으로 구현되기도 했다.

1. 레지스터의 종류

① 데이터 레지스터 : 정수 값을 저장할 수 있는 레지스터

② 주소 레지스터 : 메모리 주소를 저장하여 메모리 접근에 사용되는 레지스터. 어떤 프로세서에서는 주소를 저장하는 것이 아니라 조작하기 위한 목적으로 색인 레지스터를 사용하기도 함

③ 범용 레지스터 : 데이터와 주소를 모두 저장할 수 있는 레지스터

④ 부동소수점 레지스터 : 많은 시스템에서 부동소수점 값을 저장하기 위해 사용
⑤ 상수 레지스터 : 0이나 1 등 고정된 값을 저장하고 있는 레지스터
⑥ 특수 레지스터 : 프로그램의 상태를 저장한다. 프로그램 카운터, 스택 포인터, 상태 레지스터 등
⑦ 명령 레지스터 : 현재 실행중인 명령어를 저장
⑧ 색인 레지스터 : 실행 중에 피연산자의 주소를 계산하는 데 사용

2. 일반적 구성

프로세서 내부의 레지스터 구성은 일반적으로 다음과 같다.

① PC(프로그램 계수기) : 다음에 실행할 명령어(Instruction)의 주소를 가지고 있다.
② IR(명령어 레지스터) : 현재 수행 중인 명령어를 가지고 있다.
③ MAR(메모리 주소 레지스터) : 메모리로부터 읽어오거나 메모리에 쓰기 위한 주소를 가지고 있다.
④ MBR(메모리 버퍼 레지스터) : 메모리로부터 읽어온 데이터 또는 메모리에 써야할 데이터를 가지고 있다.
⑤ I/O AR(입출력 주소 레지스터) : 입출력 장치에 따른 입출력 모듈의 주소를 가지고 있다.
⑥ I/O BR(입출력 버퍼 레지스터) : 입출력 모듈과 프로세서 간의 데이터 교환을 위해 사용된다.

02 4IR Programming Language에서 자주 나오는 영어에 대하여 분석하라.

1. 명명법

클래스명은 명사 메서드는 동사, 기능은 명사+동사이다.

2. 표기법

영 어	해설 내용
Camelcase	문자의 표현을 낙타 등처럼 했다고 해서 정해진 이름 주로 객체 지향 프로그램에서 사용함
snake_case	언더라인(_)으로 단어를 구분하는 명명법 C, SQL 등에서 사용
헝가리안 표기법	변수에 정보에 추가해서 명명하는 방법
g_ / m_ / s_	글러벌 / 맴버 / 스태틱

3. 반대되는 단어

영 어	해설 내용
add / remove	추가, 삭제 리스트 등에 값을 추가, 삭제할 때 사용 꼬리에 추가 시에는 append, 선두에 추가 시에는 prepend를 사용
start / stop	시작, 정지
begin / end	시작, 끝
first / last	처음, 끝
top / last	선두, 말미
head / tail	머리, 꼬리 자료구조 등에서 자료의 첫 번째, 마지막 의미로 사용
header / footer	헤더, 푸터
top / bottom	최상, 최하
up / down	위, 아래
upper case / lower case	대문자, 소문자
under / over	미만, 초과
or under / and over	이하, 이상 greater then, not less than
previous / next	앞으로, 뒤로
foreground / background	전경, 배경 앞단, 뒷단
push /pop	스택 등에 넣고, 뺄 때
push /pull	git에서 넣고, 뺄 때
before / after	전, 후

영 어	해설 내용
parent / child / children / self	부모, 자식, 자식들, 본인
open / close	파일이나 소켓을 열다, 닫다
connect / disconnect	회선의 연결, 해체 네트워크 통신 등
input / output	입력, 출력 기기의 입출력
import / export	설정 등을 가져오기, 내보내기
read / write	파일 등에 읽기, 쓰기
save / load	저장, 불러오기
set / unset	설정, 해체
lock / unlock	락, 해체
attach / detach	붙이다, 떼다
suspend / resume	쉬다, 재개
enable / disable	유효하게 함, 무효하게 함
activate /deactivate	활성화, 비활성화
show / hide	표시, 숨김
visible / invisible	보임, 보이지 않음
valid / invalid	유효, 무효
available / unavailable	이용 가능, 이용 불가능
allow / deny	허가, 불허
host / guest	손님을 받는 쪽이 호스트 손님은 게스트
server / client	서비스를 제공하는 쪽이 서버 의뢰하는 쪽이 클라이언트
provider / user	제공자, 사용자
resume / pause	재개, 일시정지
create / destroy	생성, 파괴

4. 비슷한 의미의 단어, 뉘앙스

영 어	해설내용
config / setting / preference	구성, 설정, 환경설정
initialize / init / setup	초기화, 셋업

영 어	해설내용
stop / end / finish	재시작할 가능성이 있으면 stop 재시작할 가능성이 없으면 end 완료 했다는 의미는 finish
stop / suspend / pause	움직이는 것을 멈추는 것이 stop 일시정지는 suspend 일단 움직임을 멈추는 것을 pause, 언제든 다시 재개할 수 있음
stop / quit / exit	현재 상태에서 탈출하는 것이 quit 출구로 나가는 것이 exit
changed / modified / revised	전면적인 변경이 changed 수정이나 개선 modified 개정 revised
find / search	찾아질 것을 기대하는 것이 find 찾아보는 것이 search
toXXX / parseXXX / convertXXX	XXX로 변환
tryParseXXX	XXX로 변환을 시도
formXXX	XXX로부터 변환 메서드명은 동사가 원칙이나 to나 from은 예외
clear / delete	예를 들어 파일의 내용만 지우는 것이 clear 파일을 통째로 지우는 것을 delete
create / make / generate	창조하는 것이 create 무언가를 보고 만들어 내는 것이 make 무언가를 변환하여 생성하는 것이 generate 인스턴스를 생성할 때에는 create가 일반적
parameter / argument	메서드에 정의되어 있는 것이 parameter 메서드에 전달된 값이 argument 인수, 매개변수라고도 한다.
property / attribute	둘 다 속성이란 뜻 단, 분야나 제품에 따라 사용이 나눠지기도 함 객체 지향의 클래스의 성질을 나타내는 것이 property HTML의 태그의 속성은 attribute
number / numeric	숫자, 번호를 나타내는 것이 number 숫자 중 10진수를 numeric numeric이 좀 더 수학적인 느낌
sum / total	금액의 합계, 모두 더한 것이 sum 합계, 전체의, 모두가 total

영 어	해설내용
limits / bounds / range	경제, 제한범위, 제한구역이 limits, 제한 한계 내, 한계선이 bounds 좀 더 수학적인 느낌 경계 값이 변경하는 폭, 상한과 하한이 결정되는 범위가 range 범위
top / peak / spike	최상, 선두가 top 쌓여진 것 중에서 가장 위가 peak 꺾인선 그래프 등의 뾰족한 것이 spike 헤깔리면 그냥 top 사용하면 됨
exclude / ignore	배제하다, 빼내다, 고려하지 않는다가 exclude 무시하다, 신경쓰이지 않는 느낌이 ignore
state / status	상태 그 자체의 의미 state 게임 캐릭터의 status, 독에 걸린 state
letter / character	a나 b와 같은 문자 자체 letter 알파벳 전체, 문자 전체를 가리키는 경우 character
title / caption	책이나 기사의 제목, 표제가 title 짧은 설명문, 페이지의 제목이 caption
issue / problem	문제, 논점, 쟁점, 논해야 하는 것이 issue 곤란해질 만한 문제로 해결이 필요한 것이 problem
individual / personal / private	많은 사람들에 대해 개인일 경우 individual. 개별 사람 수에 관계없이, 다른 누구도 아닌, 개인을 나타낼 때 personal 개인적인 public(공적)에 반대인 private(사적) 종업원 한명 한명을 가리키는 개인은 individual을 사용하면 됨
just / only	무언가를 기준으로 딱, 그것을 가리킬 때 절대적인 의미로 유일한 것을 가리킬 때 only
within	시간, 거리 범위를 의미하는 이내 within 3sec = 3초 이내
fix	수정, 수리, 고정, 결정
apply	설정 등을 적용하다
flush	쌓인 데이터나 로그를 클리어 한다. 밀어 내보낸다. 모든 것을 토해낸다
validate / verify	요구를 만족하는가, 올바른가 확인하는 것이 validate 공정의 일부로 포함 된 체크가 verify CD/DVD를 굽고 나면 verify를 함.

학습 3

5. 자주 나오는 단어

영 어	해설내용
syntax / statement / expression / operator / signature	syntax는 구문 statement는 문장 if문, for문 함수 호출문 등 expression 은 평가식 operator는 연사자 signature는 메서드명, 파라미터, 리턴값의 타입을 표현하는 것
inheritance	상속
delimiter / separator	구분자, 문자
log	기록, 로그를 얻다. 명사와 동사가 같음
stack	쌓기, 쌓다. 명사와 동사가 같음
token	토큰, 표시, 증거 분해되지 않는 최소 단위 네트워크의 경우에는 송신권을 주고 받는 데이터 등
optimize	최적화하다
normalize	정규화하다
cheatsheet	사용법을 1페이지로 정리한 것
usage	사용방법
unknown	미지의, 정체불명의
mise / miscellaneous	다양한, 다방면의
description	설명
brief	개요, 요약하다
features	특징, 기능 대체로 복수형으로 사용
via	~에 의해, ~를 경유하여
required	필수의

6. 값 관련

영 어	해설내용
initial value / initialized value	초기치, 초기값
default value	기본값
original value	원래의 값, 변경전의 값

영 어	해설내용
current value	현재 값
parameter / argument	인수
return value / returned value	리턴값
variable / var	변수
literal	리터럴, 직접 기술한 값 변수의 반대의 의미
int x = 10; String str ="abc";	10을 정수 리터럴, "abc"를 문자열 리터럴
constant / const	상수
primtive data type	프리미티브 타입, 기본형int, double, long 등 값을 가지는 타입
null / nil	존재하지 않는 것
void	빈것 null과 비슷한 의미
prefix / suffix	접두어, 접미어 disconnect의 dis 나 restart의 re가 접두어 player의 er나 nullable의 able 이 접미어
release	출시

7. 수치표현

영 어	해설내용
binary number	2진수 선두에 0b를 붙이는 표현 0b10은 십진수 2
octal number	8진수 선두에 0을 붙임 010은 8
decimal number	10진수
hexadecimal number	16진수 선두에 0x를 붙임 0x10은 16
even / odd	짝수, 홀수

8. 진위값

영 어	해설내용
true / false	참, 거짓
isXXX / hasXXX / canXXX	상태를 측정하는 경우 isNull, isNumber, hasConnection, canSave 등
exists	파일 등이 물리적으로 존재하는지 아닌지
contains	리스트 등에 포함되어 있는지 아닌지
equals	같은지 아닌지

9. 도 형

영 어	해설내용
point / x / y offset size / width / height left / center / right front / middle / back front / center / side / rear	좌표, x축, y축, 상대적인 위치
fill	색칠하다
depth	심도, 깊이

03 4IR Engineer의 글로벌 도전을 위해 유용한 문장을 영어로 표현하라.

Useful Expressions(문장을 영어로 표현하기)

1. 세탁을 부탁합니다.
   Could I have these washed, please?

2. 귀중품을 맡기고 싶어요.
   Could you keep my valuables for me?

3. 다른 방으로 바꿔 주세요.
   I'd like to change rooms, please.

4. 내일 아침에 모닝콜을 부탁하려고요.
   I'd like to request a wake-up call tomorrow.

5. 아침 식사는 언제 할 수 있어요?
   When do you serve breakfast?

6. 체크아웃 하겠어요.
   I'd like to check out.

학습활동.3 교수 · 학습 방법

교수 방법

- 4IR 글로벌 도전의 결심과 집중에 대한 관련 용어, 구성, 방식 이해 정도를 파악한 후 수업을 진행한다.
- 교수자의 주도로 4IR 글로벌 도전의 결심과 집중 등의 내용을 PPT 자료로 제시한 후 설명한다.
- 가능하면 사전에 개인별 학습 자료를 준비하여 모든 학생이 참여할 수 있는 문제 해결식 수업, 협력 수업이 가능하도록 한다.
- 4IR 글로벌 도전의 결심과 집중 전 과정을 작업의 순서에 따라 단계적으로 실습이 이루어질 수 있도록 지도한다.
- 교재를 통해 수업을 준비하는데 있어서 필요한 모든 정보나 팁, 힌트 등 도움이 될 만한 내용들을 확인할 수 있다.
- 학생들이 만들게 될 각 모델들은 수업시간에 중점적으로 다뤄질 부분과 어휘, 질문, 답을 포함하고 있으며 또한 탐구할만한 추가적인 아이디어들도 포함하고 있다.

학습 방법

- 4IR 글로벌 도전의 결심과 집중에 대한 관련 용어를 숙지하고, 4IR 글로벌 도전의 결심과 집중에 대해 이해한다.
- 4IR 글로벌 도전의 결심과 집중의 각 단계별 중점 사항을 체계적으로 학습한다.
- 4IR 글로벌 도전의 결심과 집중의 수행순서의 전 과정을 실습한다.
- 4IR 글로벌 도전의 결심과 집중의 내용을 이해한다.
- 4IR 글로벌 도전의 결심과 집중을 이해하고 숙달이 될 때까지 학습한다.

학습활동.3 평가 및 피드백

평가 준거

- 평가자는 피평가자가 수행 준거 및 평가 내용에 제시되어 있는 내용을 성공적으로 수행할 수 있는 지를 평가해야 한다.

학습내용	평가항목	성취수준		
		상	중	하
4IR 글로벌 도전의 결심과 집중	4IR 글로벌 도전의 결심과 집중을 이해할 수 있다.			

평가 방법

• 작업 포트폴리오

학습내용	평가항목	성취수준		
		상	중	하
4IR 글로벌 도전의 결심과 집중	4IR 글로벌 도전의 결심과 집중을 이해할 수 있다.			

• 필기시험

학습내용	평가항목	성취수준		
		상	중	하
4IR 글로벌 도전의 결심과 집중	4IR 글로벌 도전의 결심과 집중을 이해할 수 있다.			

• 체크리스트를 통한 관찰

학습내용	평가항목	성취수준		
		상	중	하
4IR 글로벌 도전의 결심과 집중	4IR 글로벌 도전의 결심과 집중을 이해할 수 있다.			

• 피드백

1. 작업 포트폴리오
   - 제출한 보고서를 평가한 후 주요 사항에 대하여 표시하여 돌려준다.
2. 필기시험
   - 평가 결과 성적이 저조한 학생은 보고서 제출 기회를 부여한다.
3. 체크리스트를 통한 관찰
   - 실습 과정에서 평가한 후 개선해야 할 사항 등을 정리하여 돌려둔다.

참 | 고 | 문 | 헌

1. 감동근, https://news.samsung.com/kr/gksrnr-dpswlsldj 지망생에게 건네는 두 가지 당부 2017.10.12
2. 김덕현, 4차산업혁명과 융합. https://brunch.co.kr/@duk-hyun/11, 2018. Aug.04
3. http://www.moreagile.net/2014/08/it.html
4. 컴퓨터 정보용어 대사전 한국사전연구사
5. 위키백과, https://ko.wikipedia.org/wiki/
6. https://www.oxford-royale.com/articles/reasons-learn-english/
7. https://m.blog.naver.com/PostView.
8. 중앙일보, 라이프 트렌드, 글로벌 기업 일자리 도전, 청년들이여 이렇게 준비하라
9. 엄일연, https://m.post.naver.com/viewer/ 철저히 준비하고 혁신적으로 도전하라, 글로벌SE, 2018.12.4
10. https://blog.hyosung.com/1381 [마이프렌드 효성 블로그]
11. https://www.bioin.or.kr/과학기술이 해결할 수 있는 10대 글로벌 도전과제, 2019. 4.11
12. MIT Technology Review, Ten big global challenges technology could solve, 2019.2.27
13. https://www.sedaily.com/NewsVIew/1VQZIUGI22
14. https://daystudy.tistory.com/227
15. https://newsroom.intel.co.kr/인텔, 글로벌 도전과제
16. https://phrase.dict.naver.com/ 네이버 글로벌 회화

학습 1	4IR 핵심기술과 글로벌 도전 출발
학습 2	4IR 글로벌 도전의 핵심과 미션
학습 3	4IR 글로벌 도전의 결심과 집중
학습 4	**4IR 글로벌 도전의 이유와 역량**
학습 5	4IR 글로벌 도전의 시작과 목표
학습 6	4IR 글로벌 도전의 진화와 과정
학습 7	4IR 글로벌 도전의 미래와 매너
학습 8	4IR 글로벌 도전의 성공과 혁신
학습 9	4IR 글로벌 도전의 신뢰와 안전한 거래
학습 10	4IR 글로벌 도전의 가치와 디지털 전환
학습 11	4IR 글로벌 도전의 전략과 서비스 융합
학습 12	4IR 글로벌 도전의 성과 창출과 고도화
학습 13	4IR 글로벌 도전의 기반확립과 결실

학습 4

학습 목표

1. 4IR 글로벌 도전의 이유와 역량을 이해할 수 있다.

4-1 4차산업혁명의 핵심기술, 사물인터넷

1. 사물인테넷의 개념

사물인터넷(IoT : Internet of Things)은 사람, 사물, 공간, 데이터 등 모든 것이 인터넷으로 서로 연결되어 정보가 생성 · 수집 · 공유 · 활용되는 초연결 인터넷이다.

모바일 기반에서 IoT, 클라우드(Cloud), 빅데이터(BigData)가 연계된 새로운 가치와 서비스를 창출한다.

사물인터넷(IoT : Internet of Things)은 이미 존재하거나 향후 등장할 상호 운용 가능한 정보 통신 기술(센서 · 상황 인지기술, 통신 · 네트워크 기술, 칩 디바이스 기술, 경량 임베디드 네트워크 기술, 자율적 · 지능형 플랫폼 기술, 대량의 데이터를 처리하는 빅데이터 기술, 데이터 마이닝 기술, 사용자 중심의 응용 서비스 기술, 웹 서비스 기술, 보안 · 프라이버시 보호 기술 등)을 활용하여 다양한 실재(實在) 및 가상 사물 간의 상호 연결을 통해서, 진보된 서비스를 제공할 수 있게 하는 글로벌 인프라 스트럭처이다.

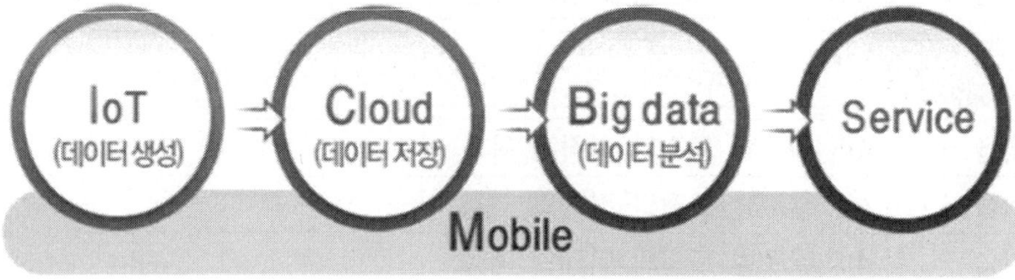

[그림 4-1] 사물인터넷의 서비스

2. 사물인터넷 구현 기술요소

사물인터넷을 구현하기 위한 기술요소는 스마트 디바이스, 진화된 네트워크, 클라우드컴퓨팅, 빅데이터 분석이 필요하다.

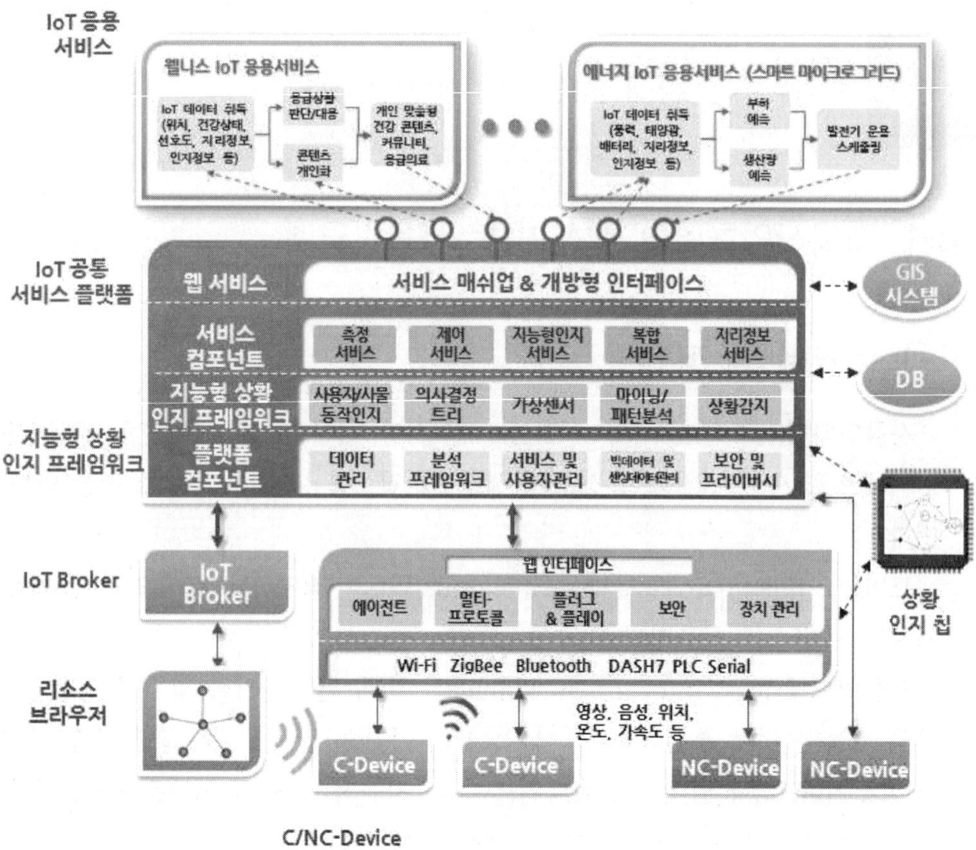

[그림 4-2] 지능형 사물인터넷 플랫폼

3. IoT의 주요기술

1) 센싱 기술

전통적인 온도, 습도, 열, 가스, 조도, 초음파 센서 등에서부터 원격 감지, SAR, 레이더, 위치, 모션, 영상 센서 등 유형 사물과 주위 환경으로부터 정보를 얻을 수 있는 물리적 센서를 포함한다. 물리적인 센서는 응용 특성을 좋게 하기 위해 표준화된 인터페이스와 정보 처리 능력을 내장한 스마트 센서로 발전하고 있으며, 또한 이미 센싱한 데이터로부터 특정 정보를 추출하는 가상 센싱 기능도 포함되며 가상 센싱 기술은 실제 IoT 서비스 인터페이스에 구현한다. 기존의 독립적이고 개별적인 센서보다 한 차원 높은 다중(다분야) 센서기술을 사용하기 때문에 한층 더 지능적이고 고차원적인 정보를 추출할 수 있다.

2) 유무선 통신 및 네트워크 인프라 기술

IoT의 유무선 통신 및 네트워크 장치로는 기존의 WPAN(Wireless Personal Area Networks), WiFi, 3G/4G/LTE, Bluetooth, Ethernet, BcN, 위성통신, Microware, 시리얼 통신, PLC 등 인간과 사물, 서비스를 연결시킬 수 있는 모든 유·무선 네트워크를 의미한다.

3) IoT 서비스 인터페이스 기술

IoT 서비스 인터페이스는 IoT의 주요 3대 구성 요소(인간·사물·서비스)를 특정 기능을 수행하는 응용서비스와 연동하는 역할을 한다. IoT 서비스 인터페이스는 네트워크 인터페이스의 개념이 아니라 정보를 센싱, 가공/추출/처리, 저장, 판단, 상황 인식, 인지, 보안/프라이버시 보호, 인증/인가, 디스커버리, 객체 정형화, 온톨러지 기반의 시맨틱, 오픈 센서 API, 가상화, 위치확인, 프로세스 관리, 오픈 플랫폼 기술, 미들웨어 기술, 데이터 마이닝 기술, 웹 서비스 기술, 소셜 네트워크 등 서비스 제공을 위해 인터페이스(저장, 처리, 변환 등) 역할을 수행한다.

학습 4

4-2 4IR Engineer의 글로벌 도전 준비

1. 4IR 글로벌 기업 취업의 도전

세계는 넓고 할 일은 많다. 4차산업혁명 시대에는 차별화된 가치를 창출하고 국내뿐만 아니라 글로벌 시장을 선도해 나가는 전략으로 모든 기업이나 개인이 노력하고 있다. 글로벌 시대를 맞아 해외취업을 꿈꾸는 청년이 늘고 있다. 학벌, 인맥, 스펙에 얽매이지 않고 실력만 있다면 세계 무대에서 자신의 능력을 펼칠 수 있다. 4IR 분야유망 직종별 해외취업의 실질적인 취업 정보 여러 경로에서 찾아 볼 수 있다.

1) 실력만이 성공의 조건

엔지니어 출신들이 취업이나 창업할 때는 기술적인 부분에 확신을 가지고 시작하는 경우가 많다. 하지만 기술은 성공 조건의 일부분일 뿐이고 실질적으로 글로벌 취업과 창업을 위해서는 시장에 대한 분석과 리스크 매니지먼트가 더 필요하다. 그래서 더욱 필요한 것이 영어가 아닌가 한다. 그래서 본인의 잠재적인 가치와 미래의 목표를 위해 꾸준한 자기 실력이 중요하다. 늘 인생은 길다. 천천히 하루 하루 꾸준한 인내의 반복이 여러분들의 장래의 비전과 꿈으로 함께 갈 수 있는 것이다.

2) 준비와 도전은 상호보완적 관계

첫째, 도전 없이는 성공 없다.
둘째, 준비 없이는 성공 없다.
셋째, 혁신 없이는 성공 없다.

늘 실패를 대비하는 준비를 많이 해야 한다. 그 준비가 도전 정신을 약화하면 안 된다. 준비는 당연히 필요한 거지만 준비하는 과정의 전제조건은 도전정신이다. 이 도전정신과 철저한 준비는 상호보완적 관계가 돼야 한다. 준비 없이 도전만 하라는 것도 아니고, 도전하지 않고 계속 준비만 하라는 것도 아니다. 준비된 도전을 위해서는 지속적인 혁신이 필요한다. 어려운 일이지만 글로벌 기업에 도전을 위해서는 준비가 된 혁신적인 도전 정신이 필수적이다. 그래서 그 준비의 일원 중 핵심 툴(Tool)은 역시 영어가 기본으로 깔고 가야 4IR 핵심기술 습득과 실력 향상의 기본이 되는 것이다.

[그림 4-3] How you look

출처 : success pictures

2. 글로벌 인재란, 글로벌 역량을 갖추고 원칙을 지키는 사람

첫째, 글로벌 시각을 갖추어야 한다. 세계 곳곳에서 벌어지는 글로벌 이슈와 트렌드에 관심을 갖고 그것이 어떤 영향을 미칠지 판단해 발 빠르게 대응할 수 있어야 한다.

둘째, 다른 나라 문화를 이해하는 것도 중요하다. 여러 문화 사람들과 어울리고, 필요할 때는 다른 문화에도 잘 적응해야 한다. 그리고 자기 문화를 설명하고 다른 문화와 비교할 수 있어야 한다.

셋째, 글로벌 커뮤니케이션은 필수이다. 영어는 기본적으로 편하게 구사하며, 자기 의견을 당당하게 발표하고 외국인들과 토론도 할 수 있어야 한다. 특히 다양한 사람이 참여하는 회의를 효과적으로 이끌고 합리적인 결론을 도출하는 능력도 갖추어야 한다. 우리는 평소 이런 훈련을 받지 못했기 때문에 국제무대에 나갈 때 더욱 준비가 필요한다. 이처럼 회의를 효과적으로 준비하고 이끄는 방법을 '회의 퍼실리테이션(Facilitation)'이라고 한다.

넷째, 외국 사람들과 신뢰와 공감을 바탕으로 좋은 인간관계를 형성하고, 다양한 사람으로 구성된 팀을 효과적으로 이끌 수 있는 능력이 필요하다.

다섯째, 글로벌 수준의 윤리의식, 안전의식, 환경보호, 인격존중, 일관성 등 글로벌 원칙과 국제적인 에티켓은 기본이다.

여섯째, 다양한 상황에 맞추어 글로벌 협상을 효과적으로 수행하고 분쟁이나 갈등을 조정할 수 있어야 한다.

일곱째, 진출하거나 취업도전할 나라의 사업 환경과 비즈니스 관례, 각종 법규에 대해 잘 이해하고, 필요한 계약서도 작성할 수 있어야 한다.

여기서 간단히 윤리와 안전 원칙에 관한 사례를 들어보겠다.

때때로 회사 직원이 고객 요청에 따라 서류의 날짜를 바꿔 주거나 또는 회사의 이익을 위해 서류상 숫자를 일부 바꾸는 사소하다고 느끼는 일을 할 수 있다. 특히 다국적 외국 글로벌 기업들은 이를 원칙에 어긋나는 위법 행위로 보고 철저하게 금지하고 있다. 만약 이를 어기면 윤리규정 위반으로 처벌받는다. 처벌도 '원 스트라이크 아웃' 제도라고 해서 무조건 퇴사 처분을 받게 된다. 글로벌 환경에서 사업할 때는 사소한 위법 행위도 곧 전 세계에 전파돼 회사 이미지를 크게 실추시킬 수 있으므로 원칙을 엄격하게 적용하는 것이다.

4-3 4IR 엔지니어로써 영어 실력을 키워야하는 이유

언어를 배우기 시작할 때, 왜 배우고 있는지 스스로 궁금 할 때가 있다. 왜 처음으로 돌아가서 규칙과 예외사항을 배우고, 문법과 동사, 표현과 어휘를 익히고 있는지를 공부를 할 때는 항상 '이유'를 찾아야 한다. 그리고 그 이유는 아주 타당해서 여러분이 그 언어를 유창하게 사용할 수 있도록 해 줄 수 있어야 한다.

사실 영어 공부를 다시 시작해서 지긋지긋한 문법 규칙을 익혀야 하는 것은 제가 특별히 좋아하는 분야는 아니었기에 저는 제가 왜 영어를 배우고 말하고 싶어하는지 개인적인 이유를 적은 목록을 만들었다.

언제든 'if' 문장 때문에 머리가 아프거나, 현재 완료 진행형을 어떻게 사용하는지 모를 때 제 스스로 되새긴 것은 "네가 왜 이 공부를 하고 있는지 기억해!" 였다.

이유를 적은 목록은 런던에서 첫 달을 보내는 데도 도움이 되었다. 유난히 강한 억양과 영국 사람들 특유의 표현을 이해하지 못해 당황할 때였다.

영어를 배우고자 하는 제 이유는 이것이다.

1. 여 행

얼마나 쉬운가. 영어를 할 줄 안다면 전 세계를 여행할 수 있다. 미국 하와이의 와이키키 해변이나 어디든 가고 싶은 장소에 있는 자신의 모습을 그려보는 것은 현재 완료 진행형을 어떻게 사용하는지 배우는 것을 포기하지 않도록 할 것이다.

2. 새로운 사람 만나기

영어를 배우면서 제일 좋은 부분이다. 미국 회사인 모토로라로 이직한 후에 정말 많은 사람을 만났다. 각자 다른 나라에서 다른 배경을 가지고 다른 생각을 하는 사람들이 친구가 되어가는 것을 보는 것은 정말 놀라운 일이다. 그리고 이 모든 것은 우리가 각자 다른 수준이지만 같은 언어를 사용하기 때문에 가능한 것이다. 새로운 글로벌 친구 만나는 것도 인생에서 좋은 기회인 것 같다.

3. 좋아하는 노래의 가사 이해하기

아주 개인적인 이유일 수 있지만 나는 듣는 노래의 가사를 이해하는 게 정말 좋다.

팝송 부를 때 혹시나 가사가 틀리는 걸 사람들이 알아 챌까봐 가사를 얼버무리지 않아도 되는 것도 좋다. 내가 플로렌스 앤 더 머신을 보러 갔을 때 정말 큰 소리로 "You got the love"를 다 틀린 가사로 따라 불렀다. 내 옆에 있던 사람이 저를 돌아보며, "그나저나, 당신 노래 가사 다 틀렸어요." 라고 했고, 나는 스스로에게 노래하는 것보다 듣는 것에 더 집중해야 할 좋은 이유가 하나 생겼다고 생각했다.

4-4 4IR Engineer의 글로벌 도전

1. 식 당

분 류	항 목
중분류	식사 제의, 예약/입구, 주문, 식사, 불편사항, 계산, 패스트푸드, 카페, 술집/바
소분류	자주 쓰이는 표현, 예약, 입구, 좌석 잡기

Odering Steak

A : Do you have a table for two?

B : Yes, we sure do. This way, please.

A : What can you serve us quickly?

B : Anything on the menu, sir.

A : What's your special of the day?

B : Today's special is the steak.

A : We'll have the steak. Medium well-done, please.

B : Would you like something to drink?

B : I'd like some red wine.

A : Okay. I'll be right back with your order.

수행 내용

재료 · 자료

• 4차산업 혁명 관련 자료

기기(장비 · 공구)

• 컴퓨터, 프린터, 주변기기

안전 · 유의사항

• 컴퓨터 및 주변기기의 전원을 관리한다.

학습 4

수행 순서

01 왜 영어를 배워야하는지에 대하여 분석하라.

1. 영어는 가장 널리 사용되는 언어 중 하나이다

총 화자 수는 북경어에 이어 두 번째이지만 영어는 다른 언어보다 더 많은 국가에서 사용되므로 가장 광범위하게 사용할 수 있는 언어이다. 그것은 영어가 당신의 노력에 가장 좋은 수익을 줄 언어라는 것을 의미한다. 결국 지적 도전은 제쳐두고, 거의 사용할 기회가 거의 없는 언어를 배우는 데 많은 시간과 노력을 기울일 필요가 없다.

영국뿐만 아니라 전세계 196 개국 중 60개가 영어를 공식 언어로 사용하고 있다. 미국, 호주, 캐나다, 뉴질랜드는 몇 가지를 제외하고는 영어이다. 외교 언어와 EU, UN, NATO 및 유럽 자유 무역 협회의 공식 언어이며 많은 연방 국가는 말할 것도 없다. 또한 영어는 노르웨이, 스웨덴, 덴마크, 독일 및 네덜란드를 포함하여 더 많은 국가에서 일반적으로 채택 된 제2언어이다. 전 세계적으로 약 15억 명의 사람들이 영어를 구사하며 또 다른 10억 명이 영어를 배우고 있다.

2. 영어는 가장 많은 소통의 기회를 열어 줄 것이다

영어가 공용어가 아닌 국가에서도 영어는 종종 링구아 프랑카로 사용된다.

영어를 구사할 수 있기 때문에 수많은 국가에서 효과적으로 의사소통할 수 있으며, 이는 여행은 말할 것도 없이 하루 동안 구직을 선택할 수 있는 국가와 관련하여 많은 가능성을 열어 준다. 영어를 사용하는 국가를 여행 할 때 길을 잃을 염려가 없고, 가이드 투어, 음식 주문 및 현지인과의 채팅이 더 이상 스트레스가 될 수 없다. 또한 많은 여행이나 국제 노출이 필요한 직업항공사, 관광 및 영화 산업과 같이 영어를 공식 언어로 사용하며, 이 분야의 많은 고용주들은 여러분을 고용하기 전에 특정 수준의 영어 능력에 대한 증거를 요구할 것이다. 이것은 영어를 할 수 있다면 대학을 마친 후 선택할 수 있는 직업이 더 많다는 것을 의미한다.

3. 영어는 가장 많은 취업의 기회를 제공할 것이다.

제2언어에 능통하다는 것은 강력한 두뇌를 분명히 보여주고 다른 언어를 습득하는 데 필요한 많은 시간, 자원 및 헌신을 기울인 사람을 의미한다. 영어는 많은 국가들이 말을 하기 때문에 배우는 것이 매우 유용한 언어이기도 하다. 영어에 능통 한 수준에 도달하면 해외 일자리를 신청할 수 있는 훨씬 더 강력한 위치에 있게 된다.

영어는 '비즈니스 언어'라고 불리며 그 이유를 알기가 어렵지 않다. 국제적인 사업가가 되고자 하는 야심이 있다면, 유창하게 영어를 구사할 수 있어야 한다. 국제적으로 수행되는 비즈니스는 영어로 수행되는 경우가 더 많다. 해외에서 생활하고 일할 생각이 없다고 해서 영어가 이력서에 도움이 되지 않는다는 의미는 아니다. 모국에 사무실이 있는 영어를 사용하는 다국적 기업이 많이 있을 수 있다. 또한 영어 실력은 영어를 사용하는 국가의 고용주와 마찬가지로 자국의 언어와 언어를 구사하는 직원에게도 바람직하다. 다음은 자신의 국가에서 영어가 유용할 수 있는 상황에 대한 아이디어를 제공하는 세 가지 예이다.

1) 비즈니스 미팅

영어를 구사할 수 있으면 국제 비즈니스 미팅에 참석하거나 참석할 수 있다. 여러 언어가 대표되는 경우 회의는 영어로 진행될 가능성이 있다. 팀에서 영어를 할 수 있는 유일한 사람인 경우 중요한 회의에 참석하여 자신을 발전시킬 수 있다.

2) 고객 서비스 및 판매

고용주가 있는 영어권 고객을 도울 수 있으며 고객에게 판매할 수 있다. 이는 해외 고객과의 관계를 구축할 수 있는 기회를 제공하며, 관계를 구축하는 능력은 영어를 사용하지 않는 동료 직원에 비해 유리한 점이 되고 비즈니스에 더 귀중한 비즈니스 능력을 제공한다.

3) 마케팅 및 커뮤니케이션

회사에서 영어를 사용하는 국가에 제품 또는 서비스를 판매하거나 해당 국가에 보도자료와 같은 다른 종류의 커뮤니케이션을 출시하는 경우 영어에 대한 지식이 마케팅 자료를 번역하거나 번역하는 데 유용할 수 있다.

고객 또는 판매 전망과의 커뮤니케이션, 영어 학습을 통해 얻을 수 있는 문화 지식은 영어권 국가에 제품과 아이디어를 전달하는 방법을 이해하는 데 유용 할 수 있다.

학습 4

4. 영어를 통해 가장 많은 교육의 기회를 제공한다

세계 대학의 순위를 봐도 영어와 질 높은 교육과의 상관관계는 쉽게 확인할 수 있다. Times Higher Education에서 제공하는 세계대학순위를 보면 칼텍, 하버드, 옥스퍼드, 스탠포드, MIT, 프린스턴, 캠브리지, 예일, UCLA 등 10개 대학 모두가 영어권이다. 20위까지 가더라도 고작 스위스의 취리히 연방공과 대학교뿐이다. 50위를 가더라도 비영어권의 대학이 고작 8개뿐이다. 영어가 모국어가 아닌 경우, 입학 과정에서 영어 시험을 치러야 학업 환경의 요구를 충족시킬 수 있음을 증명할 수 있다.

5. 영어는 세계에서 가장 위대한 문학의 언어이다

영어를 배우면 세계에서 가장 유명한 작가의 작품을 읽거나 들을 수 있다. 셰익스피어의 작품은 영어를 할 수 있을 때 새로운 의미를 갖게 되며 Emily Bronte의 Wuthering Heights와 그녀의 자매인 Jane Eyre, George Orwell's 1984 및 Animal Farm, Jane Austen's Pride와 같은 영향력 있는 고전을 기대할 수 있다. 번역작가가 진정한 정의를 하는 경우는 거의 없기 때문에 고전 문학 작품을 제대로 감상할 수 있는 유일한 방법은 원래 언어로 읽는 것이다. 또한 이를 통해 새로운 단어와 문장 구조로 영어에 대한 지식을 풍부하게 하여 영어에 대한 지식을 심화시킬 수 있다 .

6. 영어를 통해 대중 문화에서 더 많은 것을 얻을 수 있다

세계에서 가장 높은 수익을 올리는 영화는 할리우드에서 제작되며 말할 것도 없이 영어로 제작된다. 가장 좋아하는 팝송을 몇 번이나 흥얼거렸지만 영어로 되어 있어서 단어를 모르기 때문에 노래를 부를 수 없었을까? 해결책이 있다. 성가신 영화 자막에 작별 인사를 하고 영어를 배우면서 즐기는 음악을 최대한 활용하면 좋다.

7. 영어를 사용하면 국제 회의 및 행사에 참석할 수 있다

올림픽과 같은 주요 스포츠 행사는 영어로 진행되며 국제회의도 열리므로 경쟁사와 대표는 영어를 구사할 수 있어야 참가할 수 있다. 선택한 경력의 일환으로 회의에 참석해야 할 수도 있으므로 이제 영어를 배우는 것이 앞으로 몇 년 안에 큰 도움이 될 것이다. 대화를 이해할 수 있을 뿐만 아니라 영어로 효과적으로 대화 할 수 있다면 그러한 행사와 함께 제공되는 네트워킹 기회를 훨씬 더 많이 활용할 수 있다. 동료, 대의원, 군중 사이에 새로운 고용주 또는 고객이 있을 수 있으므로 반드시 대화 할 수 있는지 확인하라!

8. 영어에는 간단한 알파벳이 있고 모두가 동등하다

영어 알파벳은 간단하므로 일부 언어를 구성하는 기호나 그림보다 쉽게 마스터 할 수 있다. 좀 더 복잡한 알파벳을 배우려고 애 쓰고 있다면 영어로 더 많은 진전을 이룰 수 있다.

영어로 이해하기에는 복잡한 기호와 문자가 없다. 본질적으로 동일한 알파벳을 사용하는 프랑스어에서도 발음을 변경하는 특정 문자에 몇 가지 악센트가 사용되지만, 영어로는 그렇지 않다. 또한 그들이 얼마나 중요한 지에 관계없이 모든 사람은 '귀하'로 다루어진다. 예를 들어 'tu'와 'vous'가 있는 프랑스어처럼 공손하고 비공식적인 변형이 없기 때문에 지나치게 친숙 해져서 부주의하게 사회적 어색함을 만들지 않아도 된다. 다른 유럽 언어들과는 달리 기억해야 할 남성적이고 여성적인 단어는 없다.

9. 영어는 지식에 대한 더 넓은 접근을 제공

전 세계 웹 페이지의 55%가 영어로 작성되었음을 알고 있나? 인터넷에서 가장 널리 사용되는 다음 언어는 러시아어(페이지의 6%에 해당)로 다른 언어의 언어를 절대적으로 능가한다. 따라서 영어 지식을 통해 세계의 훨씬 더 많은 지적 자원을 활용할 수 있다.

영어는 과학의 언어이기도 하다. 영어를 배우면 웹에서 사용할 수 있는 방대한 양의 지식에 액세스할 수 있고, 과학 서적과 논문을 읽을 수 있어 더 많은 교육을 받을 수 있다. 과학적인 경력을 쌓으려면 영어가 필수이다. 과학 정보 연구소(Institute for Scientific Information)에서 수집한 과학 인용 색인(Science Citation Index) 내에서, 기사의 약 95% 영어권 국가의 절반에 불과하지만 영어로 작성된다. Open University에 따르면, '옥스포드 대학에서는 대학원생의 3 분의 2가 영국 이외의 지역 출신이다. 이 대학의 화학 연구소의 학생들은 영어로 일하는 것이 주요 매력이라고 인정한다.'

10. 영어는 환상적인 지적 도전이다

도전을 원하는가? 영어를 배워라.

영어는 배우기 어려운 언어 중 하나이다. 뉘앙스, 예상치 못한 발음, 이상한 규칙 및 규칙에 대한 격렬한 예외로 가득 찬 언어로, 유창한 인내력에 도달하려면 헌신과 인내가 필요하다. 새로운 도전을 찾고 있다면 영어를 배우는 것이 그 후의 것일 수도 있다. 뿐만 아니라 널리 사용되기 때문에 수많은 새로운 문화 경험을 제공하여 삶의 기술을 개발하고 새로운 사람들을 만나고 새로운 상황을 다루는 자신감을 키울 수 있다.

학습 4

02 4IR 글로벌 도전을 위한 이력서(Resume)를 영어로 작성해 보자.

Name in Full : Minkook kim

Date of birth ; July 8, 2002

Gender ; Male

Present Address : 532, Sinsadong-Gil, Gangnam-Gu, Seoul

Cell phone : 010-5546-0000

Email : kimmk0278@hanmail.net

Marital Status : Single

Career Objective

Looking for an opportunity in the information technology

Professional Skills
Programming language : BASIC, COBOL
Others : Data structures, Database techniques

Work Experience
Internship, 2019-2020 winter
CREDIT FINANCIAL INC., Seoul
Studied financial programs

Educational Details
Bachelor of Science in Computer programming, Eastern University, Seoul
February, 2020

Extra Curricular Activities
Member of Association of Machine Computing Personnel

간단한 사례이다. 각자 글로벌 도전 회사에 맞추어 작성해 보자.

03 4IR 글로벌 도전을 위한 자기소개서(Self Introduction)를 영어로 작성해 보자.

Structure of Self Introduction

1. Greetings
   It is a great pleasure to have an opportunity to introduce myself.
2. Place and date of birth
   I was born in Busan on March 2nd, 2002.
3. Family
   There are 3 in my family. I'm the only son.

4. Education

I graduated from Seongnam High School in 2020.

I entered the department of Medical IT at Kookje University in 2021.

5. Military service

I am planning to serve in the army from ~ to ~

After being discharged from military life, I wll return and continue my study.

6. Personality

I am an extrovert.

I like to get together with friends.

7. Activities

I acquired leadership skill as a class leader and as a staff member of the student council.

8. Scholarship

I was awarded tuition scholarship due to my scholastic achievements.

I obtained a scholarship from the college due to my outstanding academic records.

9. Future plan

I plan to move to a 4 year university.

I want to run a business of my own.

Self Introduction

Let me introduce myself. My name is Hong, Gil-Dong. There are three of us in my family, father, mother, and myself. I was born in Busan on March 2nd, 1999 and grown up in Seoul.

I graduated from Kookje University. I majored in Medical IT(MIT). I was a leader of English Conversation Club at MIT department. I want to work at a place where I can use my major and proficiency of English. My hobby is reading books and traveling around the world. I am an extrovert and like to mix with people. My strength is that I am very patient.

My life principle is "Be diligent."

I am very pleased to meet you. thank you for your time.

I hope to see you again.

04 4IR Engineer의 글로벌 도전을 위해 유용한 문장을 영어로 표현하라.

Useful Expressions(문장을 영어로 표현하기)

1. 성공을 위해 건배합시다.

   Let's toast to our success.

2. 얼음을 넣어서 주세요.

   On the rocks, please.

3. 위스키 맛이 어때요?

   How is the whisky?

4. 이 술 독하네요.

   It's strong.

5. 잔이 비었네요. 한 잔 더 드릴까요?

   Your glass is empty. Another round?

6. 원샷이에요.

   Bottoms up!

학습활동.4 교수 · 학습 방법

교수 방법

- 4IR 글로벌 도전의 이유와 역량에 대한 관련 용어, 구성, 방식 이해 정도를 파악한 후 수업을 진행한다.
- 교수자의 주도로 4IR 글로벌 도전의 이유와 역량 등의 내용을 PPT 자료로 제시한 후 설명한다.
- 가능하면 사전에 개인별 학습 자료를 준비하여 모든 학생이 참여할 수 있는 문제 해결식 수업, 협력 수업이 가능하도록 한다.
- 4IR 글로벌 도전의 이유와 역량 전 과정을 작업의 순서에 따라 단계적으로 실습이 이루어질 수 있도록 지도한다.
- 교재를 통해 수업을 준비하는데 있어서 필요한 모든 정보나 팁, 힌트 등 도움이 될 만한 내용들을 확인할 수 있다.
- 학생들이 만들게 될 각 모델들은 수업시간에 중점적으로 다뤄질 부분과 어휘, 질문, 답을 포함하고 있으며 또한 탐구할만한 추가적인 아이디어들도 포함하고 있다.

학습 방법

- 4IR 글로벌 도전의 이유와 역량에 대한 관련 용어를 숙지하고, 4IR 글로벌 도전의 이유와 역량에 대해 이해한다.
- 4IR 글로벌 도전의 이유와 역량의 각 단계별 중점 사항을 체계적으로 학습한다.
- 4IR 글로벌 도전의 이유와 역량의 수행순서의 전 과정을 실습한다.
- 4IR 글로벌 도전의 이유와 역량의 내용을 이해한다.
- 4IR 글로벌 도전의 이유와 역량을 이해하고 숙달이 될 때까지 학습한다.

학습활동.4 평가 및 피드백

평가 준거

- 평가자는 피평가자가 수행 준거 및 평가 내용에 제시되어 있는 내용을 성공적으로 수행할 수 있는 지를 평가해야 한다.

학습내용	평가항목	성취수준		
		상	중	하
4IR 글로벌 도전의 이유와 역량	4IR 글로벌 도전의 이유와 역량을 이해할 수 있다.			

평가 방법

- 작업 포트폴리오

학습내용	평가항목	성취수준		
		상	중	하
4IR 글로벌 도전의 이유와 역량	4IR 글로벌 도전의 이유와 역량을 이해할 수 있다.			

- 필기시험

학습내용	평가항목	성취수준		
		상	중	하
4IR 글로벌 도전의 이유와 역량	4IR 글로벌 도전의 이유와 역량을 이해할 수 있다.			

- 체크리스트를 통한 관찰

학습내용	평가항목	성취수준		
		상	중	하
4IR 글로벌 도전의 이유와 역량	4IR 글로벌 도전의 이유와 역량을 이해할 수 있다.			

- 피드백

1. 작업 포트폴리오
   - 제출한 보고서를 평가한 후 주요 사항에 대하여 표시하여 돌려준다.
2. 필기시험
   - 평가 결과 성적이 저조한 학생은 보고서 제출 기회를 부여한다.
3. 체크리스트를 통한 관찰
   - 실습 과정에서 평가한 후 개선해야 할 사항 등을 정리하여 돌려둔다.

참 | 고 | 문 | 헌

1. 감동근, https://news.samsung.com/kr/gksrnr-dpswlsldj 지망생에게 건네는 두가지 당부, 2017.10/12
2. 김덕현, 4차산업혁명과 융합. https://brunch.co.kr/@duk-hyun/11, 2018. Aug.04
3. http://www.moreagile.net/2014/08/it.html
4. 컴퓨터 정보용어 대사전 한국사전연구사
5. 위키백과, https://ko.wikipedia.org/wiki/
6. https://www.oxford-royale.com/articles/reasons-learn-english/
7. https://m.blog.naver.com/PostView.
8. 중앙일보, 라이프 트렌드, 글로벌 기업 일자리 도전, 청년들이여 이렇게 준비하라
9. 엄일연, https://m.post.naver.com/viewer/ 철저히 준비하고 혁신적으로 도전하라, 글로벌SE, 2018.12.04
10. https://blog.hyosung.com/1381 [마이프렌드 효성 블로그]
11. http://infosec.pusan.ac.kr/index.php/artificial-intelligence-iot/
12. MIT Technology Review, Ten big global challenges technology could solve, 2019.2.27
13. https://www.sedaily.com/NewsVIew/1VQZIUGI22
14. https://daystudy.tistory.com/227
15. https://newsroom.intel.co.kr/인텔, 글로벌 도전과제
16. https://phrase.dict.naver.com/ 네이버 글로벌 회화

학습 4

학습 1	4IR 핵심기술과 글로벌 도전 출발
학습 2	4IR 글로벌 도전의 핵심과 미션
학습 3	4IR 글로벌 도전의 결심과 집중
학습 4	4IR 글로벌 도전의 이유와 역량
학습 5	**4IR 글로벌 도전의 시작과 목표**
학습 6	4IR 글로벌 도전의 진화와 과정
학습 7	4IR 글로벌 도전의 미래와 매너
학습 8	4IR 글로벌 도전의 성공과 혁신
학습 9	4IR 글로벌 도전의 신뢰와 안전한 거래
학습 10	4IR 글로벌 도전의 가치와 디지털 전환
학습 11	4IR 글로벌 도전의 전략과 서비스 융합
학습 12	4IR 글로벌 도전의 성과 창출과 고도화
학습 13	4IR 글로벌 도전의 기반확립과 결실

학습 목표	1. 4IR 글로벌 도전의 시작과 목표를 이해할 수 있다.

5-1 4차산업혁명의 핵심기술, 디지털트윈

1. 디지털 트윈 기술의 개요

디지털 트윈(Digital Twin) 기술은 실제 생산공장, 플랜트, 선박, 항공기, 오일과 가스 설비, 에너지 등 자산 중심의 산업분야에서 물리적인 물체 및 시스템을 운용상의 위험과 안정을 효과적으로 관리하면서도 고효율과 저비용의 혁신을 기대할 수 있는 가상의 디지털 세계에 고스란히 재현하는 방식의 복제하는 기술의 의미한다.

디지털 트윈 기술의 개념은 미 항공우주국 NASA가 지상에서 우주에서의 문제를 반영하고 진단하기 위해 초기 우주 캡슐의 실물 모형을 완전한 디지털 시뮬레이션으로 대체하면서 시작하였다.

이후에 현실에서 존재하는 다양한 물리적인 사물 또는 프로세스를 가상에 구현함으로써 최적화를 위한 시뮬레이션을 해볼 수 있다는 개념으로 진화하고 있다.

디지털 트윈을 지원하는 기술은 계속 확대되어 지금은 빌딩이나 공장, 도시 등 거대한 실체까지도 재현의 대상이 되고 있을 뿐 아니라, 사람이나 프로세스도 디지털 트윈으로 재현할 수 있다는 의견도 대두하는 등 그 개념 자체도 계속 확장되고 있다.

[그림 5-1]처럼 디지털 트윈 기술은 IoT, Cloud, AI, BigData 기술의 종합체이다.

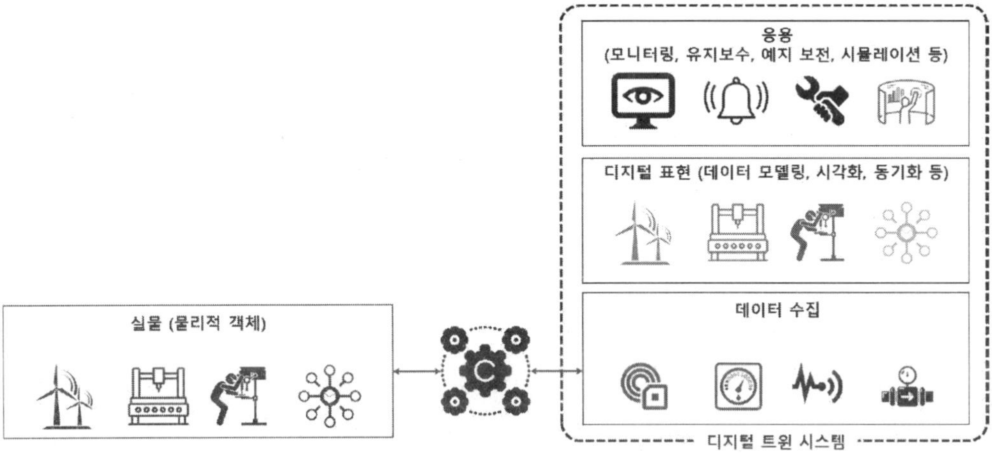

[그림 5-1] 디지털 트윈 기술의 종합체

완성된 디지털 트윈 모델은 실제 물리적인 물체 및 시스템의 성능과 잠재적인 문제에 대한 인사이트 제공이 가능하다.

디지털 트윈 기술 과정은 수학적 모델 개발(Developmemt),디지털 트윈의 구축(Generation), 최적화 가동(Operation)의 3가지로 구분한다.

1) 수학적 모델 개발(Developmemt)

재현의 대상이 되는 현실의 물체나 시스템에 대한 데이터 수집 및 이를 기반으로 시뮬레이션 가능한 입/출력(Input-Output)기반의 수학적 모델 개발(수학/통계/데이터전문가 참여)하여야 한다.

2) 디지털 트윈의 구축(Generation)

수학적 모델을 기반으로 실제 특정 기계 및 장비에 특징을 고려하여 통계 및 프로그래밍 능력을 갖춘 현장 엔지니어 참여하여 가상모형인 디지털 트윈의 구축해야한다.

3) 최적화 가동(Operation)

실제 데이터를 입력하여 시뮬레이션 실행하여 완성된 디지털 트윈의 가동을 통한 성능과 잠재적인 문제에 대한 인사이트 제공 가능해야 한다.

이후 컴퓨터 프로그램이 물리적 물체와 시스템에 대한 실제 데이터를 입력받아 그 데이터들이 어떻게 작용할 것인지에 대한 예측과 시뮬레이션을 출력, 이 과정을 통해 성능과 잠재적인 문제에 대한 인사이트 획득이 가능하다.

기본적으로 디지털 트윈은 데이터 과학 및 응용 수학의 전문가들이 물리적 물체와 시스템에 대한 실제 데이터를 연구·조사하고 이를 기반으로 디지털 공간에서 실제 원본을 시뮬레이션하는 수학적 모델을 개발하는 방식이다.

2. 디지털 트윈의 구성기술

디지털 트윈의 구성 기술은 [그림 5-2]처럼 크게 현실 사물, 분석시스템 및 디지털 트윈으로 3가지의 구성으로 이루어져 있다고 볼 수 있다. 현실의 사물이 존재해야 하고 이를 바탕으로 분석과 처리를 수행할 수 있는 시스템과 3D의 가상세계를 구현하는 디지털 트윈(Digital Twin)이 구성되어야 한다.

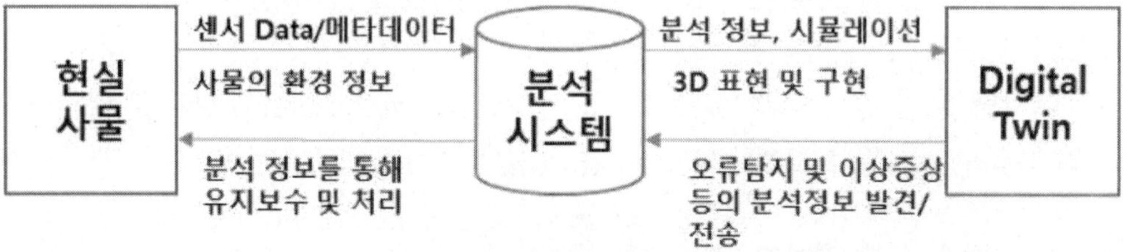

[그림 5-2] 디지털 트윈의 구성

[그림 5-2]처럼 디지털 트윈(Digital Twin)은 ① 실제 현실 사물의 모델을 바탕으로 ② 현실과 가상화 모델을 통합 구성하고 ③ 가상화 모델 분석/시뮬레이션을 통하여 ④ 분석 피드백을 통하여 제어 모니터링의 오류를 탐지하게 된다.

〈표 5-1〉처럼 디지털 트윈의 상세 구성 기술로는 센싱을 위한 IoT, ZigBee, NFC 등의 센싱 기술과 환경의 정보를 취합할 수 있는 온·습도 정보, 적외선 센서, 분석을 처리할 수 있는 Big Data와 AI 기술 등이 필요하며 마지막으로 시뮬레이션을 진행할 수 있는 3D 영상 기술이 필요하게 된다.

〈표 5-1〉 디지털 트윈의 세부기술

구 분	구성기술	세부 기술
현실 세계 정보 수집	• Sensor • Actuator • Controller	• 센서/메타 데이터 수집 • 마모도 등 공정 데이터 수집 • WPAN, PLC, Modbus, RS485
가상세계 구성 측면	• 디지털 스레드 • 가상공간자산 • 3D 모델링	• 물리자산의 디지털화 • 디지털 사물 설계, 테스트, 피드백 등 공정의 디지털화
현실/가상 통합 측면	• VR/AR 연계 • 양방향 전달 • 공정제어	• 현실세계와 가상세계 연결 • 가상세계에서 다양한 테스트 및 시뮬레이션 가능

5-2 4IR Engineer의 글로벌 도전 시작

1. 4IR 글로벌을 위한 도전들(A set of global challenges)

미국이나 중국의 인터넷 기업들이 전세계에서 독점적인 지위를 누리고 있는 현 상황에 대해 "디지털 비즈니스에는 국경이 없다."라고 한다. 이런 상황에서 한국 시장만 바라보면 경쟁력을 잃어버리고 고사할 것이다.

지금 네이버와 카카오 등과 같은 글로벌 도전하는 회사들은 전세계에서 가장 크며 돈이 많고 인재와 기술이 모인 회사들과 매일 실시간으로 경쟁하고 있다. 이들에 맞서 전 세계 무대로 나아갈 방법은 계속 글로벌로 더 부딪치는 방법밖에 없다. 그러므로 글로벌 도전의 시작은 창의성과 도전정신을 겸비한 미래형 글로벌 인재로써 반드시 영어 여행으로 출발을 해야 한다.

제4차산업혁명이 진화하면서 모든 글로벌 사업의 구성요소는 4차 산업의 핵심기술 중 인공지능과 모든 제품의 서비스가 연결될 것이다. 점점 더 많은 기업들이 집단지성 시스템으로 바뀔 것이다. 재무 서비스 등 일부 유형의 사업들은 그저 소프트웨어가 될 수도 있다.

인공지능에는 세 가지 유형이 있는데 오늘날 우리가 활용하고 있는 좁은 범위의 단일목적 인공지능, 자체 코드를 다시 쓰면서 복수의 목적에 적응할 수 있는 인공일반지능(Artificial General inteligence, AGI) 그리고 인간과 독립적으로 자체 목표를 설정할 수 있는 초인공지능(Artificial Super Intelligence, ASI)이 그

것이다. 지금도 좁은 범위의 인공지능이 가져온 실업 효과는 일부 관찰되고 있지만, 인공일반지능이 탄생한다면 실업과 경제, 문화에 미치는 영향은 훨씬 더 커지게 될 것이다. 이렇게 슈퍼컴퓨터와 인공지능을 이용할 수 있는 기반을 마련하는 것과 더불어 사물인터넷 보안 기준과 연결 가능성에 대한 국제적 합의, 머신러닝의 활용과 인공지능의 활용에 대한 세계적인 합의가 이뤄져야 한다.

[그림 5-3] How you look

출처 : success pictures

전 세계는 여러 가지 난제에 직면했으며, 이에 대해 데이터를 모으고 분석할수록 더 많이 알아가게 된다. 하지만 기후변화부터 전세계적인 디지털 격차, 우리의 삶을 근본적으로 변화시키고 있는 지금의 전염병에 이르기까지 그 문제들은 집단적인 대응없이 방치되고 있으며, 이러한 문제들은 협력을 통해서만 해결될 수 있다.

최근 발표한 코로나 19를 더욱 잘 진단, 진료, 치료하고 미래의 전염병에 대비하기 위해 4차 산업의 핵심기술인 클라우드, 인공지능, 고성능 기술 솔루션을 적용하는 팬데믹 대응 기술 이니셔티브(Pandemic Response Technology Initiative)가 절대적으로 필요한 글로벌 도전 과제이다.

2. 4IR 글로벌을 위한 도전 목표

① 글로벌 마인드 및 기업가 정신을 갖춘 적극적인 리더를 목표로 한다.
② 중급수준 이상의 비즈니스 영어 어학능력 습득해야 한다.
③ 현지생활 적응능력 확보를 위해 현지의 식사와 현지의 숙소 등에 대한 글로벌 도전을 시작하여 조기 정착화를 추진을 목표로 한다.
④ 4IR의 핵심기술분야에 대하여 최소한의 주요 키워드 용어와 간단히 설명할 수 있는 기초 프리젠데이션 능력을 목표로 실무 직무능력을 목표로 해야 한다.

5-3 4IR Engineer의 글로벌 도전

학습 5

1. 쇼 핑

분 류	항 목
중분류	위치 찾기, 물건 찾기/고르기, 가격/흥정, 계산/포장/배달, 교환/환불, 면세점, 옷가게/신발가게, 화장품점, 마트, 서점/문구점
소분류	자주 쓰이는 표현, 매장 입장, 물건 찾기, 시범/착용하기, 선물 고르기, 다른 물건 찾기, AS 문의, 그냥 나설 때

At a Shop

A : Good afternoon, ma'am. May I help you?
B : I'm looking for a souvenir for my friend.
A : How about this scarf? It is new arrivals.
B : Do you have anything not too loud?
A : Ma'am, this is very trendy colors nowadays.
B : I will take it. Wrap for a gift, please.
A : How would you like the payment?
B : By credit card, please.

2. Let it Be _Beatles

When I find myself in times of trouble
Mother Mary comes to me
Speaking words of wisdom let it be
And in my hour of darkness
She is standing right in front of me
Speaking words of wisdom let it be
Let it be let it be
Let it be let it be
Whisper words of wisdom let it be
And when the broken hearted people
Living in the world agree
There will be an answer let it be
For though they may be parted
There is still a chance that they will see
There will be an answer let it be
Let it be let it be
Let it be let it be
Yeah there will be an answer let it be
Let it be let it be
Let it be let it be
Whisper words of wisdom let it be
Let it be let it be
Ah let it be yeah let it be
Whisper words of wisdom let it be
And when the night is cloudy
There is still a light that shines on me
Shine on until tomorrow let it be
I wake up to the sound of music
Mother Mary comes to me
Speaking words of wisdom let it be

Let it be let it be
Let it be yeah let it be
Oh there will be an answer let it be
Let it be let it be
Let it be yeah let it be
Whisper words of wisdom let it be

번 역

내가 힘든 시간 속에 있다고 여겨질 때
성모 마리아께서는 메리가 내게 다가와
지혜로운 말씀을 전해주시길 내버려 두어라.
그리고 내가 어둠의 시간 속에서
그녀는 밝게 바로 내 앞에 서계시면
지혜로운 말씀을 전해주시길 내버려 두어라.
내버려 두어라.
내버려 두어라.
지혜로운 말씀을 속삭이길 내버려 두어라.
그리고 그 상처 입은 사람들이
세상에 사는 것은 동의 한다.
그곳에 답이 있을 것이다. 그냥 내버려 두어라.
그들이 헤어지더라도
여전히 그들이 볼 수 있을 기회가 있으니
대답이 있을 것이다. 그냥 내버려 두어라.
그냥 내버려 두어라.
그냥 내버려 두어라.
그래, 대답이 있을 거야. 그냥 내버려 두어라.
그냥 내버려 두어라.
그냥 내버려 두어라.
지혜로운 말씀을 속삭이길, 내버려 두어라.
그냥 내버려 두어라.

아, 그냥 내버려 둬.
지혜로운 말씀을 속삭이듯, 그대로 두어라.
그리고 구름 낀 밤에
여전히 내 위에서 빛나는 빛이 있으니
내일까지도 빛나고 있을 거다.
나는 음악 소리에 잠에서 깬다.
성모 마리아께서는 내게 다가와
지혜의 소리를 속삭이셨다. 내버려 두어라.
그냥 내버려 두어라.
그냥 내버려 두어라.
오, 대답이 있을 것이다. 그렇게 하도록 내버려 두어라.
그냥 내버려 두어라.
그냥 내버려 두어라.
지혜로운 말씀을 속삭이듯, 그것을 그대로 두어라.

수행 내용

재료 · 자료

- 4차산업 혁명 관련 자료

기기(장비 · 공구)

- 컴퓨터, 프린터, 주변기기

안전 · 유의사항

- 컴퓨터 및 주변기기의 전원을 관리한다.

학습 5

수행 순서

01 디지털 트윈의 요소기술에 대하여 분석하라.

1. 디지털 트윈의 요소기술

초소형 정밀센서 가격이 최근 10년 동안 1/3수준으로 하락, IoT · AI Big data, Cloud, 5G. VR/AR/MR 등의 다양한 핵심요소 기술 발전으로 디지털 트윈 시장이 본격적 성장하고 있다.

〈표 5-2〉 디지털 트윈의 요소 기술

기 술	내 용
IoT	물리적 객체의 실시간 데이터 수집과 물리/기상 객체간 데이터의 원활하고 정확한 양방향 전송촉진
AI	새로운 데이터로부터 학습을 촉진하고 예측모델을 지속적으로 향상
Big Data	패턴을 유추 및 유용한 정보 발굴을 위한 양적 데이터 제공
Cloud	센서, 다양한 플렛폼으로부터 온 엄청난 양의 데이터를 담아 유연성, 확장성 지원
5G	실시간 정보 전송 능력으로 디지털 트윈의 반응성 향상
AR/MR	실제 물리적 환경과 동시에 가상 세계의 디지털 트윈 인식 지원
모델링	제품, 공정, 시스템 등의 형상을 가상공간에 구현

2. 디지털 트윈 기술의 구성

디지털 트윈 관련 기술은 〈표 5-3〉처럼 가상공간을 구축하고 갱신하는 기술, 데이터로부터 정보를 얻는데 필요한 분석기술, 분석한 결과를 이해하기 쉽고 명료하게 표현하는 가시화 기술, 센서 들과 가상공간의 안정적 연결을 보장하는 초연결 기술, 각종 데이터와 정보를 외부침입으로부터 막을 수 있는 보안기술 등으로 구성된다.

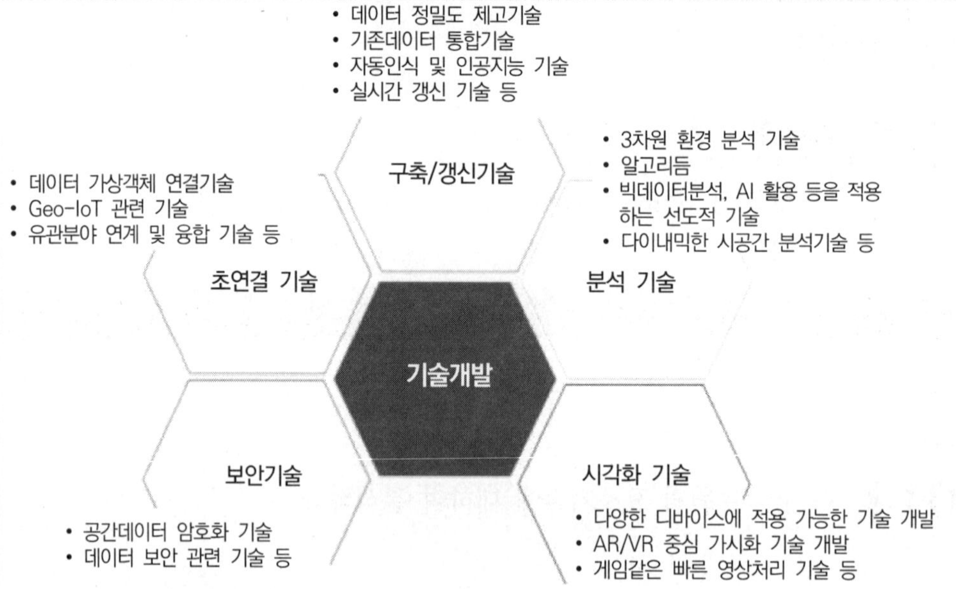

[그림 5-4] 디지털 트윈 기술의 구성

〈표 5-3〉 디지털 트윈의 주요기술

기 술	내 용
3D모델링 구축 갱신기술	3D 콘텐츠 제작, 데이터 정밀도 재고 기술, 기존 데이터 통합기술, 자동 인식 및 인공지능 기술, 실시간 갱신기술
분석기술	3차원 환경에 적합한 분석기술, 알고리즘 중심 분석기술, 빅데이터 분석 및 AI활용 등의 선도기술
기시화/시각화 운영기술	다양한 기기에 적용이 가능한 기술, AR/VR중심 가시화 기술, 게임의 빠른 영상처리기술과 같은 데이터의 압축/검색/운용기술
현실과 가상을 연계하는 연결 기술	데이터와 가상객체의 연결기술, Geo-IoT관련기술, 유관부야 데이터와 연계/융합기술
보안기술	공간 데이터에 대한 암호화기술, 데이터 보안 및 사이버 보안기술

02 디지털 트윈의 핵심기술인 가상현실(VR) 및 증강현실(AR) 기술에 대하여 분석하라.

1. 가상현실 및 증강현실의 개념

가상현실(VR, Virtual Reality)은 자신 객체과 자신을 둘러싼 배경 환경이 모두 현실이 아닌 가상의 이미지로서 구현되는 기술이다. 증강현실(AR : Augmented Reality)은 현실의 이미지나 배경에 차원의 가상 이미지를 겹쳐서 하나의 영상으로 보여주는 기술이다. 가상현실은 사용자로 하여금 현실과 다른 인공의 세계에 있는 것처럼 느껴지게 하는 것을 목표로 하지만 증강현실은 현실을 더욱 풍부하고 편리하게 만드는 것을 목표로 한다. AR과 VR을 통합하고 사용자와의 상호작용을 더욱 강화한 혼합현실(MR : Mixed or Merged Reality) 기술은 안전성 · 신뢰성 · 실시간성의 요구사항을 만족시키며 산업현장에서의 활용이 확대될 것으로 기대된다.

가상현실의 역사는 매우 깊지만 최근 들어 하드웨어 소프트웨어 등의 인프라 기술이 급격히 발전하면서 오큘러스 리프트, 기어VR, 플레이스테이션 VR 등의 디바이스의 보급이 확대되며 급성장 중이다.

HMD(Head-Mounted Display)기반의 가상현실 디바이스를 이용하여 현실세계를 차단하고 가상의 공간에서 사용자의 움직임과 제공되는 영상을 기반으로 가상현실 시각화가 수행된다.

콘텐츠, 플랫폼, 디바이스 등 소프트웨어와 하드웨어를 넘나드는 Global Player 들의 활발한 참여로 가상현실 생태계 구성 진행 중 VR은 완벽한 가상세계를 눈앞에 구현함을 통해 몰입도 높은 환경 제공을 제공하여 실감형 콘텐츠에 주로 활용한다.

포털, 미디어, 제조사 등 기존 시장에서 경쟁력을 보유한 기업은 물론 특화된 기술을 바탕으로 한 스타트업의 진출이 이어지고 있으며 특정 영역에 국한하지 않고 상호연계적 서비스를 제공하며 시너지를 강화한다.

현재 애플에서는 구글 글라스와 같은 증강현실을 적용한 스마트 글라스를 개발 중에 있음. 최근 증강현실 기반으로 열풍을 일으킨 포켓몬 Go등의 영향으로 스마트 글라스 개발에 박차를 가하고 있다.

구글 탱고는 스마트폰 기반의 증강현실을 구현하고 스마트폰 화면을 통해 사용자들에게 현실과 가상을 합성해서 보여주는데 탱고 기술을 탑재한 전용 스마트폰에서만 이용할 수 있다. 마이크로소프트에서 만든 홀로렌즈는 독립된 내장 프로세서(HPU : Holographic

Processing Unit)를 통해 영상을 재생하고 HMD(Head Mounted Display) 형태로 제공이 가능하다.

디바이스 기술의 진보에 대한 관심도 중요하지만 증강현실 기술의 성공 여부는 기술을 활용할 수 있는 킬러 콘텐츠의 존재가 매우 중요하다.

[그림 5-5] VR/AR/MR 관련 콘텐츠, 플랫폼, 디바이스 사례

산업용 VR/AR은 제조 등 산업현장에서 필요한 정보를 빠르게 제공하거나 '보이지 않는 내부' 또는 '실제로 존재하지 않는 것'을 현실감 있게 시각화하여 시제품 테스트, 협업, 교육 등 용도로 활용한다.

스마트 공장의 고도화를 위해 필수적인 물리 공간의 가상화 및 물리 공간과 가상 공간 간의 연계, 디지털 트윈의 구현 등에 있어 산업용 VR/AR는 중요한 위치를 차지한다. 제조 공정에서의 설계·배치 검증, 재고 관리, 안전 교육, 원격 유지보수·검사 등 제조 현장에 활용 가능한 산업용 VR/AR 기술이 세계적으로 광범위하게 발전하는 추세이다.

가상·증강현실 기술은 시공간을 초월하는 특징을 지니고 있어, 서로 다른 산업 현장(공간)에 있는 생산 관계자들의 효율적인 협업 기대 가능하다. 예를 들면 제품의 디자이너와 엔지니어가 가상·증강현실 환경에서 함께 디자인 평가·부품 조정 등 여러 가지 대안의 비교 과정을 통해 최적의 제품 생산을 도모한다.

가상·증강현실 분야는 게임·엔터테인먼트 분야 보다는 산업용 시장에서 먼저 활성화될 가능성이 높은 것으로 기대되며, 특히 VR·AR 기술을 기반으로 제조공정·유지보수 분야에서 활용코자 하는 유럽·미국을 중심으로 시장이 확대될 전망이다.

IDC에 따르면, 세계 VR/AR 시장은 '21년까지 매년 두 배 증가하고, 이 중 대부분은 산업의 유지보수용 VR/AR일 것으로 전망이다.

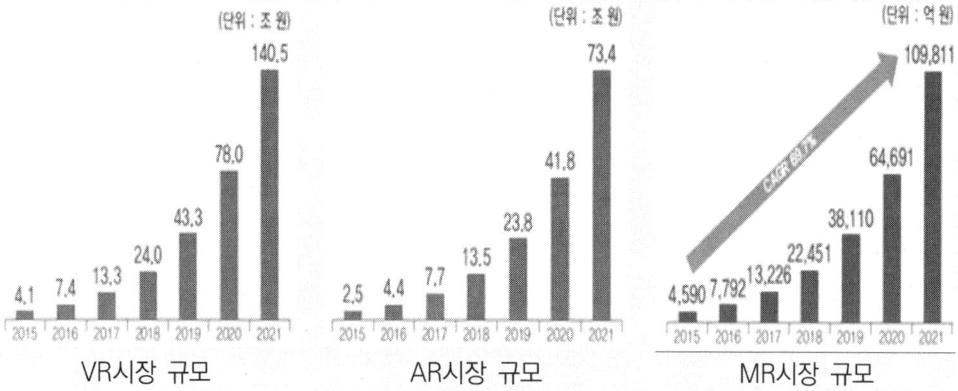

[그림 5-6] 글로벌 VR/AR/MR 시장 규모 전망

학습 5

글로벌 기업들이 VR용 헤드 마운트 디스플레이(HMD) 개발 및 SDK 공개 등을 통해 산업 확대를 추진하고 있으나, 게임 · 엔터테인먼트를 제외한 산업 활동을 지원하는 솔루션은 초보적 수준이다.

VR · AR 기기는 제조공정의 설계와 배치 검증부터 원격에서부터 제조시설의 안전검사 및 유지보수 실시에 이르기까지 다양하게 제조 현장에 적용 중이다.

1) 제조 공정 설계 · 배치 검증(Ford)

엔지니어가 가상 환경에서 자동차 생산 全 과정(파워트레인부터 실내 장식까지) 설계 및 구축이 가능한 시스템을 구현, 서로 다른 국가의 포드 설계자 간 협력이 가능하다. CAD 설계를 가상 자동차로 변환, 엔지니어가 차량 구성 요소를 밀리미터 단위로 검사하고 차체 내부를 걸어서 살펴볼 수 있다.

2) 생산설비 개발 · 제조시 작업자 보조(Toyota)

신종 자동차 및 부품 개발시 공장 내 생산설비를 개발 · 제조하는 과정에 AR 기기를 도입하였다.

3) 차량설계 시뮬레이션 활용(BMW)

HTC社의 Vive VR 헤드셋과 혼합현실을 기술을 새로운 차량 모델 개발에 적용, VR을 활용하여 엔지니어는 주변을 한눈에 볼 수 있는 각도와 좌석 위치에 따라 닿지 않는 스위치, 디스플레이, 사각지대 등의 잠재적인 문제를 확인한다.

4) 원격 유지보수 · 안전검사(Gabler)

숙련된 전문가가 제조 시설을 가상으로 방문하여, 저비용으로 보다 쉽고 자주 안전검사 · 유지 보수 수행이 가능하다.

5) VR 기반 안전교육(Gabler)

맞춤형 조립라인(캔디 및 제약 제조 등) 전문 제조장비 개발사인 Gabler는 VR 기술을 제조 공정에 도입한다. 또한 헤드 장착형 디스플레이를 사용하여 가상 세계에서 제조 라인을 재생성하여 잠재적 안전 위험을 사전에 탐지하고, 위치에 관계 없이 여러 작업자가 VR에서 장비를 탐색/상호 작용이 가능해지면서 개발시간을 15% 단축하는 효과를 달성하였다.

6) AR기반 재고추적(Knapp AG)

증강현실(AR) 기술을 활용한 피킹(Picking) 기술을 개발, 웨어러블 헤드셋을 현장에 도입하여 실시간 재고추적이 가능해지고 작업자 교육 시간 단축 · 작업 프로세스 효율화 · 오류 발생률 40% 감소 등 효과를 달성하였다.

7) AR 기반 재고 관리(DHL)

창고 효율성 향상을 위한 AR 프로그램을 '15년 시범운영. Google Glass 등 AR 헤드 장착 디스플레이를 사용하여 작업자가 '비전 피킹'에 참여하고, H/W는 작업자에게 네비게이션 보조 기능을 제공하여 할당된 물품을 적합한 경로 · 위치로 직접 보내고, 각 물품은 디스플레이를 통해 창고 직원이 쉽고 빠르게 식별토록 지원한다. 시범 운영기간 동안 10명의 작업자(주문 피커)가 총 2만 개의 주문으로 구성된 9,000회의 주문을 수행하였다.

2. 가상현실 및 증강현실 관련 기술

1) 헤드 트래킹 기술

X, Y, Z축을 중심으로 헤드가 얼마나 회전되어 있는지를 센서를 이용해 감지하는 기술이다. 헤드 트래킹을 위해서는 자이로스코프와 가속도 센서 자력계 등의 센서가 필요하며 이들 센서의 역할은 헤드 마운트 디스플레이(HMD : Head Mounted Display)의 움직임을 정밀하게 측정해 가상현실 속 화면을 머리 움직임에 맞춰 시각화할 수 있다. 가령 정면을 바라보다가 머리만 좌우로 돌리는 경우 원래 정면의 좌우에 위치했던 세상이 화면상에 나타나게 된다.

2) 스테레오 스코픽 기술

양안(兩眼)시차(視差)가 있는 한 쌍의 2D 영상을 시청자의 양쪽 눈에 각각 제시하여 3차원적인 입체감(깊이감)을 부여하는 입체 영상 구현 기술이다.

3) 포지셔널 트래킹 기술(사용자의 움직임 감지 기술)

오큘러스 리프트가 기본적으로 제공해왔던 헤드트래킹 기능에서 발전된 모션 캡쳐 기능으로 사용자의 이동이나 세밀한 움직임까지 인식한다.

가상현실과 증강현실에서 보다 현실감 높은 이미지를 제공하기 위해 HMD 자체의 하드웨어의 성능을 높여 보다 넓은 시야각과 보다 감소된 이미지 처리 지연율을 구현할 필요가 있다. 또한 시각 외에 촉각이나 청각 후각 등 다양한 감각을 제공하고 어지러움이나 멀미 등의 부작용이 없는 기기가 유저 일반에 제시되어야 한다. 그리고 HMD와 같은 가상현실 기기의 착용이나 사용의 불편함이 해소된 하드웨어 디자인이 개발되어야 하며 양질의 가상현실 및 증강현실 콘텐츠 제작을 위해 제작기기(가령, 카메라, 처리기기, 통신기기 등)의 컴팩트화와 대용량 화상 데이터 처리 기술의 발전도 요구된다.

학습 5

3. 가상현실 및 증강현실 하드웨어 현황

1) 오큘러스 리프트

Facebook 오큘러스 리프트, HTC, 바이브 삼성 기어VR은 모두 OLED를 사용하여 화면 딜레이가 적고 높은 해상도를 소화할 수 있다. 이로 인해 디스플레이의 느린 반응속도와 낮은 해상도 등으로 인한 어지러움이 상당 부분 해소된다. 오큘러스 리프트 헤드셋에는 OLED디스플레이 스피커 마이크와 함께 스탠딩 센서와 교신해 위치정보를 주고받는 센서들이 장착되고 정면에 스탠딩 센서를 두고 그 앞에서 일정 VR공간을 공간으로 인식하며 VR공간에서 유저의 움직임을 인식해 가상현실 세계에서 그 움직임을 반영한다.

2) HTC 바이브

HTC 바이브의 2개의 모션 센서는 VR 공간을 설정하고 사용자의 위치와 동작을 인식한다. HTC 바이브의 무선 컨트롤러는 VR콘텐츠에 따라 가상현실 공간에서 다양한 모습으로 수행 가능함 예를 들어 액션 게임에서는 총을 든 모습으로 보이고 그림 그리기 콘텐츠에서는 붓과 팔레트로 활용 가능하다.

3) 삼성 기어 VR

삼성 기어 VR은 헤드셋만으로 이루어져 있어서 오큘러스 리프트와 HTC바이브에 비하면 상당히 심플하다. 오큘러스 리프트와 HTC 바이브는 고성능 CPU와 GPU(그래픽카드)를 장착한 컴퓨터와 VR 기기를 연결해야만 콘텐츠를 즐길 수 있어서 두 기기를 연결하는 긴 케이블이 필수적임 반면에 기어 VR은 스마트폰이 컴퓨터 역할을 하므로 별도의 하드웨어나 케이블이 필요하지 않다.

4) 소니 PS VR

플레이스테이션 VR은 소니 인터랙티브 엔터테인먼트(SIE)가 2016년 10월 13일에 출시한 플레이스테이션 4용 가상현실(VR) 헤드셋(헤드 마운티드 디스플레이)이다. 2015년 Game Developers Conference(GDC)에서 시험 작품이 선보였으며 사양은 능동형 유기발광 다이오드(OLED) 1920×1080 디스플레이(좌우 각각의 눈에 960×1080, 픽셀 어스펙트비 2 : 1), RGB부분 화소배열에서 콘텐츠를 120fps로 시각화 가능하다.

5) 애플 뷰마스터

완구 업체인 마텔이 개발하였고 카드보드와 비슷한 수준의 저가형으로 출시하였다. 아이들용 장난감 형태의 원색컬러와 외관상 튼튼한 모습을 하고 있다.

6) 구글 글래스

구글은 VR용으로 골판지로 이루어진 카드보드를 출시 외에 증강현실장비 구글 글래스를 구축한다. 현재 구글 글래스는 의료 분야 등 한정적인 분야를 제외하고는 일반인을 상대로 한 사업 부분에서는 철수하였다.

AR Glass 분야에서 대표적으로 가장 큰 주목을 받았던 구글글래스는 산업용도의 '엔터프라이즈 에디션' 버전으로 '17년 다시 공개했다.

[그림 5-7] 구글 글래스 엔터프라이즈 에디션

구글글래스 엔터프라이즈 에디션은 GE, 보잉, DHL, 폭스바겐 같은 기업에 공급되어 실제 테스트를 거친 모델로, 현장에서 발생하는 '휴먼 에러(Human Error)'를 불이고 작업효율을 높일 수 있을 것으로 기대한다.

AGCO사는 농기계 업체인 AGCO는 구글글래스를 활용한 결과, 생산시간 25% · 검사시간 30%를 단축하는 효과를 달성하였다.

AR 글래스 도입으로 작업 효율성을 높이는 효과를 얻을 수 있었던 것은 '정보의 단순화'를 통해 작업자의 업무 복잡성을 줄인 것이 주효하였다. 산업현장에서 작업자가 수많은 정보를 검색 · 선별하여 업무에 활용할 경우 정보를 확인하는 과정 · 시간이 늘어나고 오류 가능성 증대된다. '글래스'는 수많은 정보를 볼 수 있는 스마트폰과 달리 입출력 방법 · 정보가 단순하여야 하는 구조이기 때문에 개인용보다는 산업용으로 적합하다. 구글글래스 목적은 '검색을 통해 정보를 찾는 것이 아니라 필요한 정보만 곧바로 볼 수 있는 형태의 디바이스이다.

학습 5

03 MIT가 제시한 과학기술이 해결할 10대 글로벌 도전 과제에 대하여 분석하라.

1. 과학기술로 극복 가능한 10대 글로벌 도전과제(Global Challenges)

기후변화, 고령화, 물 부족 등 인류의 주요 도전과제 해결을 위해 전세계 과학자들은 다양한 노력을 시도하고 있으며, 최근 4차산업의 핵심기술인 인공지능과 결합한 첨단기술들을 개발 중이다.

2. 10대 도전과제

1) 탄소 격리(Carbon Sequestration)

① 온실가스 배출을 줄이는 것만으로도 지구의 기온이 급격히 상승하는 것을 막을 수 있기 때문에 엄청난 양의 이산화탄소를 대기에서 제거해야 한다. 이산화탄소를 대기에서 격리하는 비용은 매우 비싸며, 포집된 이산화탄소로 무엇을 할 것인가에 대한 문제를 제기한다.

② 합성연료, 고분자, 탄소섬유 및 콘크리트 등의 제품으로 이산화탄소를 재활용하는 방법을 모색하는 벤처들이 증가하고 있다.

③ 대기 중에서 격리한 수십억 톤의 이산화탄소를 영구히 저장하는 저렴한 방법을 찾는 것이 절실하다.

2) 그리드 규모 에너지 저장(Grid-Scale Energy Storage)

① 풍력 및 태양과 같은 재생 가능한 에너지원은 저렴하고 널리 보급되어 있으나, 기상 상태(해가 비치치 않거나 바람이 불지 않을 때 등)에 따라 전기 생산이 불안정하다. 이는 석탄, 천연가스와 같은 안정적인 자원의 고갈 시기 및 이러한 자원이 얼마나 많은 힘을 공급할 수 있는지를 제한한다.

② 많은 과학자들과 신생기업들은 플로우 전지(Flow Batteries)나 용융염 탱크(Tanks of Molten Salt)를 포함한 장기간 지속될 수 있는 보다 저렴한 그리드 규모의 저장 장치 개발에 노력하고 있다.

③ 광대한 양의 전기를 저장하는 보다 효율적이고 저렴한 방법 개발이 필수적이다.

3) 범용성 독감백신(Universal Flu Vaccine)

① 유행성 독감은 드물지만 치명적임. 1918년 H1N1 독감으로 적어도 5천만 명이 사망했으며, 1957~58년, 1968년 대유행시에는 약 100만 명이 사망, 2009년 재발한 H1N1에 50만 명이 사망함. 최근 사망자 수가 적은 것은 Mild Strains이기 때문이다.

② 그러나 다음번에는 운이 좋지 않을 수 있다. 바이러스의 강력한 변종은 어떠한 맞춤형 백신이라도 빨리 복제할 수 있어 효과적으로 싸울 수 없다.

③ 범용적인 독감백신으로 상대적으로 덜 유해한 변종뿐만 아니라 한 세기에 한 번 돌발(Outbreak)하는 치명적인 변종에 대비하는 것은 중요한 공중보건의 도전이다.

4) 치매 치료(Dementia Treatment)

① 65세 이상의 미국인 10명 중 1명 이상은 알츠하이머를 앓고 있으며, 85세 이상은 1/3에 해당한다. 인간의 수명이 길어지면서 미국과 전세계 알츠하이머 환자들은 급증할 것이다.

② 그러나 알츠하이머병은 제대로 이해되지 않았으며, 결정적인 진단은 사망 후에야 가능하며, 심지어 의사들도 알츠하이머 병과 다른 형태의 치매를 구분하는데 논쟁이 있다.

③ 그러나 신경과학과 유전학의 진보로 알츠하이머에 대한 이해가 증가하고 질병 상태의 파괴적인 영향을 늦추거나 심지어 멈출 수 있는 방법에 대한 단서를 제공한다.

5) 해양 청소(Ocean Clean-Up)

① 수십억 개의 플라스틱, 일명 마이크로 플라스틱이 전세계 해양에 떠다니고 있다. 이 쓰레기는 대부분 시간이 지남에 따라 부식된 가방이나 빨대에서 나온다.

② 이것은 새, 물고기 및 인간에게 독이 된다. 연구자들은 인류의 건강과 환경에 미치는 영향이 심각할 것으로 우려하고 있으며, 지난 수십 년간 축적된 수억 톤의 플라스틱을 청소하는데 수세기가 걸릴 수 있다.

③ 오염이 많이 확산되었기 때문에 청소가 어렵고, 대규모 해양 쓰레기 패치에 대한 프로토 타입 방법이 있긴 하나, 해안, 바다, 수로에 대한 해결책은 없다.

6) 효율적인 담수화(Energy-Efficient Desalination)

① 지구에는 신선한 물의 50배 많은 바닷물(소금물)이 있다. 세계 인구 증가 및 기후 변화로 인한 가뭄 심화로 신선한 물에 대한 필요성은 더욱 커질 것이다. 기후변화 적응 기술에 관한 한 해양에서 식수를 생산하는 것은 최우선 과제이다.

② 이스라엘은 세계에서 가장 큰 역삼투법 담수화 설비를 건설했으며, 현재 대부분의 가정용수를 바다에서 얻고 있다. 그러나 이 방법은 너무 에너지 집약적으로 세계적으로 실용적이지 못하다.

③ 새로운 형태의 막(Membrane)이 도움이 될 수 있으며, 전기화학 기술은 바닷물을 이용한 관개용수 개발에 도움을 줄 수 있다.

7) 안전한 자율주행 자동차(Safe Driverless Car)

① 자율주행 차량은 일반 도로에서 수백만 마일의 테스트를 거쳐, 피닉스 교외 지역에서는 배달 및 택시 서비스를 위한 파일럿 프로그램이 진행되고 있다.

② 그러나 아직 운전자가 없는 자동차는 혼잡한 교통을 처리하는데 어려움이 있으며, 눈과 안개와 같은 기상조건으로 인한 어려움이 발생한다.

③ 자율주행 자동차의 안전을 신뢰할 수 있다면, 교통의 전체를 재구성할 수 있다. 교통 체증이 사라지고 주차장을 새로운 형태로 개발할 수 있어 도시가 변화될 수 있다. 무엇보다도 교통사고로 인한 연간 125만명의 사망자가 대부분 사라질 것으로 전망된다.

8) 체화된 인공지능(Embodied AI)

① 로봇기업 Boston Dynamics는 네발 달린 로봇이 계단을 오르고 혼자 문을 열고, 빠른 속도로 달리며, 무거운 짐을 나를 수 있는 휴머노이드 로봇 Altas를 개발하였다.

② AlphaGo는 구글 딥마인드가 개발한 인공지능 바둑 프로그램으로, Altas는 AlphaGo를 실행할 수 없으며, AlphaGo도 Altas를 재생할 수 없다.

③ 그렇다면 AlphaGo의 마음을 몸에 넣으면 어떻게 될까? 많은 연구자들은 진정한 인공지능은 내부 계산과정을 실제 세계의 실제 사물과 관련시키는 능력에 달려 있으며, 인공지능은 사람과 동물처럼 실제 세계와 상호작용 하는 것을 학습함으로써 그 능력을 습득할 것이라고 말한다.

9) 지진 예측(Earthquake Prediction)

① 현재 인류는 허리케인의 발생 가능성을 몇 주 전에 예측할 수 있으나, 지진에 대해서는 예측 불가능하다.

② 2010년 아이티 지진으로 10만 명 이상이 사망했으며, 2004년 인도양의 강력한(진도 규모 9.3) 지진 해일로 인도네시아, 스리랑카, 인도 및 기타 지역에서 25억명의 사망자가 발생하였다.

③ 중기적 확신을 갖는 지진 예측이 가능하면, 내구성 있는 해결책을 찾을 수 있다. 적어도 몇 시간 전 경고가 가능하면 위험지역에서 대피시켜 수백만 명의 생명을 구할 수 있다.

10) 두뇌 해독(Brain Decoding)

① 인간의 두뇌는 아직 미지의 영역으로, 우리가 생각하고 기억하는 모든 것과 모든 움직임은 우리 머릿속에 있는 수십억 개의 뉴런에 코딩되어야 한다. 그러나 그 코드는 무엇인지 규명되지 않았다.

② 두뇌가 우리의 생각을 저장하고 전달하는 방식을 이해하는데 아직 많은 미지의 문제와 퍼즐이 남아 있다.

③ 그 코드를 해독하는 것은 정신분열증, 자폐증과 같은 정신질환을 어떻게 치료할 수 있는지에 대한 획기적인 발전으로 이어질 것으로 기대한다.

④ 두뇌에서 컴퓨터 또는 다른 사람들에게 직접 전달되는 인터페이스를 향상시켜 부상이나 퇴행성질환으로 인해 마비된 사람들의 삶의 변화를 위한 개발을 가능케 한다.

04 4IR Engineer의 글로벌 도전을 위해 유용한 문장을 영어로 표현하라.

학습 5

Useful Expressions(문장을 영어로 표현하기)

1. 오늘의 특가 상품은 뭐예요?
   What products are on sale?

2. 비행기에 가지고 탈 수 있어요?
   Can I carry it on board?

3. 배달을 해주나요?
   Do you offer delivery service?

4. 언제쯤 배달돼요?
   When can I get it delivered?

5. 할부로 하시겠습니까? 일시불로 하시겠습니까?
   Would you like to pay in installments or in full?

6. 일시불로 할께요.
   I'd like to pay in full.

학습활동.5 교수 · 학습 방법

교수 방법

- 4IR 글로벌 도전의 시작과 목표에 대한 관련 용어, 구성, 방식 이해 정도를 파악한 후 수업을 진행한다.
- 교수자의 주도로 4IR 글로벌 도전의 시작과 목표 등의 내용을 PPT 자료로 제시한 후 설명한다.
- 가능하면 사전에 개인별 학습 자료를 준비하여 모든 학생이 참여할 수 있는 문제 해결식 수업, 협력 수업이 가능하도록 한다.
- 4IR 글로벌 도전의 시작과 목표 전 과정을 작업의 순서에 따라 단계적으로 실습이 이루어질 수 있도록 지도한다.
- 교재를 통해 수업을 준비하는데 있어서 필요한 모든 정보나 팁, 힌트 등 도움이 될 만한 내용들을 확인할 수 있다.
- 학생들이 만들게 될 각 모델들은 수업시간에 중점적으로 다뤄질 부분과 어휘, 질문, 답을 포함하고 있으며 또한 탐구할만한 추가적인 아이디어들도 포함하고 있다.

학습 방법

- 4IR 글로벌 도전의 시작과 목표에 대한 관련 용어를 숙지하고, 4IR 글로벌 도전의 시작과 목표에 대해 이해한다.
- 4IR 글로벌 도전의 시작과 목표의 각 단계별 중점 사항을 체계적으로 학습한다.
- 4IR 글로벌 도전의 시작과 목표의 수행순서의 전 과정을 실습한다.
- 4IR 글로벌 도전의 시작과 목표의 내용을 이해한다.
- 4IR 글로벌 도전의 시작과 목표를 이해하고 숙달이 될 때까지 학습한다.

학습활동.5 평가 및 피드백

평가 준거

- 평가자는 피평가자가 수행 준거 및 평가 내용에 제시되어 있는 내용을 성공적으로 수행할 수 있는 지를 평가해야 한다.

학습내용	평가항목	성취수준		
		상	중	하
4IR 글로벌 도전의 시작과 목표	4IR 글로벌 도전의 시작과 목표를 이해할 수 있다.			

평가 방법

• 작업 포트폴리오

학습내용	평가항목	성취수준		
		상	중	하
4IR 글로벌 도전의 시작과 목표	4IR 글로벌 도전의 시작과 목표를 이해할 수 있다.			

• 필기시험

학습내용	평가항목	성취수준		
		상	중	하
4IR 글로벌 도전의 시작과 목표	4IR 글로벌 도전의 시작과 목표를 이해할 수 있다.			

• 체크리스트를 통한 관찰

학습내용	평가항목	성취수준		
		상	중	하
4IR 글로벌 도전의 시작과 목표	4IR 글로벌 도전의 시작과 목표를 이해할 수 있다.			

• 피드백

1. 작업 포트폴리오
   - 제출한 보고서를 평가한 후 주요 사항에 대하여 표시하여 돌려준다.
2. 필기시험
   - 평가 결과 성적이 저조한 학생은 보고서 제출 기회를 부여한다.
3. 체크리스트를 통한 관찰
   - 실습 과정에서 평가한 후 개선해야 할 사항 등을 정리하여 돌려둔다.

참 | 고 | 문 | 헌

1. 감동근, https://news.samsung.com/kr/gksrnr-dpswlsldj 지망생에게 건네는 두 가지 당부 2017.10/12
2. 김덕현, 4차산업혁명과 융합. https://brunch.co.kr/@duk-hyun/11, 2018. Aug.04
3. http://www.moreagile.net/2014/08/it.html
4. 컴퓨터 정보용어 대사전 한국사전연구사
5. 위키백과, https://ko.wikipedia.org/wiki/
6. https://www.oxford-royale.com/articles/reasons-learn-english/
7. https://m.blog.naver.com/PostView.
8. 중앙일보, 라이프 트렌드, 글로벌 기업 일자리 도전, 청년들이여 이렇게 준비하라
9. 엄일연, https://m.post.naver.com/viewer/ 철저히 준비하고 혁신적으로 도전하라, 글로벌SE, 2018.12.04
10. https://blog.hyosung.com/1381 [마이프렌드 효성 블로그]
11. https://www.bioin.or.kr/과학기술이 해결할 수 있는 10대 글로벌 도전과제, 2019. 4.11
12. MIT Technology Review, Ten big global challenges technology could solve, 2019.2.27
13. https://www.sedaily.com/NewsVIew/1VQZIUGI22
14. https://daystudy.tistory.com/227
15. https://newsroom.intel.co.kr/인텔, 글로벌 도전과제
16. https://phrase.dict.naver.com/ 네이버 글로벌 회화

학습 목표

1. 4IR 글로벌 도전의 진화와 과정을 이해할 수 있다.

6-1 4차산업혁명의 핵심기술, 5G 이동통신

1. 5G 이동통신의 개념

5세대 이동 통신(5G : Fifth-Generation)은 2018년부터 채용되는 무선 네트워크 기술이다. 26, 28, 38, 60GHz 등에서 작동하는 밀리미터파 주파수를 이용하는 통신이다. 5G는 'IMT-2020'으로 기존 무선통신(4G) 대비 20배 빠른 초고속, 10배 짧은 저지연, 10배 많은 초연결 무선통신 기술이다.

1) 초고속 · 대용량

빠른 전송속도를 통해 초고화질의 4K/8K UHD 서비스 제공, 가상 · 증강현실 체험, 밀집지역 및 고속 환경에서의 원활한 서비스 제공한다(eMBB : Enhanced Mobile Broadband).

2) 초저지연

4G 대비 10배 감소된 지연단축 기술로 사용자 체감지연을 최소화하는 촉감 인터넷, 자율주행, 원격의료 서비스 등을 제공한다(URLLC : Ultra-reliable and Low Latency Communication).

3) 초연결

많은 수의 기기가 네트워크에 접속되어 스마트 시티, 스마트 팩토리 등 4차산업혁명을 위한 IoT 초연결 서비스 제공한다(MMTC : Massive Machine Type Communications).

5G 네트워크에 대한 연결이 끊어지지 않도록 근거리로 셀을 구성한 소규모 네트워크를 구축 할 수 있다. 즉 셀 크기를 더 작게 만들기 위해, 셀은 약 25,000~30,000m의 거리에서 작은 규모로 구성한다. 이 지역에는 여러 개의 수많은 MIMO(Multiple Input and Multiple Output) 안테나가 있으며, 이것을 5G 고정 무선 서비스(5G Fixed Wireless Service)로도 부른다.

〈표 6-1〉 4G와 5G 요구사항 비교

항 목	5G	4G
최대 전송속도	20Gbps	1Gbps
사용자 체감 전송속도	100Mbps	10Mbps
주파수 효율성	×3	-
면적당 데이터 처리용량	10Mbps/m^2	0.1Mbps/m^2
지연시간	1ms	10ms
최대 기기 연결수	10^6/km^2	10^5/km^2
에너지 효율성	×100	-
이동성	500km/h	350km/h

2. 5G의 주파수 대역

5G 주파수 할당에서 할당대상 주파수는 3.5GHz 대역 280MHz 폭과 28GHz 대역 2,400MHz 폭으로 총 2,680MHz 폭이다. 3.5GHz 대역은 할당 단위가 10MHz 폭으로 총 28개 블럭, 28GHz 대역은 할당 단위가 100MHz 폭으로 총 24개 블럭이 할당된다. 3.5GHz 대역은 당초 300MHz 폭이 대상이었으나 간섭

이 예상되는 20MHz가 이번 할당에서 제외되어 280MHz 폭이 되었다.

① 3.5GHz 대역 : 3420MHz - 3700MHz(280MHz 폭) - 28개 블록(각 10MHz 폭)
② 28GHz 대역 : 26.5GHz - 28.9GHz(2,400MHz 폭) - 24개 블록(각 100MHz 폭)

Band	Bandwidth	총량 제한	최저경쟁가격	이용기간
3.5GHz	280MHz(28×10MHz)	100MHz	2조 6,544억 원	10년(2018.12.1.~2028.11.30)
28GHz	2,400MHz(24×100MHz)	1,000MHz	6,216억 원	5년(2018.12.1.~2023.11.30)

총량 제한 - 사업자 당 할당 가능한 5G 주파수 총량은 3.5GHz 대역의 경우 최대 100MHz 폭으로, 28GHz 대역의 경우 최대 1GHz 폭으로 제한된다.

학습 6

6-2 4IR Engineer의 글로벌 도전 실수

1. 흔한 영어 실수 : 대명사

때때로 말할 때 이렇게 말을 할 때가 있다. "My son, she is 16(내 아들, 그녀는 16살이다.)" 라든가 "They are my children(걔들이 내 아이들이다.)" 대신 "It is my children(걔가 내 아이들이다.)" 라고 한다.
그렇지만 좋은 소식은 이렇게 얘기해도 누구나 무슨 뜻인지 이해는 할 수 있다는 것이고, 더 좋은 소식은 이것보다 영어 실력을 더 늘려서 맞는 표현을 사용할 수 있다는 것이다.

'He (그)', 'she (그녀)', 'they (그들)', 'it (그것)' 모두 대명사이다.

그럼, 대명사는 무엇일까?
대명사는 명사 대신 쓰이는 작은 단어들로, 명사를 반복해서 사용하지 않아도 문장이 가능하도록 한다.

[그림 6-1] For a Great launch

출처 : success pictures

예를 들어 "Eliane is playing with Eliane's doll in the garden of Eliane's family(일레인은 일레인의 가족의 정원에서 일레인의 인형을 가지고 놀고 있다.)"는 대명사를 사용하면 다음과 같다.

"Eliane is playing with her doll in their garden(일레인은 그들의 정원에서 그녀의 인형을 가지고 놀고 있다)"

'I', 'she', 'he', 'they', 'it' 모두 인칭대명사이다. 인칭대명사는 특정 사람이나 사물을 일컬으며 사람, 숫자, 성별과 상황에 따라 변한다. 예를 들면 다음과 같다.

The man travelled to Russia. He went there on business. The taxi drove him to airport. When he got there he found that he had left his itinerary behind. It was in his study. He rang his wife and she was able to give him all the information he needed.

그 남자는 러시아로 출발했다. 그는 그 곳에 사업 출장을 간 것이다. 택시가 그를 공항에 데려 갔다. 그가 그 곳에 도착했을 때, 그는 그의 여행 일정표를 집에 두고 온 것을 알았다. 그것은 그의 서재에 있었다. 그는 그의 아내에게 전화를 했고, 그녀는 그가 필요한 모든 정보를 알려 주었다.

이 외에 다른 대명사들을 언제 사용하는지 생각해 보자. 아니면 자꾸 헷갈리는 대명사가 있나? 그럼 함께 찾아보자.

2. 음식 준비에 대하여 이야기 할 때 필요한 중요한 단어

대화를 할 때 가장 인기 있는 주제 중 하나가 음식이다. 영어로 자세한 조리과정을 설명하는 것은 굉장히 어려운 일이다. 기술을 설명해야 하기도 하고 컵이나 파운드, 킬로그램 등 미국이냐 영국이냐 유럽이냐에 따라 다양한 계량 방법을 언급해야 하기도 한다. 그리고 실제 음식 재료를 준비하는 과정과 요리에 대한 단어도 사용해야 한다. 가볍게 시작하는 의미에서 음식 준비에 대해 이야기 할 때 유용하게 쓰일 5개의 단어를 알아보자.

'Peel'은 과일이나 채소의 껍질을 의미한다. 그러므로 'to peel'은 껍질을 벗기는 것이다.

'core'는 채소나 과일의 속이다. 사과로 말하면 씨가 있는 부분이다. 그러므로 'to core'는 속을 도려낸다는 의미이다.

'To chop'은 무언가를 대충 잘라 조각을 내는 것이다. 'chops'는 고기로 예를 들면 두꺼운 조각이다.

'Trim'은 여러 가지 다양한 것을 쳐내다와 같은 뜻도 있지만 음식에 사용할 때는 너무 오래된 부분이나 먹기 힘든 부분을 다듬는 것을 의미한다.

음식을 'toss' 하는 것은 뒤적이는 것이다. 샐러드를 드레싱과 섞기 위해 볼에 넣고 뒤적인다. 아니면 팬케이크를 'toss' 해서 공중에서 뒤집을 수도 있다.

영어로 된 조리법을 따라 해보면서 영어실력도 테스트 해 보고 미각도 만족시켜 보면 어떨까?

If you want a cake: you have to bake (케이크를 먹고 싶으면 구워야 (bake) 한다.)

Bread is toasted: meat is roasted (빵은 토스트를 하고 고기는 굽(roast)는다.)

You don't boil with oil (기름은 끓이지 (boil) 않는다.)

You boil with water (물을 끓이는 것이다.)

And when you fry (튀김을 할 때는)

Watch your eyes: the fat flies. (눈을 조심하라. 기름이 튄다.)

6-3 4IR Engineer의 글로벌 도전

1. 교 통

분 류	항 목
중분류	길찾기, 택시, 버스, 지하철, 기차/배, 렌터카, 운전
소분류	자주 쓰이는 표현, 현재 위치, 장소 찾기, 소요시간, 가는 방법

Traffic Jam

A : What took you so long?

B : The traffic was bumper to bumper.

A : That's unusual for this time of the day.

B : I think there might have been an accident earlier in the day.

A : That could be.

B : Well, we'd better stop talking and get going.
We're late already.

A : Oh my goodness! It seems like there is a traffic jam outside.

B : Look over there. An overturned bus blocking the roadway is causing the traffic congestion.

수행 내용

재료 · 자료

- 4차산업 혁명 관련 자료

기기(장비 · 공구)

- 컴퓨터, 프린터, 주변기기

안전 · 유의사항

- 컴퓨터 및 주변기기의 전원을 관리한다.

수행 순서

01 5G 기술의 진화에 대하여 분석하라.

5G는 많은 이들의 일상을 바꾸기 시작했다. 8K급 고화질 영상을 빠르게 내려받거나 스트리밍하는 것은 물론, 현란한 모바일 게임을 버벅거림 없이 즐기는 시대가 열렸기 때문에 5G는 계속 진화하고 있다.

1. 5G 첫 표준 '비단독모드(NSA)', 차세대 통신 환경을 구축하다

5G 이동통신의 첫 번째 표준, '비단독 모드(Non-Standalone, NSA)는 기존 4G LTE 인프라에 5G 무선 접속기술을 연계 구축하는 통신방식이다. 5G'는 통신 기술의 혁신적인 변화를 알리는 시발점이었다. 사용자들은 해당 네트워크를 일상 속에서 체험하며 5G의 미래를 엿볼 수 있었다.

비단독모드(NSA) 5G는 각기 다른 대역폭의 주파수 두 개를 유동적으로 사용해, 영화나 TV 방송 같은 대용량 데이터를 4G LTE보다 빠르게 기기로 전송할 수 있다.

이처럼 초기 5G 확대에 주도적 역할을 한 비단독모드(NSA) 5G는 6GHz 이하 주파수(sub-6GHz)와 초고주파(mmWave) 대역으로 나뉜다. 직진성이 강한 초고주파가 빠른 속도감을 구현한다면 회절성이 강한 6GHz 이하 주파수는 도달 범위가 더 넓고, 건물 등 장애물을 관통할 수 있다는 장점이 있다. 이동통신사는 사용자에게 제공하는 서비스와 스펙트럼 사이의 균형을 맞추는 것이 관건이다.

6GHz 이하 주파수(Sub-6GHz)는 중간 대역이라고 하며 6GHz의 주파수와 무선통신에 사용하는 저대역 주파수를 가르킨다.

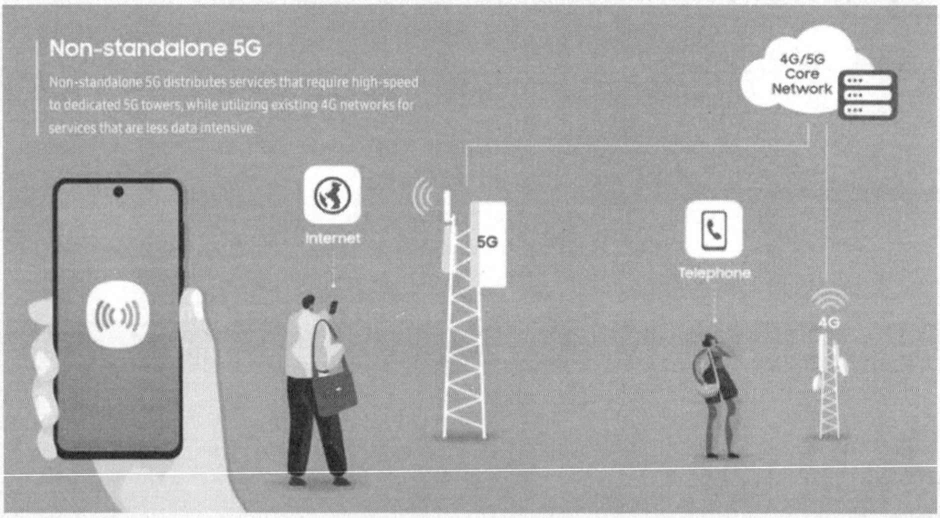

[그림 6-2] 비단독 모드

비단독모드(NSA) 5G는 트래픽이 몰리는 도심 혼잡 지역에는 초고주파를 활용한 5G 망을 구축하고, 도로 · 교외 등 데이터 집약도가 낮은 지역에는 LTE망을 5G 구성 요소로 활용하는 기술이다.

2. 데이터 소통 여는 '동적 스펙트럼 공유(DSS)', 5G 커버리지를 확대하다

동적 스펙트럼 공유(DSS : Dynamic Spectrum Sharing)는 4G LTE와 5G를 동일한 주파수 대역에서 사용할 수 있게 해주는 기술이다. 4G LTE와 5G 사용자 구성에 따라 스펙트럼을 빠르게 할당해 적절한 비율로 공유할 수 있다.

2G에서 3G, 다시 4G에 이르기까지 전통적인 네트워크가 최첨단으로 진화하는 동안 모바일 생태계에는 계속해서 많은 스펙트럼이 추가됐다. 통신사들은 이로 인해 한가지 문제에 봉착하게 된다. 기존 대역을 차세대 기술에 활용하려면, 충분히 많은 수의 사용자가 네트워크를 업그레이드할 때까지 기다려야만 했던 것이다. 예를 들어 40MHz의 중간 대역 스펙트럼을 쓰는 통신사의 경우, 5G 사용자와 4G LTE 사용자 모두를 위해 스펙트럼을

각각 20MHz씩 나눠 할당해야 했다.

동적 스펙트럼 공유는 이 문제를 해결한다. 서로 분리된 상태로 제공되는 4G LTE와 5G를 공유하는 기술로 스펙트럼 자산 활용을 보다 효율적으로 만들어 준다. 이와 동시에 더 많은 고객이 4G LTE에서 5G[1]로 이동할 수 있도록 스펙트럼 분배를 최적화시킨다.

이처럼 동적 스펙트럼 공유(DSS)는 5G 커버리지를 신속하고 광범위하게 확대해 5G 시대로의 전환을 앞당긴다. 이후 5G 코어 출시와 함께 시너지를 내 진정한 의미의 '5G 혁신 네트워크'를 위한 기반을 마련한다.

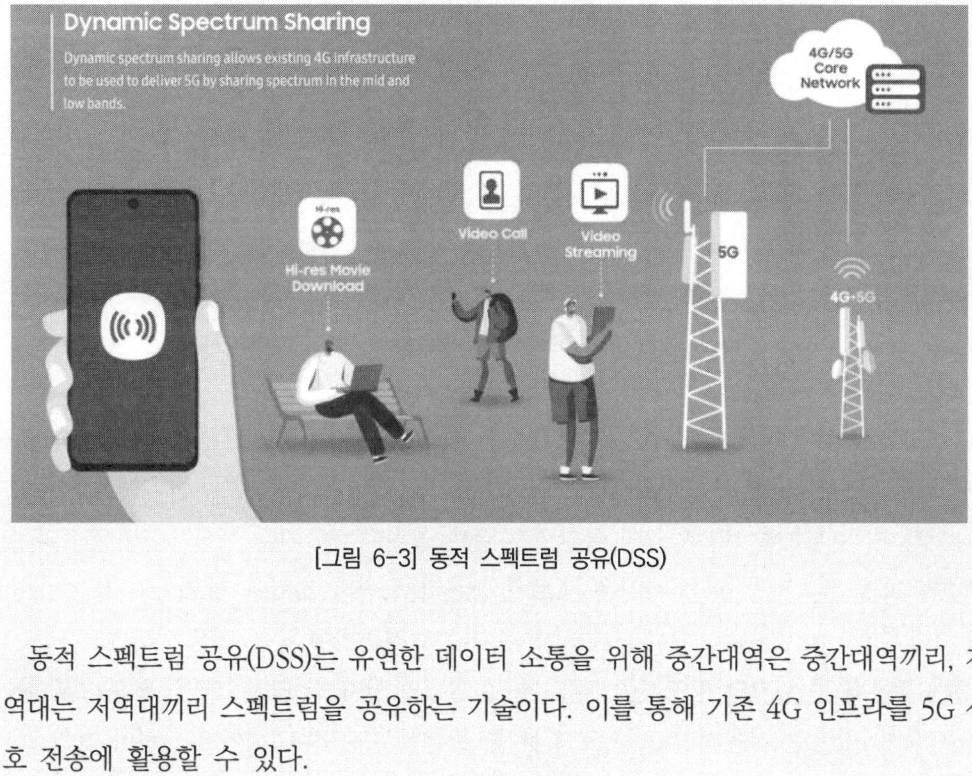

[그림 6-3] 동적 스펙트럼 공유(DSS)

동적 스펙트럼 공유(DSS)는 유연한 데이터 소통을 위해 중간대역은 중간대역끼리, 저역대는 저역대끼리 스펙트럼을 공유하는 기술이다. 이를 통해 기존 4G 인프라를 5G 신호 전송에 활용할 수 있다.

3. 5G 품질 높이는 '단독모드(SA)', 진정한 초연결 시대를 열다

단독모드(SA : StandAlone)는 문자 그대로 4G LTE 시스템을 사용하지 않고, 유무선 구간 모두에서 5G 네트워크 '단독'으로 자체 클라우드 네이티브 네트워크 코어를 구축해 통신할 수 있는 방식의 기술이다. 5G 네트워크의 궁극적인 모델로 기대되는 만큼 초스피드를 뒷받침할 수 있는 새로운 시스템 구조(Architecture)가 필요하다.

먼저 단독모드(SA)는 기존 5G 통신망과는 별도의 코어(무선 신호 집계 후 유선 통신

학습 6

구간) 네트워크를 갖춰야 한다. 또한 모바일 기기와 네트워크 간 통신을 이어주는 새로운 기술인 무선 5세대 '노드 B(Node B)'도 구축해야 한다.

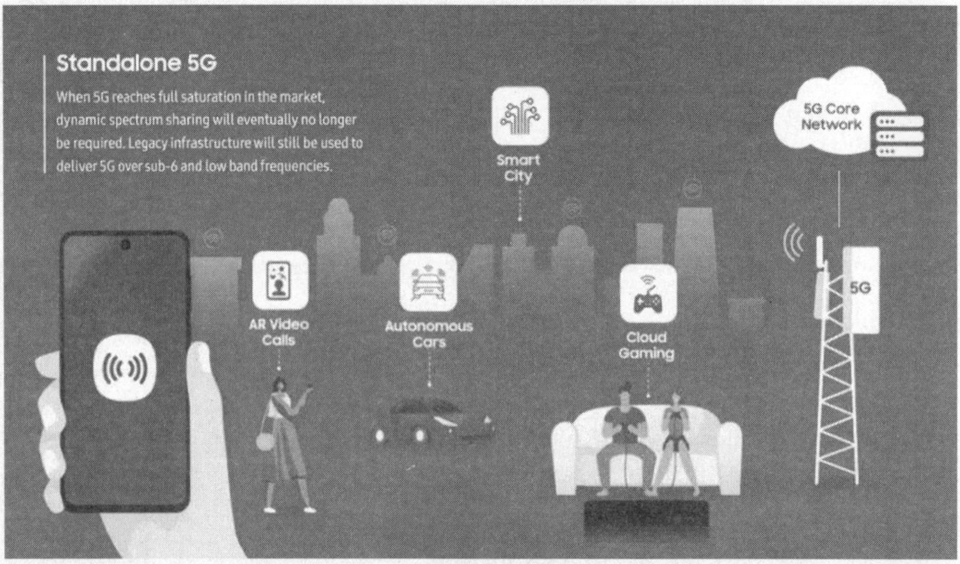

[그림 6-4] 단독모드(SA)

이렇게 완성된 단독모드(SA) 5G의 새로운 시스템 구조는 4G LTE 네트워크보다 훨씬 더 효율적이다. 또한 초고주파(mmWave), 저 · 중 대역 주파수 모두를 활용할 수 있어 데이터 처리 성능을 네트워크의 극한까지 끌어 올린다. 이 기술을 활용하면 4K 라이브 방송, 자율주행 자동차 등과 같은 새로운 상품과 소비자 경험을 창조해 나갈 수 있다.

초고주파(mmWave)는 24GHz이상의 주파수로 직진성이 높아 많은 양의 데이터를 빠르게 전송할 수 있지만 장애물을 피해가는 회절성이 낮아 더 많은 기지국을 필요로 한다.

단독모드(SA)는 유무선망 모두 5G 장비를 활용한 기술이다. 데이터 지연이 거의 없고, 처리 효율이 뛰어나 스마트시티, 자율주행 자동차, AR 영상통화, 클라우드 게이밍 등에 활용할 수 있다.

단독모드(SA) 5G는 네트워크 대역폭도 향상시킨다. 1평방 킬로미터 이내 기준으로, 기존 4G 네트워크가 기기 10만 개의 통신을 지원했다면, 단독모드(SA) 5G에서는 무려 1백만 개의 기기가 신호를 주고받을 수 있다.

삼성전자의 갤럭시 S20 시리즈는 삼성 5G 기술의 새로운 도약점을 상징한다. 갤럭시 S20, S20+, S20 울트라 세 모델 모두 단독모드(SA) 5G를 최초로 지원하는 제품이기 때문이다. 5G의 가장 큰 특징인 초고속 · 초저지연 · 초연결성을 모두 갖춰 증강현실, 클라우드 게임 등 새로운 차원을 경험할 수 있게 한다. 삼성전자는 이 같은 5G 네트워크 진화에 발맞춰 기기 라인업을 확대, 원칩 솔루션 · 최신 5G 기술 상용화 · 5G 글로벌 로밍 지원 · 기타 첨단 5G 기능을 통합한 5G 상품을 출시하고 있다.

전에 없던 5G 기술로 놀랍고 새로운 세상이 만들어지는 순간, 삼성전자는 그 진화의 선두에 서서 사용자들을 위한 모바일 경험을 선사해 나갈 것이다.

출처 : https://news.samsung.com/kr/5g로 가는길 -새로운 차원의 경험-5G 기술은 어떻게 진화했나.

02 1G에서 5G까지 이동통신 기술의 세대별 특성을 비교에 대하여 분석하라.

우리나라에서 이동통신 서비스가 처음 시작된 것은 1984년이다. 1세대(1G)라고 불리는 당시의 이동통신 서비스는 아날로그 방식으로 음성통화만 가능했다. 이후 1996년에는 디지털 방식의 2G 이동통신 서비스가 개시됐다. 이때부터는 음성통화뿐만 아니라 문자나 저속의 데이터 통신도 가능했다. 2002년 시작된 3G 이동통신 서비스에서는 데이터 통신 속도가 빨라져 저화질의 영상통화나 동영상 서비스가 가능해졌다. 하지만 통신 속도의 한계로 텍스트나 이미지 중심의 모바일 웹서비스나 팟캐스트 같은 오디오 스트리밍 서비스가 주로 이용되었다.

그리고 2011년 7월 시작된 4G 서비스에서는 통신속도가 더욱 빨라져 초고속 무선 인터넷 및 고화질 동영상 서비스를 이용하는 것이 가능해졌다. 품질 보장을 위해 기존에 회선교환 방식으로 제공되던 음성통화 서비스도 데이터 통신에 사용되는 패킷교환 방식에 통합되었다. 뿐만 아니라 그 동안 PC에서 주로 이용하던 다양한 온라인 서비스들을 스마트폰에서 이용할 수 있게 되었다. 여러 개의 상품 이미지로 구성됐던 온라인 쇼핑과 자신들의 일상을 사진이나 동영상으로 찍어 공유하는 모바일SNS 서비스가 대표적이다. 통계청 자료에 따르면, 실제로 국내에서는 2012년부터 모바일 쇼핑의 비중이 빠른 속도로 증가하기 시작했으며, 2016년을 기점으로 모바일 쇼핑이 전체 온라인 쇼핑에서 차지하는 비중이 50%를 넘기 시작했다.

또한 2017년 이후 국내에서 가장 많이 사용된 스마트폰 어플리케이션은 카카오톡이나 페이스북보다는 동영상을 기반으로 하는 유튜브(YouTube) 서비스다. 모바일 쇼핑 비중이 세계 어느 나라보다도 높게 나타나고 동영상 기반의 SNS 서비스를 이용하는 시간이 가장 많은 것은 무엇보다도 뛰어난 이동통신 속도가 뒷받침된 결과일 것이다. 사실 이러한

〈표 6-2〉 이동통신 기술의 세대별 특성 비교

	1G	2G	3G	4G	5G
서비스 개시	1984년 3월	1996년 1월	2002년 1월	2011년 7월	2019년 4월
통신 방식	아날로그	디지털	디지털	디지털	디지털
교환 방식	회선 교환	회선(음성) + 패킷(데이터)		패킷 교환	패킷 교환
통신 속도		14.4~153.6Kbps	2~14.4Mbps	75~1000Mbps	1~20Gbps
주요 서비스	음성	음성 문자 저속인터넷	음성고속 인터넷 영상통화	고음질 통화 초고속 인터넷 고화질 동영상	AR/VR 홀로그램 자율 주행차 스마트시티 등

진화 과정, 즉 더 빠른 속도가 더 많은 것들을 가능하게 한다는 것은 이동통신 서비스에서뿐만 아니라 유선인터넷 서비스나 기타 모든 산업 분야에서 흔히 발견되는 모습이다. 그러나 5G 서비스는 다르다. 물론 5G 서비스에서도 이런 진화의 패턴은 유지되고 있으나, 5G 서비스의 통신속도가 4G 서비스의 그것보다 최대 20배나 빠르다는 점은 이 사실을 잘 말해준다. 하지만 5G에서는 고속 특성뿐만 아니라 저지연 및 대용량 특성까지 제공한다는 점에서 차이가 있다.

03 5G의 고속통신(eMBB)을 가능하게 하는 기술에 대하여 분석하라.

5G 서비스에서 제공하는 고속 통신(eMBB) 특성은 증강현실(AR)이나 가상현실(VR)뿐만 아니라 혼합현실(MR) 및 이들을 모두 포함하는 확장현실(XR) 서비스는 물론, 4K/8K UHD 서비스, 홀로그램 서비스 등과 같은 대용량 멀티미디어 서비스를 가능하게 한다. 또한 미국이나 중국, 유럽과 같이 국토가 넓거나 인구밀도가 낮은 나라에서는 초고속 유선인터넷을 대체하는 고정형 무선접속(FWA : Fixed Wireless Access) 서비스도 가능하게 한다.

5G의 eMBB 특성은 다음과 같다.

1. 넓어진 주파수 대역폭

이동통신을 포함한 무선통신에서 통신속도를 결정하는 요소에는 여러 가지가 있겠지만, 가장 기본적이며 핵심적인 것은 주파수 대역폭(Bandwidth)이다. 국내의 경우 5G에서는 3.5GHz 대역과 28GHz 대역의 주파수 대역을 이용하는데, 통신사별로 Sub-6 대역이라 불리는 3.5GHz 대역에서는 80 혹은 100MHz의 대역폭을 이용하고 있으며, 밀리미터웨이브(mmWave) 대역이라 불리는 28GHz대역에서는 각각 800MHz씩의 주파수 대역폭을 이용한다.

통신사별로 대략 900MHz 정도의 주파수 대역을 이용하는 것인데, 이는 4G LTE에서 각 이통사가 이용하는 주파수 대역에 비해 적어도 6.7배에서 많게는 9.47배 많은 것이다. 주파수 이용 방식이나 데이터 변조 등의 방법이 모두 동일하다고 가정하더라도 사용하는 주파수가 6.7~9.47배 가까이 많다는 것은 통신 속도도 그만큼 빨라질 수 있다는 것을 의미한다. 여기에 다른 기술들이 결합됨으로써 LTE 대비 최대 20배 빠른 속도를 제공할 수 있게 되는 것이다.

5G에서는 사용 주파수 대역에 따라 네트워크의 구조 및 서비스 특성도 달라진다. 3.5GHz 대역은 기존의 3G나 4G 서비스에 사용되는 주파수 대역과 가깝게 위치하기 때문에 비교적 커다란 통신 반경을 제공하는 셀을 구축하는데 이용되며, 28GHz 대역은 통신 반경이 수백 미터 이내의 소규모 마이크로 셀을 구축하는데 이용된다. 반면 28GHz 대역을 이용하는 경우 더 빠른 통신 속도를 제공할 수 있다. 따라서 미국의 버라이즌 같은 통신사는 해당 주파수 대역을 이용하여 5G Home과 같은 고정형 무선접속 서비스를 제공하고 있다.

2. 주파수 이용 방식의 변화

4G 서비스를 위해 어떤 이동통신사업자가 100MHz의 주파수 대역을 이용한다고 할 때, 이 중의 50%는 업링크(Uplink)용으로 이용되며 나머지 50% 정도는 다운링크(Downlink)용으로 이용된다.

즉, 전체 주파수의 절반은 사용자 단말에서 기지국으로 데이터를 전송(Uplink)하는 목적으로 이용되며, 나머지 절반은 기지국에서 사용자 단말로 데이터를 전송(Downlink)하는 목적으로 이용된다.

이처럼 업링크 및 다운링크용으로 주파수 대역을 구분하여 이용하는 것을 두고 주파수 분할 방식(FDD : Frequency Division Duplex)이라고 부르는데, 데이터의 업로드 및 다운로드를 위한 주파수가 서로 달라 안정적으로 데이터를 전송하는 것이 가능해진다.

그러나 스포츠 중계나 인기 드라마를 여러 사람들이 동시에 시청하는 경우처럼 다운로드 트래픽은 많지만 업로드 트래픽이 거의 없는 상황에서는 주파수 이용 효율이 떨어진다는 단점이 있다.

이런 문제를 해결하기 위해 5G 서비스에서는 다운링크와 업링크 구분없이 전체 주파수 대역을 이용해서 데이터를 송수신하게 된다. 대신 상황에 따라 다운로드와 업로드 시간을 가변적으로 정해서 데이터를 전송하게 된다. 즉 전체 주파수 대역을 아주 작은 타임 슬롯(Time Slot)으로 나누어 놓고 트래픽 상황에 따라 다운로드와 업로드 시간을 변경해 가면서 유연하게 데이터를 업로드 및 다운로드 하게 된다. 이를 시간 분할 방식(Time Division Duplex, TDD)이라고 부르는데, 주파수 효율이 높아지기 때문에 동일한 주파수 대역에서 더 많은 트래픽을 교환하는 것이 가능해 진다.

3. 다중 경로 전송 제어 프로토콜(MPTCP)의 이용

기존의 2G, 3G, 4G 서비스가 그러했던 것처럼, 5G 서비스도 5G 서비스를 위한 모든 기술 표준이 완성된 상태에서 서비스가 개시되는 것은 아니다.

즉 서비스 초기인 지금은 5G에서 목표로 하는 20Gbps의 통신 속도를 누릴 수가 없다. 실제로 2019년 6월 대부분의 이동통신사가 제공하는 5G 서비스의 통신 속도는 대략 2.5Gbps 수준이다. 놀라운 것은 이 중 1.5Gbps는 5G 기술에 의해 제공되는 속도이며 나머지 1Gbps는 4G LTE를 통해 제공된다는 사실이다.

이처럼 통신 속도를 높이기 위해서 5G 망과 4G망을 함께 이용하게 되는데, 단말의 관리나 이동통신 서비스의 제어 기능을 어디에서 구현하느냐에 따라 NSA(Non-Stand Alone) 방식과 SA(Stand Alone) 방식으로 구분된다. 먼저 5G NSA에서는 단말의 이동성 관리 등을 담당하는 제어 채널의 동작은 4G LTE의 EPC(Evolved Packet Core) 코어가 담당을 한다. 반면 5G SA에서는 5G 코어를 이용해서 5G 서비스 및 단말을 제어하고 관리하게 된다. 물론, 이 구조에서도 더 빠른 통신을 위해 스마트폰은 4G와 5G의 두 무선 접속을 동시에 지원하게 된다. 5G NSA로 서비스를 제공하다가 5G SA로 전환하는 것이 일반적인 네트워크 진화의 모습이 될 것으로 예상되며, 이러한 이유로 4G 서비스에 이용되는 네트워크 장비와 동일한 회사의 네트워크 장비를 이용해서 5G 네트워크를 구축하는 경우가 많다.

이처럼 5G 망과 4G 망을 동시에 이용하게 되면 통신 속도는 빨라질 수 있을지 모르지만, 지연 측면에서는 더 특성이 나쁜 4G의 특성을 계승하게 된다. 5G와 4G 망으로 분리되어 전송되는 데이터들을 완전하게 결합하기 위해서는 속도가 느린 4G 망을 통해서 전송되는 데이터들이 도착할 때까지 기다려야 하기 때문이다. 결과적으로 어느 정도 고속통신은 가능해지지만 저지연 특성을 제공하는 것은 불가능하게 된다.

통신 속도를 올리기 위해 5G와 4G 네트워크를 함께 이용하는 경우에 대해서만 설명했지만, 개념적으로 4G뿐만 아니라 와이파이 혹은 유선 네트워크를 함께 이용할 수도 있다. 이런 경우 서로 다른 여러 네트워크를 통합 제어할 필요가 발생하는데, 이때 사용되는 기술이 다중 경로 전송 제어 프로토콜이다.

4. Massive MIMO와 빔포밍

일반적으로 전파는 무지향성이거나 제한적인 범위에서 지향성을 제공한다. 즉 이동통신 기지국에서 특정한 방향으로 전파를 쏘더라도 여러 사용자들이 동시에 동일한 신호를 받을 수밖에 없는 구조였다. 이러한 문제를 해결하기 위해 사용자별로시간대를 할당하거나 주파수 특성을 변형하는 식으로 통신을 했다. 겉으로 보기에는 마치 여러 사용자들이 동시에 서비스를 이용하는 것처럼 보이기는 하지만, 사실상 제한된 무선 자원을 나누어 써야 하기 때문에 통신 속도가 떨어질 수밖에 없었다.

반면 5G에서는 주파수가 전파되는 공간을 분할함으로써 여러 사용자가 동시에 같은 주파수 자원을 이용하는 것을 가능하게 한다. 즉 특정한 공간에 있는 소규모의 사용자들을 하나의 그룹으로 설정하고 이들에게 전체 주파수를 할당하게 되면 상대적으로 더 적은 사용자들이 주파수 대역을 공유하게 되므로 더 빠른 통신이 가능해지는 것이다. 이 때 그 옆에 있는 다른 사용자 그룹도 동일한 주파수 대역을 이용해서 이웃 사용자 그룹에 대한 간섭 없이 통신을 하는 것이 가능해진다.

만약 사용자 그룹을 더 작게 만들 수 있다면 개별 사용자들이 각각 동시에 전체 주파수를 이용해서 통신하는 것도 가능해질 것이다. 이처럼 동일한 전파 자원을 동시에 여러 사용자 그룹을 대상으로 서비스 할 수 있도록 하는 것을 두고 Massive MIMO(Multi-Input Multi-Output)이라고 하며, 이를 가능하게 하는 것이 빔포밍(Beam Forming)기술이다. 즉 빔포밍은 기지국 안테나가 특정한 공간에 있는 사용자 그룹을 향해 전파를 집중해서 조사하는 기술을 말한다.

04 5G의 초저지연 및 고신뢰 통신(URLLC)을 가능하게 하는 기술에 대하여 분석하라.

5G 서비스에서 제공하는 초저지연 및 고신뢰 통신(URLLC) 특성은 실시간성이 필요한 자율주행 기반의 차량이나 드론은 물론 스마트 공장에서 사용되는 로봇 등의 제어에 필수적이다. 물론 이 외에도 금융거래나 아주 중요한 업무용 서비스 그리고 실시간성이 필요한 인터랙티브 게임에 있어서도 매우 중요하다. URLLC 특성을 제공하기 위해 여러 가지 요소기술들이 사용되는데, 그 중 대표적인 것이 네트워크 슬라이싱 기능과 에지 클라우드다.

1. 네트워크 슬라이싱

5G 서비스의 기본적인 철학은 하나의 통합된 네트워크를 통해 다양한 특성을 갖는 모든 서비스들을 제공하는 것이다. 반면 다양한 서비스들을 수용하면서 개별 서비스들의 서비스 품질을 보장하기 위해서는 서비스별로 서로 구분되는 네트워크를 이용해야만 한다. 네트워크 슬라이싱(Network Slicing)은 이처럼 서로 상충되는 목적을 만족시키기 위해서 개발된 것으로 말 그대로 네트워크를 잘게 나눈다는 뜻이다. 즉 하나의 물리적인 5G 네트워크를 서비스 특성에 따라 여러 개의 가상 네트워크로 만들어서 이용하겠다는 것이다.

이를 가능하게 하는 것이 네트워크 기능 가상화(NFV : Network Function Virtualization)와 소프트웨어 정의 네트워크(SDN : Software Defined Network)이다. 이 두 가지 개념은 기존의 네트워크 장비를 네트워크 기능을 제공하는 소프트웨어가 탑재된 서버 장치로 대체함으로써 구현된다. 조금 더 구체적으로 설명하면, 서버의 컴퓨팅 리소스를 가상하화여 여러 개의 가상 머신(VM : Virtual Machine)을 만들고 개별 VM에 필요한 네트워크 기능을 구현하게 된다. 그러면 서버 한 대가 마치 여러 서비스를 구분하여 처리할 수 있는 여러 대의 가상 네트워크 장비가 되는 것이다.

일반적으로 네트워크 장비는 데이터 패킷의 교환과 관련된 전송부와 데이터의 전송 경로 및 방식 등을 결정하는 제어부로 구성되는데, 이는 네트워크 장비를 복잡하게 만들뿐만 아니라 장비의 가격을 올리는 주요 원인으로 작동한다. SDN은 이런 문제를 해결하기 위해 여러 네트워크 장비들에서 제어부를 분리하여 이를 하나의 서버를 통해 제공하도록 한다. 즉 SDN은 여러 네트워크 장비에 존재하는 동일한 서비스에 대한 VM들을 서로 연결함으로써 네트워크 슬라이싱을 완성하는 기능을 하게 되며, 결과적으로 다양한 서비스 유형 및 통신환경에 맞는 네트워크 구조 설계가 가능하도록 한다.

2. 에지 클라우드

기존의 이동통신 시스템에서는 코어(Core) 장치라 불리는 중앙통신센터의 트래픽 처리 장치를 이용해서 모든 통신을 제어했다. 이는 네트워크 시스템의 운영 및 관리적인 측면에서는 매우 합리적인 방법이었지만, 물리적으로 중앙통신센터와 멀리 떨어져 있는 사용자들이 서비스를 이용할 때는 트래픽의 전송 및 처리에 따른 지연을 수반했다. 4G 서비스에서 이러한 지연은 대략 40~60msec 정도였는데, 이는 실시간 서비스를 제공하는데 있어서는 바람직하지 않은 수준이다.

5G 에지 클라우드(Edge Cloud)는 이런 문제를 해결하기 위해 기존에는 중앙통신센터에 존재하던 CU(Central Unit)나 UP(User Plane) 같은 기능들을 각 지역의 광역국사에 있는 클라우드 장치에 가상화시키고 사용자 단말의 데이터 처리를 수행하는 모바일 에지 컴퓨팅(MEC) 서버들도 위치시키게 된다. 이를 통해 통신 경로를 단축시킬 뿐만 아니라 데이터 처리를 효율화함으로써 통신 지연을 최소화 할 수 있게 된다. 대표적인 응용 분야가 스마트 공장이다. 공장에 있는 다양한 장치들이 촬영한 이미지와 측정한 데이터들은 근처의 광역국사에 있는 클라우드 서버에서 필요한 프로세싱을 거쳐 거의 실시간으로 그 결과를 다시 공장의 장치들에게 전송해주게 된다. 만약 인터랙티브 게임이나 방송처럼 초실시간으로 사용자 반응에 대응해야 할 필요가 있는 서비스를 상용화하고자 한다면 스마트 공장처럼 각 지역에 있는 여러 개의 에지 클라우드에서 서비스를 제공하는 방법을 고민해야 한다.

05 5G의 대용량(mMTC)특성을 제공하는 기술에 대하여 분석하라.

5G 서비스에서 제공하는 대용량(mMTC) 특성은 스마트시티 서비스처럼 특정한 공간에서 수많은 디바이스를 연결할 때 필요하다. 통상적으로 4G LTE가 1Km^2 범위에서 최대 10만 개의 디바이스를 수용할 수 있는 반면에, 5G 서비스에서는 최대 1백만 개의 장비를 수용할 수 있어야 한다. 5G 서비스에서는 이런 목적을 달성하기 위해서 여러 기술들이 사용되고 있지만, 가장 대표적인 기술이 가변적 채널대역폭 할당 기술이다.

1. 가변적 채널 대역폭 할당

4G 이전의 이동통신 서비스나 우리가 집이나 사무실에서 많이 이용하는 와이파이(Wi-Fi)와 같은 무선통신 기술들은 통신을 위해 기본적으로 20MHz 대역폭의 채널을 사용한다. 즉 한 사용자 혹은 하나의 단말이 통신을 하기 위해서는 전체 주파수 대역의 20MHz를 할당받아 통신을 하게 된다는 것이다. 물론 시간, 주파수, 주파수 위상 등을 달리하여 마치 여러 사용자들이 동시에 같은 주파수를 이용해서 통신을 하는 것처럼 만들게 된다.

그러나 이런 방식은 근본적으로 동시 사용자수를 제한하게 되어 있으며 20MHz의 주파수 대역이 필요하지 않은 서비스에 대해서는 주파수를 낭비하게 되는 결과를 초래하게 된다. 이런 문제를 해결하기 위해 4G 서비스에서부터 LTE Cat.M1이나 NBIoT 같은 기술들이 개발되어 조금씩 이용되고 있다. Cat.M1은 최대 1Mbps의 통신 속도면 충분한 서비스들을 위해 20MHz 대신 1.4MHz만 사용하도록 하며 NB-IoT는 최대 100Kbps의 통신 속도면 충분한 서비스들을 위해 200KHz의 대역폭만 사용하도록 한다.

그러나 5G 서비스는 다양한 통신 속도를 포함하여 다양한 서비스 품질 특성을 요구할 것이므로 이들만으로는 모든 서비스를 효과적으로 수용하는 것이 불가능해진다. 이러한 문제를 해결하기 위해 5G에서는 채널 대역폭을 가변적으로 이용하여 다양한 서비스를 수용함과 동시에 주파수 자원을 효율적으로 활용하도록 하고 있다. 이를 두고 가변적 채널 대역폭 할당(Scalable Numerology)이라고 부르는데, 15KHz로 고정된 OFDM 부반송파를 2n 비율로 확장하여 다양한 통신 속도를 필요로 하는 서비스를 지원하도록 하고 있다.

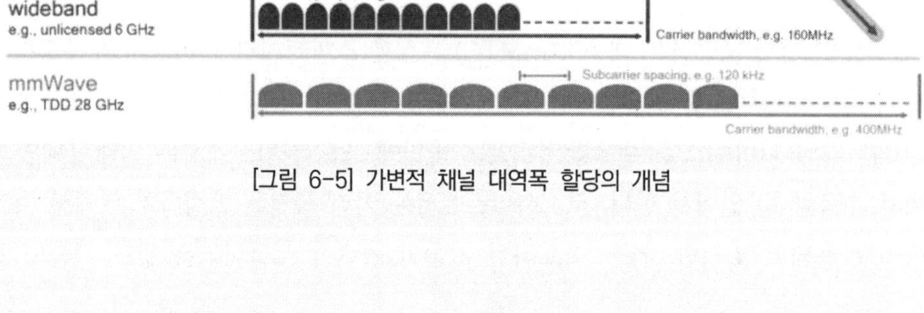

[그림 6-5] 가변적 채널 대역폭 할당의 개념

06 5G의 MIMO 기술에 대하여 분석하라.

1. MIMO의 개념

MIMO(Multiple-Input and Multiple-Output, 미모)는 무선 통신의 용량을 높이기 위한 스마트 안테나 기술이다. MIMO는 기지국과 단말기에 여러 안테나를 사용하여, 사용된 안테나 수에 비례하여 용량을 높이는 기술이다. 여기서 기지국은 송신단을 의미하고 단말기는 수신단을 의미한다.

예를 들면 기지국에 M개, 단말기에 N개를 설치할 경우 min(M, N)만큼 평균 전송 용량이 늘어난다. 특별히 N=1로 기지국에만 여러 개 안테나를 사용하는 경우를 MISO, M=1로 단말기에만 여러 개 안테나를 사용하는 경우를 SIMO 그리고 (M,N)=(1,1)인 경우를 SISO라 부른다.

학습 6

2. MIMO 기술의 활용

MIMO 기술의 필요성에 대해 수신 처리 입장과 송신 처리 입장의 다른 해석이 있다. 수신 처리 입장은 간섭 제거를 중심으로 한 해석이고 송신 처리 입장은 용량 증대를 중심으로 한 해석이다. 두 해석 모두 무선 통신에서 다중 안테나 기술의 중요성을 잘 반영하고 있다. 송신 처리 입장은 MIMO의 중요성을 설명하며 수신 처리 입장은 MIMO의 필요성을 설명하고 있다고 할 수 있다.

1) 수신기 입장

셀룰라 이동통신에서는 셀간 원활한 동적인 주파수 할당을 위해서 공간 간섭의 제거가 중요하다. 뿐만 아니라 무선랜에서도 AP수의 증가로 인해 다른 AP에서 오는 공간 간섭의 처리가 중요하다. 공간 간섭의 처리 방법으로는 동적 또는 위치에 적응적으로 주파수 재사용 비율의 감소 등을 이용할 수 있다. 하지만 이런 방법은 주파수 자원의 손실을 발생시킨다. 한편 이를 다중 수신 안테나를 통해 처리하면 주파수의 손실 없이 가능하게 된다. 그러나 이런 장점에도 불구하고 단말기가 무선 간섭이 없는 위치에 가게되면 다중 수신 안테나의 능력을 백분 발휘할 수 없다. 이를 역이용하여 무선 간섭을 발생하면서 이로 인해 다른 이득을 가져오는 방법이 있다면 전체적인 성능 향상에 도움이 될 것이다. 이에 대한 한 가지 방법이 기지국 다중 안테나 다중 스트림 전송이다. 기지국간 간섭이 존재하면 다중 수신 안테나들은 다중 기지국 공간 간섭을 제거하고, 기지국간 간섭이 없는 위치에서는 MIMO 방식으로 다중 스트림 간섭을 제거하여 용량을 증대하는 데 기여한다.

2) 송신기 입장

이 입장은 기지국간 또는 AP들 간의 간섭이 없는 경우에 주로 설명이 된다. 간섭이 없는 경우에는 수신 안테나의 간섭 처리 기능을 기지국의 다중 안테나 다중 스트림 전송을 통한 용량 증대에 활용할 수 있다. 이렇게 되면 기지국과 단말기에 설치된 안테나들 수 중 적은 안테나수에 비례하여 이론적인 용량 증대가 가능해진다.

07 거짓말 관련 영어 표현에 대하여 분석하라.

1. 속았지 ! ; I got you

[해설] get ; 속아 넘어가게 하다.

"나는 너를 속아 넘어가게 했다"의 의역 표현이다.

Tip You got me (속았네)

2. 그런 것에 속지 좀 마! ; Don't fall for that.

[해설] fall for +(명사)= (명사)에 속아 넘어 가다.

예 I fell for his trick. (나는 그의 속임수에 넘어갔어.)`

3. 안 믿어! ; I don't buy it.

[해설] 여기에서 buy의 정확한 의미는 "무엇인가 의심스러운 것을 믿어주다" 의미이며 사람에게는 사용하지 않는다.

예 Did you buy it?(너는 그것을 믿었니?)

4. 안 속아! ; Nice try.

[해설] 비꼬는 의미로 전달되기도 한다.

예 Good try; 비꼬는 의미가 없는 표현

5. 뻥 치시네! ; Bullshit

[해설] bullsgit(뻥 헛소리)는 믿지 못하는 의미의 거친 슬랭. 매우 가까운 사이에서만 사용한 것을 추천

6. 나한테 대 놓고 거짓말 한 거네 ; You lied to my face.

[해설] "lie to someone's face"; (~의 면전에 대고 거짓말을 하다)의 의력표현.

예 How could you lie to try face?

(너는 어떻게 대놓고 거짓말을 할 수 있어?)

7. 솔직히 말할 게 ; I'll level with you

[해설] 또 다른 표현은;

I'll be honest with you.

I'll come clean with you.

Tip "~에게"라고 표현할 때 to가 아니고 with를 사용한다.

예 Be honest with me. (나한테 솔직히 말해)

8. 너는 거짓말을 밥 먹듯이 해 ; You are a habitual liar.

[해설] "a habitual liar"

(거짓말을 습관적으로 하는 사람)를 의역한 표현

9. 어떻게 나한테 거짓말을 할 수 있어? ; How could you lie to me?

[해설] "누군가에게 거짓말을 하다"라고 표현할 때. To를 빼 먹는 실수가 굉장히 많으므로 주의하라.

예 Don't lie me (X) → Don/t lie to me(O)

참고 용빈도 1억 영어회화 ㅠㅛ현 마스터유진 저/사람in
https://m.post.naver.com/viewer/postView.nhn?volumeNo=7809841&memberNo=4760630

학습 6

08 4IR Engineer의 글로벌 도전을 위해 유용한 문장을 영어로 표현하라.

Useful Expressions(문장을 영어로 표현하기)

1. 태워 주실 수 있나요?
   Could I give me a ride?

2. 역까지 모셔다 드릴게요.
   I'll drive you to the station.

3. 차가 지저분해서 죄송합니다.
   I'm sorry my car is a mess.

4. 차를 세워 주세요.
   Pull over, please.

5. 여기에 주차할 수 있어요?
   Can I park here?

6. 여기는 견인 지역이에요.
   This is a tow away zone.

학습활동.6 교수 · 학습 방법

교수 방법

- 4IR 글로벌 도전의 진화와 과정에 대한 관련 용어, 구성, 방식 이해 정도를 파악한 후 수업을 진행한다.
- 교수자의 주도로 4IR 글로벌 도전의 진화와 과정 등의 내용을 PPT 자료로 제시한 후 설명한다.
- 가능하면 사전에 개인별 학습 자료를 준비하여 모든 학생이 참여할 수 있는 문제 해결식 수업, 협력 수업이 가능하도록 한다.
- 4IR 글로벌 도전의 진화와 과정 전 과정을 작업의 순서에 따라 단계적으로 실습이 이루어질 수 있도록 지도한다.
- 교재를 통해 수업을 준비하는데 있어서 필요한 모든 정보나 팁, 힌트 등 도움이 될 만한 내용들을 확인할 수 있다.
- 학생들이 만들게 될 각 모델들은 수업시간에 중점적으로 다뤄질 부분과 어휘, 질문, 답을 포함하고 있으며 또한 탐구할만한 추가적인 아이디어들도 포함하고 있다.

학습 방법

- 4IR 글로벌 도전의 진화와 과정에 대한 관련 용어를 숙지하고, 4IR 글로벌 도전의 진화와 과정에 대해 이해한다.
- 4IR 글로벌 도전의 진화와 과정의 각 단계별 중점 사항을 체계적으로 학습한다.
- 4IR 글로벌 도전의 진화와 과정의 수행순서의 전 과정을 실습한다.
- 4IR 글로벌 도전의 진화와 과정의 내용을 이해한다.
- 4IR 글로벌 도전의 진화와 과정을 이해하고 숙달이 될 때까지 학습한다.

학습활동.6 평가 및 피드백

평가 준거

- 평가자는 피평가자가 수행 준거 및 평가 내용에 제시되어 있는 내용을 성공적으로 수행할 수 있는 지를 평가해야 한다.

학습내용	평가항목	성취수준		
		상	중	하
4IR 글로벌 도전의 진화와 과정	4IR 글로벌 도전의 진화와 과정을 이해할 수 있다.			

평가 방법

• 작업 포트폴리오

학습내용	평가항목	성취수준		
		상	중	하
4IR 글로벌 도전의 진화와 과정	4IR 글로벌 도전의 진화와 과정을 이해할 수 있다.			

• 필기시험

학습내용	평가항목	성취수준		
		상	중	하
4IR 글로벌 도전의 진화와 과정	4IR 글로벌 도전의 진화와 과정을 이해할 수 있다.			

• 체크리스트를 통한 관찰

학습내용	평가항목	성취수준		
		상	중	하
4IR 글로벌 도전의 진화와 과정	4IR 글로벌 도전의 진화와 과정을 이해할 수 있다.			

• 피드백

1. 작업 포트폴리오
   - 제출한 보고서를 평가한 후 주요 사항에 대하여 표시하여 돌려준다.
2. 필기시험
   - 평가 결과 성적이 저조한 학생은 보고서 제출 기회를 부여한다.
3. 체크리스트를 통한 관찰
   - 실습 과정에서 평가한 후 개선해야 할 사항 등을 정리하여 돌려둔다.

참|고|문|헌

1. 감동근, https://news.samsung.com/kr/gksrnr-dpswlsldj 지망생에게 건네는 두 가지 당부 2017.10/12
2. 김덕현, 4차산업혁명과 융합. https://brunch.co.kr/@duk-hyun/11, 2018. Aug.04
3. http://www.moreagile.net/2014/08/it.html
4. 컴퓨터 정보용어 대사전 한국사전연구사
5. 위키백과, https://ko.wikipedia.org/wiki/
6. https://www.oxford-royale.com/articles/reasons-learn-english/
7. https://m.blog.naver.com/PostView.
8. 중앙일보, 라이프 트렌드, 글로벌 기업 일자리 도전, 청년들이여 이렇게 준비하라
9. 엄일연, https://m.post.naver.com/viewer/ 철저히 준비하고 혁신적으로 도전하라, 글로벌SE, 2018.12.04
10. https://blog.hyosung.com/1381 [마이프렌드 효성 블로그]
11. https://www.bioin.or.kr/과학기술이 해결할 수 있는 10대 글로벌 도전과제, 2019. 4.11
12. MIT Technology Review, Ten big global challenges technology could solve, 2019.2.27
13. https://www.sedaily.com/NewsVIew/1VQZIUGI22
14. https://daystudy.tistory.com/227
15. https://newsroom.intel.co.kr/인텔, 글로벌 도전과제
16. https://phrase.dict.naver.com/ 네이버 글로벌 회화
17. https://englishlive.ef.com/ko-kr
18. 마스터유진 https://m.post.naver.com/viewer/사용빈도 마유영어 1억 영어회화표현
19. https://news.samsung.com/kr/5ㅎ 기술은 어떻게 진화했나
20. 김학용, 5G 서비스 구현기술의 이해 http://www.kibme.org/ 방송과 미디어 제24권 3호
21. 김학용, 사물인터넷 시대, 모바일 비즈니스 패러다임의 변화, MOIBA 웹진, 2019.7.
22. 3GPP, 5G-NR Workplan for eMBB, 2017.3.9.
23. ITU, Setting the Scene for 5G: Opportunities & Challenges, 2018.
24. Verizon Wireless, 5G Ultra Wideband Wireless Home Network, https://www.verizonwireless.com/5g/home/
25. 김학용, 5G 시대, 서비스와 비즈니스 혁신, 멀티캠퍼스 집합교육 교재, 2019.7.
26. 삼성전자, 5G 국제표준의 이해, 2018.6.
27. 퀄컴 코리아, 5G NR에 담긴 5가지 혁신 기술, 2018.1.16.
28. 김학용, 고객가치 중심의 5G 요금제를 기대한다, 과학과 기술, vol.599, 2019.4, pp.51-54.

학습 1	4IR 핵심기술과 글로벌 도전 출발
학습 2	4IR 글로벌 도전의 핵심과 미션
학습 3	4IR 글로벌 도전의 결심과 집중
학습 4	4IR 글로벌 도전의 이유와 역량
학습 5	4IR 글로벌 도전의 시작과 목표
학습 6	4IR 글로벌 도전의 진화와 과정
학습 7	**4IR 글로벌 도전의 미래와 매너**
학습 8	4IR 글로벌 도전의 성공과 혁신
학습 9	4IR 글로벌 도전의 신뢰와 안전한 거래
학습 10	4IR 글로벌 도전의 가치와 디지털 전환
학습 11	4IR 글로벌 도전의 전략과 서비스 융합
학습 12	4IR 글로벌 도전의 성과 창출과 고도화
학습 13	4IR 글로벌 도전의 기반확립과 결실

학습 목표

1. 4IR 글로벌 도전의 미래와 매너를 이해할 수 있다.

7-1 4차산업혁명의 핵심기술, 미래형 자동차

1. 미래형 자동차(Futuristic Car)의 개념

친환경 전기차와 수소차, 정보통신 기술(ICT)과 인공지능(AI)에 기반한 자율주행차를 포괄하는 자동차 개념이다. 산업적으로는 우버 · 디디추싱 · 그랩 등 스마트폰 · O2O 플랫폼 기반의 공유이동수단 서비스 산업까지 확장되고 있다.

2030년 미래자동차 시장은 전기 · 수소차, 자율주행차, 이동서비스 산업이 주도할 것으로 전망되고 있다. 정부는 미래자동차 산업을 8대 혁신성장 선도과제의 하나로 삼고 있다.

1) 자율주행 전기차

버튼 하나로 형태와 색상을 바꾸고, 실내 공간을 원하는 대로 선택할 수 있는 자율주행 전기차가 바로 미래의 자동차이다.

자율 주행차를 운전해 보자. 운전할 필요가 없고 차가 운전하기 때문에 2030년에는 약 4백만 대의 차가 레벨 5에 도달해서 완전 자율로 주행할 수 있다.

[그림 7-1] 미래의 자동차 환경

2) 레벨 5 - 무인 운전

레벨 3에서는 자동차가 종횡으로 스스로 제어 하기 때문에 운전자가 항상 전방을 주시할 필요가 없고, 독서 같은 다른 일을 할 수 있다. 하지만 공사 구간을 지날 때처럼 특별히 주의가 필요한 구간에서는 운전자가 다시 운전할 수 있어야 한다.

레벨 5에서는 더 이상 그럴 필요가 없다. 자동차가 도로 유형, 주변 환경, 속도에 상관없이 스스로 알아서 대처할 수 있기 때문이다.

3) 교통 혼잡에서 해방

(1) 라이다(Lidar)

라이다 센서는 물체까지 거리를 측정할 수 있으며 동작하는 방식은 항공기 레이더와 비슷하다. 다만 고주파 무선 파장이 아니라 사람의 시각에 위험하지 않은 약한 레이저 빛을 방사하며, 이 레이저 빛이 자동차 주변을 스캔한다. 여기에 카메라와 레이더를 결합해서 데이터를 수집하고, 스마트 컴퓨터는 이 데이터를 기반으로 가속, 감속, 장애물 회피 등 의사결정을 한다. 그러기 위해서는 모든 상황에서 세 가지 방식의 센서 중 적어도 두 가지가 이상적으로 잘 작동하도록 하는 것이 중요하다.

2030년에는 교통 혼잡이 법으로 금지되었기 때문이다. UN의 전망에 따르면 2050년에 지구상 인구의 2/3가 도시에 거주할 것이다. 이러한 상황에서 모두가 각자 차를 운전하고 다닌다면 어떻게 될지 상상해 보자. 교통이 완전히 마비되고 옴짝달싹 못하게 될 것이다.

그래서 정부에서는 상호 통신이 가능한 차량만 도로를 주행하도록 결정했다. 예를 들어 자동차가 차선에서 속도를 줄이면 신호를 보낸다. 자동차에 내장된 인공 지능 시스템 Eugene II가 10G 이동 통신망을 통해서 이 신호를 반경 수 킬로미터 이내의 모든 자동차에 전달한다. 그러면 모든 자동차들이 동시에 속도를 줄여서 교통 정체를 미연에 방지할 수 있다.

[그림 7-2] 미래자동차의 보이스콜

(2) 토크 벡터링

토크 벡터링 제어는 자율주행 시 차가 흔들리거나 전복되지 않도록 한다. '무스 테스트(Moose Test)', 기술적인 용어로 ESP(Electronic Stability Program)라고 한다.

혹시 과거와 달라진 또다른 점은 교통 신호등이다. 이제 차들이 어떤 상황에서든 서로 통신할 수 있고 보행자들을 감지할 수 있게 되면서, 정부에서 여기저기 널려 있던 신호등을 없앴다. 그렇게 하니까 경관을 해치지 않아서 얼마나 좋은 모른다.

4) 제3의 공간 : 직장과 집 사이의 안식처

이제 편안히 휴식을 취하면서 드라이브를 즐긴다. 2030년에는 사람들이 직접 운전할 필요가 없어서 차에서 와인을 마실 수도 있다. 실제로 사적인 공간과 직장의 경계가 거의 사라지다시피 했다. 자동차 실내가 점점 제3의 공간으로 탈바꿈하고, 직장과 집 사이의 안식처가 되고 있다. 차 안에서 휴식을 취할 수도 있고 일을 할 수도 있다.

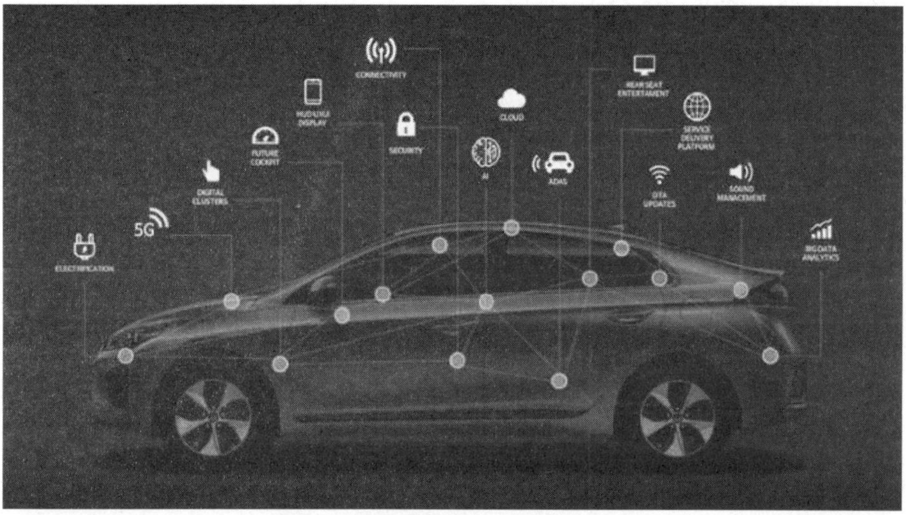

[그림 7-3] 미래자동차의 인공지능시스템

통근을 하면서 주로 휴식을 취하거나 'Jupiter Monopoly'라는 3D 게임을 한다. 놀라운 가상의 세상에서 친구들과 어울려서 온갖 종류의 모험을 하는 게임이다. 내장된 인공 지능 시스템 Eugene II가 3차원 프리즘으로 필요한 영상을 투영하면 이것이 자동차 중앙에 나타나고 사방에서 볼 수 있다. 자동차 안에 탑승한 다른 사람들과 함께 게임을 즐길 수도 있다.

5) 더 이상 주차할 곳을 찾아 헤매지 않아도 된다

이제 뭐 좀 드시지 않겠어요? 저기에 괜찮은 레스토랑이 있다. Eugene II에게 여기서 내린다고 말한다. 그러면 차가 스스로 알아서 주차할 곳을 찾을 것이다. 이 식당에 주기적으로 오기 때문에 내장된 인공 지능 시스템Eugene II가 대신해서 계속 예약을 한다.

자동차에 비어 있는 주차 공간 정보가 자동으로 전달된다. 지금도 이 기능은 그대로인데, 최근에 시 당국이 주차 시설을 더 확대했다. 이제 공공 구역과 건물 아래에 지하 주차장을 있다. 이제 우리가 차에서 내려서 레스토랑에 들어가면 차는 바로 지하로 들어갈 것이다. 그리고 차가 바로 인근에 주차되어 있기 때문에, 식사 후에 문 밖에서 바로 타서 출발할 수 있다. 바쁠 때나 비가 올 때나 문 앞에서 기다리고 싶지 않을 때 정말 편리하다.

6) 화석 연료 이후 시대의 e-모빌리티

좋아하는 레스토랑에서 이제 막 조리된 따끈따끈한 음식을 먹는 것도 좋지만, 바깥의 신선한 공기도 좋아한다. 이런 삶의 질을 누릴 수 있게 된 것은 정책입안자들의 결정 덕분이다. 온실 가스 배출을 80퍼센트 줄였고 장기적인 기후 목표를 거의 달성하였다. 시민들은 더 많은 CO_2 감축을 기대하고 있다. 이렇게 할 수 있는 것은 바로 e-모빌리티로 전환하고 100퍼센트 신재생 에너지원으로 발전된 전력을 사용하기 때문이다.

(1) 전기차 배터리 충전

2020년 지금에는 일부의 사람들만 전기차를 운전한다. 지금 초고전력 충전기를 사용해서 15분만에 배터리를 충전할 수 있었다. 한 번의 배터리 충전으로 주행할 수 있는 거리는 약 200킬로미터이다. 그래서 장거리 운전자에게는 적합하지 않다. 그런데다 충전소마저도 너무 드문드문 있었는데, 특히 시골 지역에서는 더 그랬다.

(2) 비접촉 인덕션 코일 방식의 충전

2030년에는 많은 것들이 향상되었다. 도시든 시골이든 매 20~50미터마다 충전 기능을 통합한 스마트 가로등이 설치되어 있다. 뿐만 아니라 주요 교차로마다 땅속에 인덕션 충전 코일이 매립되어 있다. 그래서 전기차가 교차로 빨간 신호등에서 대기하고 있을 때 인덕션 기술로 빠르게 배터리를 충전할 수 있다. 시간이 짧아서 완전히 충전하지 못했으면 다음 인덕션 코일에서 계속해서 충전할 수 있다. 이런 방식으로 전기차 배터리에 항상 충분한 전력을 저장할 수 있다. 결제는 내장된 칩을 통해서 비접촉으로 이루어진다. 이 칩은 1,024비트 암호화를 통해 비트코인 월릿(지갑)에 연동되어 있다. 정말 쉽고, 보안적이고, 편리하다.

7) 차량 공유 - 소유가 아닌 사용

"식사를 마쳤으니까 이제 다시 길을 나서 볼까?" 차가 이미 밖에서 우리를 기다리고 있다. "예, 그래요." 보시다시피 우리가 타고 온 차가 아니라 다른 차이다. 2030년에는 차를 꼭 소유해야 한다고 생각하지 않는다. 사람들은 더 이상 배터리를 충전하거나 정비를 받거나 하는 일에 신경 쓰고 싶지 않는다. 비용은 정액 요금이나 유연 요금을 선택할 수 있다. 정해진 금액으로 모두 처리할 수 있는 정액 요금은 차를 자주 필요로 하는 사람들에게 적합하고, 유연 요금은 실제 사용한 만큼만 지불할 수 있어서 가끔씩 필요로 하는 사람들에게 적합하다.

'차량 공유'라는 용어를 이미 잘 알고 있을 것이다. 그런데 과거와 달리 2030년의 차량 공유에는 한 가지 큰 차이점이 있다.

(1) Transpod - 개인의 필요에 따라서 변신 가능

처음부터 SUV나 컴팩트 시티카나 스포츠 세단을 선택할 수 있고, 아니면 지금 저처럼 차를 렌트한 다음에 버튼을 눌러 차종을 선택할 수 있다. 스마트한 멀티모달(Multimodal) 솔루션을 'Transpod - 변신 가능한 차'라고 한다.

돌아가는 길에는 Transpod CCV(Compact City Van) 차종을 선택한다.

대쉬보드에서 버튼을 눌러서 차종을 선택하면 이전 사용자의 스포츠 세단의 앞쪽과 뒤쪽이 오므라드는 것을 볼 수 있다. 그 다음 차 지붕이 올라가서 내부 공간이 4배로 늘어난다. 이제 이 차는 편안하게 대화할 수 있는 충분한 공간을 제공할 뿐만 아니라, 차폭이 좁은 CCV이므로 복잡한 도심지에서 잘 빠져나갈 수 있다.

(2) 엑세스 권한 부여

이전 사용자가 서비스 회사인 Transpod2Go의 클라우드를 통해서 제 홀로그램 손목밴드로 이 Transpod 엑세스 권한을 전송한다. 2018년에 이미 인피니언과 Xain이 '오토모티브 사이버보안 포럼'에서 엑세스 권한을 전송하는 것을 시연했다.

(3) 블록체인 기반의 엑세스 제어

① Transpod 맞춤화 : 미래에는 차를 소유하는 것이 아니라 빌린다고 했는데, 이것이 개인 취향을 포기해야 한다는 뜻은 아니다. 오히려 차종뿐만 아니라 Transpod의 색상도 선택할 수 있다.

② Transpod 색상 선택 : 넵튠 블루에 연청록이 약간 섞인 색상은 어떨까? 아니면 머큐리 레드 색상은 어떤가? Transpod는 수백만 가지 색상 조합이 가능하다. 정액 요금 카쉐어링 패키지는 원하는 색상을 선택할 수 있다. 만약에 차량 공유 회사에 새로운 색상 조합을 제안하면 감사의 표시로 60분 무료 서비스가 제공된다.

미래의 자동차를 창의적으로 맞춤화할 수 있는 것은 차체 색상뿐만 아니에요. 내부 공간 역시도 다양한 방식으로 구성할 수 있다.

8) 미래의 자동차 시트

우리는 지금 'We Time' 프로그램을 선택했다. 이 모드에서는 도로를 주행하면서 대화하기 좋다. 혼자 퇴근하면서 이메일을 확인하고 싶을 때는 'Me Time' 모드를 선택한다.

어떤 모드에서든 승객은 자신이 원하는 시트를 선택할 수 있다. 보통 'Relax' 프로그램을 선택한다. 그러면 등받이가 확장되고 추가적으로 마사지 기능을 선택할 수도 있다. 또 발 받침대를 선택할 수도 있다. 정말로 편하고 긴장이 풀려서 잠들 때도 있다. 그러면 내장된 인공 지능 시스템 Eugene II가 알아서 창을 어둡게 해준다. 거리의 사람들에게 내가 잠든 모습을 보일 필요는 없기 때문이다.

이와 정반대인 'Office' 모드에서는 노트북을 사용할 수 있는 테이블을 선택할 수 있다. 또는 홀로그램 장치에 자신의 로그인 데이터를 사용해서 워크스테이션이 보이게 할 수 있다. 시트는 똑바로 세워서 집중력을 높이게 한다.

9) 미래의 자동차 실내

자신의 컴퓨터 워크스테이션을 그대로 투영한다는 생각이 마음에 드는가? 그렇다면 Transpod가 어떤 다른 것들을 할 수 있는지 보자. 이 컴퓨터 워크스테이션 앱 위로 쓱~ 스와이프하면 내장된 인공 지능 시스템 Eugene II가 개인 캘린더, 연락처, 다른 유용한 사무 기능을 불러올 수 있다. 이것들을 동작 제어로 헤드업 디스플레이나 대쉬보드나 파노라마 루프로 이동시킬 수 있다. 또 여러 개의 3D 이미지들을 매끄럽게 결합할 수 있다. 그러면 메시지를 보면서 화상 회의를 할 수 있다.

어떤 사람들은 차 실내를 자신의 거실처럼 꾸미는 것도 봤다. 장거리 여행을 하면서 집에 있는 것처럼 느끼고 싶었나 보다. 보통 이 기능은 잘 사용하지 않는다.

20분 이상 가는 일이 별로 없기 때문이다. 하지만 e-매거진을 읽고 싶을 때는 디지털 도서관에서 헤드업 디스플레이나, 자동차 중앙에 있는 3D 프리즘이나, VR 안경으로 다운로드해서 읽을 수 있다.

10) 운전이 아닌 비행

2050년에도 지상 교통 수단은 여전히 존재하겠지만, 3차원 공간을 점점 더 많이 활용하게 될 것이다. 전기 에어 택시가 도로 위 자동차를 대체하는 날이 올 것이다. 인구가 급격히 증가함에 따라 지상의 도로만으로는 사람들의 필요를 모두 충족시킬 수 없기 때문이다.

여러분 시대에도 이러한 기술 개발은 이미 이루어지고 있다. 하지만 당시에는 공중 교통을 어떻게 통제해야 할지 여전히 확실치 않다. 이제 이 문제도 해결되었다. 확실한 것은 드론이 되었든 항공기가 되었든 조만간 전기 비행 물체를 타고 다닐 수 있게 될 것이라는 점이다. 그러면 가고 싶은 곳 어디든지 교통 혼잡 없이 편하게 갈 수 있을 것이다.

학습 7

7-2 4IR Engineer의 글로벌 도전 매너

1. 호텔 숙박과 관련된 주요 단어

해외 출장이나 휴가를 가게 되면 호텔에서 머물게 되는 경우가 있다. 많은 호텔이 숙박 시설 외에도 다양한 서비스를 제공한다. 그래서 호텔에서 머물 때 유용한 몇 가지 단어를 살펴보겠다.

비행기로 여행을 하게 되면, 호텔에서 Airport Transfers가 제공되는지 확인하는 것이 좋다. 호텔 직원이 공항에 나와 호텔까지 데려다 주는 서비스이므로 쉽고 편리하게 이용할 수 있다. 유사하게 귀국할 때도 공항에 데려다 주니 택시를 부를 필요가 없다!

거의 모든 호텔이 제공하는 또 하나의 훌륭한 서비스 중 하나는 바로 Room Service이다. 휴가 갔을 때, 아무 것도 하기 싫을 때가 있다. 그럴 때 Room Service를 활용하면 방을 나설 필요가 없다.

Room Service는 여러분이 필요한 것을 방으로 가져다 주는 서비스이다. 보통

수건이나 욕실용품에서부터 음식까지 거의 모든 것을 가져다 준다.

호텔은 여러분의 휴가를 최대한 편안하고 안락하게 만들어 주기 위해 노력한다. 이런 저런 신경을 쓰고 싶지 않을 때는 호텔에서 Tour Package를 제공하는지 확인해 보자. 호텔에서 여러분의 관광 일정을 모두 다 해결해 준다. 관광 목적지까지의 교통편을 마련해 주고, 여행에 있어 필요한 모든 것을 준비해 주니 여러분은 카메라만 챙겨서 나서기만 하면 되겠다.

이렇게 다양한 서비스가 있으니, 호텔에서는 보통 여러분에게 Tipping(혹은 Gratuity 라고도 한다)을 기대한다. Tipping은 여러분이 제공받은 서비스에 대해 추가의 일정 비용을 지불하는 것으로, 특히 미국에서는 필수적이라고 할 수 있다. 서비스가 만족스러웠을 경우, 15~20%를 Tip으로 지불한다. 그러니 호텔에서 여러분의 여행을 특별하게 만들어 주었다면 객실 청소원, 포터, 그 외 호텔 직원들에게 tip 주는 것을 잊지 말자.

[그림 7-4] Who you help

출처 : success pictures

7-3 4IR Engineer의 글로벌 도전

1. 관 광

분 류	항 목
중분류	관광정보, 촬영
소분류	자주 쓰이는 표현, 정보 수집, 비용 문의, 투어프로그램, 관광 중에, 가이드 설명, 주의사항

Let's Go Camping

A : Hey, where is your hometown?

B : My home town is near Mt. Sorak.

A : Then, let's go camping at Mt.Sorak this summer.
Our vacation is just around the corner.

B : I like that idea. There are also many tourist attractions to visit nearby.

A : What should we bring?

B : We should bring a tent and some mosquito repellent.

A : Good idea. I feel like going hiking there.

B : Why not? There are some good hiking trails there, too.

2. Yesterday

〈1절〉

Yesterday
All my troubles seemed so far away
Now it looks as though they're here to stay
Oh I believe in yesterday

어제까지만 해도
시련과 고통이 저 멀리 있었는데
오늘은 이렇게나 가까워졌네요.
어제의 무한한 가능성이 그리워요.

〈2절〉

Suddenly
I'm not half the man I used to be
There's a shadow hanging over me
Oh yesterday came suddenly
불현듯이
예전의 나를 잃어 버린 것 같아요.
그늘이 드리워지고 걱정이 앞서네요.
어제는 모든 것이 갑작스럽게 찾아 왔어요.

〈브리지〉

Why she had to go
I don't know she wouldn't say
I said something wrong
Now I long for yesterday
그녀는 가야만 했나요.
모르겠어요, 굳이 떠나려고 했던 당신
내가 잘못 말한 것이라도 있나요.
어제가 너무 그리워요.

〈3절〉

Yesterday
Love was such an easy game to play
Now I need a place to hide away
Oh I believe in yesterday
어제까지만 해도

사랑은 저에게 너무나 쉬웠는데
오늘은 도말갈 곳이 필요해요.
어제의 무한한 가능성이 그리워요.

〈Bridge〉

Why she had to go
I don't know she wouldn't say
I said something wrong
Now I long for yesterday
그녀는 가야만 했나요.
모르겠군요, 굳이 따나려 했던 당신
내가 잘못 말한 것이라도 있나요.
어제가 너무 그리워요.

〈3절〉

Yesterday
Love was such an easy game to play
Now I need a place to hide away
Oh I believe in yesterday
Mm mm mm mm mm mm mm
어제까지만 해도
사랑은 저에게 너무나 쉬웠는데
오늘은 도망갈 곳이 필요해요.
어제의 무한한 가능성이 그리워요.
음 mm mm mm mm mm mm

학습 7

수행 내용

재료 · 자료

- 4차산업 혁명 관련 자료

기기(장비 · 공구)

- 컴퓨터, 프린터, 주변기기

안전 · 유의사항

- 컴퓨터 및 주변기기의 전원을 관리한다.

수행 순서

01 미래형 자동차의 3가지 키워드에 대하여 분석하라.

1. 환경친화적 자동차(Eco-Friendly, Environmentally Friendly, Green)

연비개선, 배출가스 저감

① 신재생 에너지

② 신형 파워트레인(EV, FCEV, HEV, PHEV)

2. IVI(In-Vehicle Infotainment)

정보를 뜻하는 인포메이션(Information)과 오락을 뜻하는 엔터테인먼트(Entertainment)의 합성어로 운전자에게 여러 정보와 오락기능을 동시에 제공한다는 뜻이다.

IVI시스템은 자동차 스스로 완전한 자율주행을 하면서 차량 내 스크린을 통하여 영화를 감상하거나 화상회의를 진행하는 등의 새로운 것을 가능케한다.

3. 지능형자동차(Intelligent Vehicle, Smart)

미래의 지능형 시스템은 스마트폰과 연결하여 여러 가지 텔레매틱스(Telemetics)서비스를 제공하고 IVI시스템과 통하하여 운전지원 기능 및 자율주행 지반 자동차 시스템으로 구현된다.

02 성공적인 글로벌 비즈니스 매너와 소개 에티켓에 대하여 분석하라.

1. 문화에 따라 조금씩 다른 소개매너

어느 문화권이나 사람을 제대로 매너 있게 소개하는 것이 무척 중요하다. 하지만 그 방식은 나라별로 조금씩 차이가 있다. 모임의 성격에 따라서도 소개매너는 차이가 있는데 모임의 주최자가 있는 소모임일 경우를 예를 들어보자.

① 유럽, 남미에서는 소개에 매우 높은 비중을 둔다. 자기 스스로 하는 소개를 별로 달갑지 않은 방식으로 여기는 경향이 있다. 그래서 주최자나 다른 사람을 통해 소개받는 것이 좋은 인상을 주는데 유리하다.

② 특히 영국에서는 파티나 모임의 주최자가 참석자를 반드시 소개하는 경향이 있다.

③ 반면, 프랑스의 경우는 주최자에 의한 소개 없이도 평소 안면이 있는 사람 또는 이전에 정식으로 소개 받은 사람을 통해서 소개 받기도 한다.

2. 글로벌 시대 통용되는 소개매너 원칙

우리나라에서 소개하는 순서는 아랫사람을 윗사람에게 소개하고 남성을 여성에게 소개하고, 연소자를 연장자에게 소개한다. 이 원칙은 글로벌 시대에 다른 문화권에서도 거의 통용된다. 그래서 서구권에서도 남성은 일반적으로 참석한 모든 여성, 연장자 및 손윗사람에게 소개를 하는 것이 일반적이다.

여성의 경우도 나이가 어린 사람은 연장자 전원에게 소개하도록 되어 있다. 하지만 만일 동네에서 또는 직장에서 다른 문화권에 있는 외국인을 만나서 일대일로 본인 소개를 해야 하는 상황이 올 수도 있다. 그럴 경우에는 상대가 소개하기를 기다리기 보다는 자신이 먼저 소개를 하는 것이 겸손해 보일 수 있다.

3. 각인 효과를 높이는 자기소개법

나는 종종 "측우기를 만든 장영실학자를 존경하는 홍길동입니다."라고 소개한다. 이유는 간단하다. 상대가 조금이라도 내 이름을 쉽게 기억해주기 바라는 마음이다. 지금까지도 내 기억에 남는 소개가 있다. 책 집필 관련해서 만났던 한국경제 BP 대표의 소개였다.

"안녕하세요? 한국경제를 줄여서 한경이라고도 하는데요. 한경 BP에서 좋은 책을 낼 준비가 늘 되어있는 김갑돌입니다." 자신이 일하는 조직의 이름과 자신의 이름을 연결해서 소개를 하니 각인효과가 높았다. 물론 그 소개를 더욱 기분 좋게 한 것은 편안한 음성과 미소였다.

4. 강한 인상을 겸손한 이미지로 바꾸는 소개기술

본인의 단점인 강한 인상을 오히려 처음부터 솔직하게 드러냄으로써 겸손한 이미지를 줬던 지인이 있다.

㉠ 제가 보기에는 산도적 같지만 알고 보면 부드러운 남자입니다.

또는 상대방의 부드러운 인상을 칭찬하면서 역질문을 통해 부드러운 이미지를 줬던 지인도 있었다.

㉠ 저도 김국제님처럼 부드러운 인상을 갖고 싶은데 어떻게 하면 될까요?

5. 공식적인 자리에서 하는 삼행시 소개법

공식적으로 자신을 소개할 경우에는 삼행시도 효과적이다. 예를 들어 내가 가끔 하는 삼행시 소개를 보자.

(박)수를 통해
(영)감을 받고
(실)패를 통해 늘 배우는 박영실입니다.

삼행시는 청중에게 이름의 첫 글자 운을 띄워달라고 한 후, 명확한 발음으로 박자를 맞추어 하면 효과적이다.

6. 소개에 날개를 달아주는 신뢰감 주는 음성과 표정

공식적으로 자신을 처음 소개할 때는 성과 이름을 또박또박 말하되, "안녕하(시 · 세 · 셔)요? 만나서 반가워(요)" 보다는, "안녕하십니(까)? 만나서 반갑습니(다)"가 좋다. '시 ·

세 · 셔 · 요'보다는 '까 · 다'가 정중하기 때문이다.

그리고 경쾌한 이미지를 주고 싶다면 말끝을 살짝 올려 물방울이 튕기듯이, 신선하게 마무리하면 더욱 효과적이다. 반면에 신뢰감 있는 이미지를 주고 싶다면 오히려 말끝을 살짝 내리면서 천천히 마무리하면 바람직하다. 거기에 청중과 눈을 마주치고 과하지 않은 편안한 미소를 지어주면 효과는 배가된다.

7. 상대의 소개 직후 하는 거북한 질문들

대뜸 상대의 나이를 묻는다거나 비밀을 캐듯 대답하기 거북한 질문을 던지는 경우가 있다. 또는 상대가 입고 있는 의상이나 액세서리를 어디서 샀는지 직접적으로 묻는 것도 부담스러울 수 있다. 이외에도 종교나 정치관 등을 묻는 것은 좋은 인상을 주는데 결코 도움을 주지 않는다.

첫 만남에서 부담 없이 할 수 있는 대화 소재를 기억해두면 유용하다. 보편적으로 날씨나 취미 그리고 음식과 예술에 대한 이야기는 우리나라뿐만 아니라 다른 문화권에서도 보편적으로 이야기 나누는 주제들이다.

학습 7

8. 상황에 맞게 인사하는 사소한 방법

같은 지역 내에서 생활하다 보면 같은 사람을 자주 만나게 된다. 자주 본다고 해서 서로 쳐다만 보고 지나쳐 버리면 어색해지고 분위기조차 딱딱해질 염려가 있다. 그러므로 처음 만났을 때는 정중하면서도 밝고 명랑하게 인사를 하고, 다시 만나게 될 때는 밝은 표정과 함께 목례를 하는 것이 좋다.

9. 공공장소에서 하는 인사

이 때에는 일 자체가 인사를 할 정도의 여유가 있는 것이라면 상황에 맞게 가볍게 목례 정도를 한다. 그러나 도저히 인사를 할 수 없는 경우에는 하지 않아도 좋다. 오히려 인사를 하느라 작업의 안정성을 잃는 것보다는 열심히 작업에 몰두하는 것이 상대방을 편하게 할 수 있기 때문이다.

화장실에서는 호칭 생략하고 거울을 보면서 인사하지 않는다. 자연스럽게 눈이 마주치면 가볍게 목례를 하는 것이 서로 불편하지 않다.

10. 모르는 사람에게 인사를 받았다면

유명인이나 공인인 경우 특히 이런 경우가 적지 않을 것이다. 나도 예전에 KBS 방송국에서 내가 좋아하는 연예인을 만나서 반갑게 인사를 한 적이 있다.

감사하게도 기분 좋게 내 인사를 받아줘서 그 연예인이 좋아졌다. 예의 바른 인사는 아무리 해도 밑지거나 손해 보는 일이 없다.

그러므로 잘 모르는 사람이 먼저 인사를 하는 경우에도 같이 인사로 답례를 갖추는 것이 좋다. 잘 알지 못한다고 해서 그냥 쳐다보기만 한다면 상대방이 민망해 할 것이 틀림없다.

우선 인사를 한 후에 주위 사람에게 누구인지 물어보거나 경우에 따라서는 직접 물어본다. "다음에는 제가 먼저 인사드리고 싶은데 성함이라도..." 그리고 다음에 마주쳤을 때 가벼운 인사말을 먼저 건네면 더욱 좋을 것이다.

11. 매너란 실생활 속에서 에티켓을 적용하는 방식

거울을 통해 눈이 마주쳤을 때는 재빠르게 몸을 돌려서 실제 모습을 향해서 인사한다. 거울을 통해 인사하는 것은 결례이기 때문이다. '성공의 비결은 당연한 일을 특별히 잘하는 데 있다'라는 말이 있다. 록펠러의 명언이다. 좋은 소개와 인사 매너를 하는 비결도 마찬가지다. 앞서 말한 기본원칙을 토대로 하되 미리 준비하고 정성을 담아 조금 더 신경 써서 한다면 누구에게나 환영받는 소개와 인사로 다가갈 것이다. 매너란 실 생활 속에서 에티켓을 적용하는 방식이다. 즉 상대방을 배려하고 편안하게 만들어주는 습관이 좋은 사람을 만든다는 의미다. 오늘은 만나는 주변 사람들에게 자신이 지을 수 있는 최고로 편안한 미소로 매너있게 인사해보자.

출처 : 박영실 컬럼 https://www.hankyung.com/thepen/article/100786

03 4IR Engineer의 글로벌 도전을 위해 유용한 문장을 영어로 표현하라.

Useful Expressions(문장을 영어로 표현하기)

1. 이 도시의 관광 명소에는 어떤 것이 있어요?
   What are the tourist attractions in this city?

2. 입장료는 얼마예요?
   How much is the admission fee?

3. 학생 할인이 돼요?
   Do you offer student discounts?

4. 이 여행 프로그램은 시간이 얼마나 걸려요?
   How long does the tour program last?

5. 사진을 좀 찍어 주시겠어요?
   Would you take a picture of me?

6. 고개를 숙이세요.
   Lower your chin.

학습활동.7 교수 · 학습 방법

교수 방법

- 4IR 글로벌 도전의 미래와 매너에 대한 관련 용어, 구성, 방식 이해 정도를 파악한 후 수업을 진행한다.
- 교수자의 주도로 4IR 글로벌 도전의 미래와 매너등의 내용을 PPT 자료로 제시한 후 설명한다.
- 가능하면 사전에 개인별 학습 자료를 준비하여 모든 학생이 참여할 수 있는 문제 해결식 수업, 협력 수업이 가능하도록 한다.
- 4IR 글로벌 도전의 미래와 매너 전 과정을 작업의 순서에 따라 단계적으로 실습이 이루어질 수 있도록 지도한다.
- 교재를 통해 수업을 준비하는데 있어서 필요한 모든 정보나 팁, 힌트 등 도움이 될 만한 내용들을 확인할 수 있다.
- 학생들이 만들게 될 각 모델들은 수업시간에 중점적으로 다뤄질 부분과 어휘, 질문, 답을 포함하고 있으며 또한 탐구할만한 추가적인 아이디어들도 포함하고 있다.

학습 방법

- 4IR 글로벌 도전의 미래와 매너에 대한 관련 용어를 숙지하고, 4IR 글로벌 도전의 미래와 매너에 대해 이해한다.
- 4IR 글로벌 도전의 미래와 매너의 각 단계별 중점 사항을 체계적으로 학습한다.
- 4IR 글로벌 도전의 미래와 매너의 수행순서의 전 과정을 실습한다.
- 4IR 글로벌 도전의 미래와 매너의 내용을 이해한다.
- 4IR 글로벌 도전의 미래와 매너를 이해하고 숙달이 될 때까지 학습한다.

학습활동.7 평가 및 피드백

평가 준거

- 평가자는 피평가자가 수행 준거 및 평가 내용에 제시되어 있는 내용을 성공적으로 수행할 수 있는 지를 평가해야 한다.

학습내용	평가항목	성취수준		
		상	중	하
4IR 글로벌 도전의 미래와 매너	4IR 글로벌 도전의 미래와 매너를 이해할 수 있다.			

평가 방법

• 작업 포트폴리오

학습내용	평가항목	성취수준		
		상	중	하
4IR 글로벌 도전의 미래와 매너	4IR 글로벌 도전의 미래와 매너를 이해할 수 있다.			

• 필기시험

학습내용	평가항목	성취수준		
		상	중	하
4IR 글로벌 도전의 미래와 매너	4IR 글로벌 도전의 미래와 매너를 이해할 수 있다.			

• 체크리스트를 통한 관찰

학습내용	평가항목	성취수준		
		상	중	하
4IR 글로벌 도전의 미래와 매너	4IR 글로벌 도전의 미래와 매너를 이해할 수 있다.			

• 피드백

1. 작업 포트폴리오
   - 제출한 보고서를 평가한 후 주요 사항에 대하여 표시하여 돌려준다.
2. 필기시험
   - 평가 결과 성적이 저조한 학생은 보고서 제출 기회를 부여한다.
3. 체크리스트를 통한 관찰
   - 실습 과정에서 평가한 후 개선해야 할 사항 등을 정리하여 돌려둔다.

참 | 고 | 문 | 헌

1. 감동근, https://news.samsung.com/kr/gksrnr-dpswlsldj 지망생에게 건네는 두 가지 당부 2017.10.12
2. 김덕현, 4차산업혁명과 융합. https://brunch.co.kr/@duk-hyun/11, 2018. Aug.04
3. http://www.moreagile.net/2014/08/it.html
4. 컴퓨터 정보용어 대사전 한국사전연구사
5. 위키백과, https://ko.wikipedia.org/wiki/
6. https://www.oxford-royale.com/articles/reasons-learn-english/
7. https://m.blog.naver.com/PostView.
8. 중앙일보, 라이프 트렌드, 글로벌 기업 일자리 도전, 청년들이여 이렇게 준비하라
9. 엄일연, https://m.post.naver.com/viewer/ 철저히 준비하고 혁신적으로 도전하라, 글로벌SE, 2018.12.4
10. https://blog.hyosung.com/1381 [마이프렌드 효성 블로그]
11. https://www.bioin.or.kr/과학기술이 해결할 수 있는 10대 글로벌 도전과제, 2019. 4.11
12. MIT Technology Review, Ten big global challenges technology could solve, 2019.2.27
13. https://www.sedaily.com/NewsVIew/1VQZIUGI22
14. https://daystudy.tistory.com/227
15. https://newsroom.intel.co.kr/인텔, 글로벌 도전과제
16. https://phrase.dict.naver.com/ 네이버 글로벌 회화
17. 미래 자동차 개발동향 : hogijung@hanyang.ac.kr, http://web.yonsei.ac.kr/hgjung
18. https://www.infineon.com/cms/kr/discoveries/car-future/
19. 현대모비스 블로그 미래자동차 기술 https://m.blog.naver.com/e_mobis/221360628027
20. 박영실, https://www.hankyung.com/thepen/article/100786, 성공적인 글로벌 비즈니스매노오k thro dpxlzpt

학습 1	4IR 핵심기술과 글로벌 도전 출발
학습 2	4IR 글로벌 도전의 핵심과 미션
학습 3	4IR 글로벌 도전의 결심과 집중
학습 4	4IR 글로벌 도전의 이유와 역량
학습 5	4IR 글로벌 도전의 시작과 목표
학습 6	4IR 글로벌 도전의 진화와 과정
학습 7	4IR 글로벌 도전의 미래와 매너
학습 8	**4IR 글로벌 도전의 성공과 혁신**
학습 9	4IR 글로벌 도전의 신뢰와 안전한 거래
학습 10	4IR 글로벌 도전의 가치와 디지털 전환
학습 11	4IR 글로벌 도전의 전략과 서비스 융합
학습 12	4IR 글로벌 도전의 성과 창출과 고도화
학습 13	4IR 글로벌 도전의 기반확립과 결실

학습 목표

1. 4IR 글로벌 도전의 성공과 혁신을 이해할 수 있다.

8-1 4차산업혁명의 핵심기술, 스마트시티

1. 스마트시티의 개요

스마트시티는 다양한 산업과 기술, 서비스가 융·복합된 IoT의 전형적인 솔루션으로, 차세대 비즈니스 생태계가 점점 더 디지털화 되고 지능적으로 연결됨에 따라 IoT가 지능적 디지털 메시에서 중추적인 역할을 수행하므로 여러 분야에서 IoT 플랫폼에 대한 높은 기준을 설정하고 있다.

스마트시티 플랫폼은 〈표 8-1〉처럼 디지털트윈, 지능형사물, 에지클라우드 등과 같은 최신 기술 및 IoT 플랫폼 시스템과의 유연한 통합기술이다.

스마트시티 통합플랫폼은 [그림 8-1]처럼 교통, 환경, 안전, 방범·방재, 시설물관리 등 여러 가지 정보시스템의 연계·활용과 도시 상황 관리 및 스마트시티 통합운영센터 가동을 위한 핵심 기술이다.

〈표 8-1〉 디지털 시티와 유연한 통합 기술

디지털 트윈	자산을 모니터링, 제어 및 예측, 유지 관리하는 보다 강력한 방법을 제공 가까운 미래에는 모든 효율적인 IoT 생태계의 핵심이 될 것으로 기대
지능형 사물	AI가 제공하는 추가 기능 향상으로 IoT 유즈케이스가 개선되고, 산업에 지능형 자율형 사물 등 첨단 솔루션을 구현하기 위해 AI시스템과 IoT플랫폼 통합 설계
에지클라우드	컴퓨팅 및 데이터 처리 능력을 IoT 시스템의 관리 대상에 더 가깝게 배치 새로운 데이터에 대한 신속한 조치 등 클라우드 고유의 모든 이점을 활용

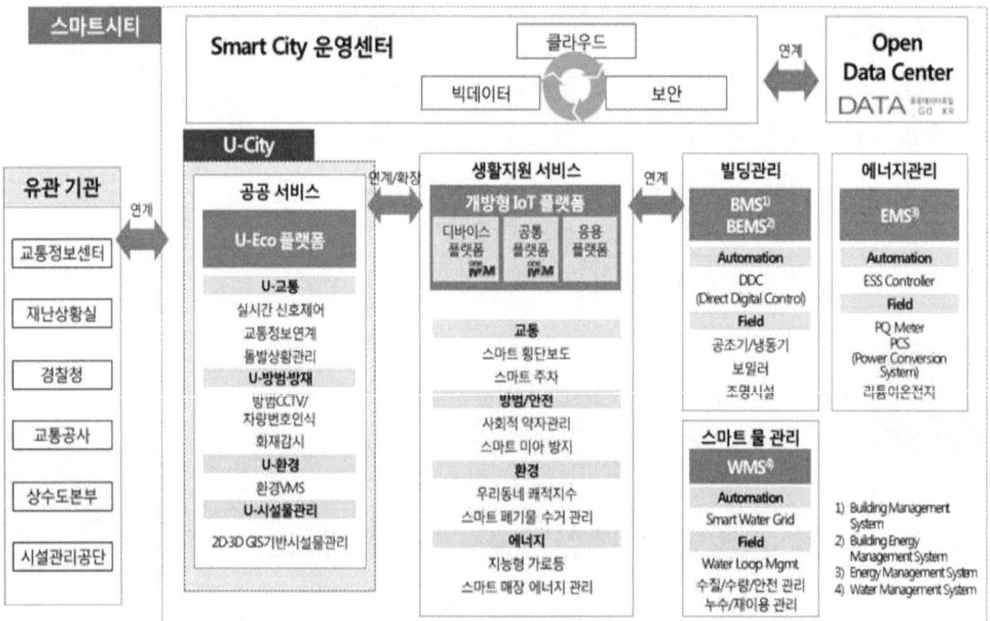

[그림 8-1] 스마트시티 플랫폼 모델

2. 스마트시티의 표준

국제 표준화 기구인 ISO는 ISO 37120을 통해 스마트시티 표준 아키텍처를 데이터 수집, 네트워크, 컴퓨팅, 저장관리, 서비스 지원, 스마트 어플리케이션으로 구성하였다. 국제표준들에 포함된 기술 범위로는 데이터 수집 및 처리, 빅데이터 분석, 오픈데이터化 등이 있으며 데이터 수집 및 처리 플로우를 권고함으로써 스마트시티에서의 데이터 처리의 중요성을 강조하였다. 스마트시티 플랫폼을 국제 표준화 하는데 있어서 스마트시티에서의 데이터 수집, 관리, 연계, 공개까지의 플로우 정의 및 관련 아키텍처 정의의 필요성 높다.

1) 네트워킹

모든 상황에서 콘텐츠 중심 네트워킹(Contents Centric Networking), 유비쿼터스 컴퓨팅이 가능해야 하며, 이는 높은 광대역 네트워크를 통해 구현한다.

2) 오픈 데이터

오픈 데이터 정책을 통해 다양한 소스의 데이터를 자유롭게 이용, 배포 가능하고, 기타 기관 및 개인이 새로운 서비스를 제공 받을 수 있어야 한다.

3) 빅데이터

빅데이터 분석 통해 질병 예방, 범죄 예방 등이 이루어져야 한다.

〈표 8-2〉 스마트시티의 중점기술과 기술범위

중점기술	기술범위
Urban OS 아키텍처 모델	• 스마트시티 운용자원 및 인프라에 대응할 수 있는 표준화된 개방형 데이터 허브 아키텍처 모델 제시 • 스마트시티의 다양한 서비스 향상을 위해 기존 기관 및 타 지자체의 정보를 상호유연하게 연계
스마트시티 데이터 허브 코어 개발	• 스마트시티 Data Flow Management 체계 수립 • 하이브리드 빅데이터 저장공간 Data Lake 기술 • 고급분석 제공을 위한 샌드박스 기술 • 딥러닝 기반 질의 인식 검색 BI 기술 • 오픈소스 기반 데이터 시각화 기술

4) GIS 기반 데이터 표출

GIS를 통해 위치 기반 서비스를 제공하고, 각종 데이터를 위치 기반으로 시각화 가능해야 한다.

5) 클라우드 컴퓨팅

제품이 아닌 서비스로 컴퓨팅을 제공해야 하고 시스템 간 상호 운용성을 제공해야 하기에 클라우드 컴퓨팅을 통해 모든 스마트시티 도메인 간 상호작용이 가능해야 한다.

학습 8

6) Service Oriented Architecture(SOA)

다양한 응용 서비스 기반의 아키텍처를 통해 시민들이 시스템에 접속하는 것이 아닌 각각의 서비스에 접속할 수 있어야 한다.

7) IoT

RFID, 센서 등의 상호 연결을 통해 많은 부분을 자동화하고 스마트 그리드 등의 서비스를 제공할 수 있어야 한다.

3. 스마트 시티의 기술의 현재와 미래

스마트시티에서의 추진하는 기술은 기존의 스마트시티 관련 기술을 연계활용하고 다양한 도시의 문제를 해결할 수 있는 Use Case를 실현함으로서 미래의 스마트시티 도시관리 시스템의 지속적인 기술혁신이 가능한 모델개발을 목표로 추진해 한다.

〈표 8-3〉 스마트시티 기술의 현재와 미래

구 분	기존 스마트시티 기술	미래 스마트시티 기술
시스템 구성	• 센서, 디바이스, 네트워크, 플랫폼	• 도시운영관리를 위한 데이터 허브 구축 • 각종 시스템 연계기술 • 빅데이터 분석툴
UOS 핵심기술	• U-City 플랫폼(CCTV) • 센서네트워크 • M2M, IoT플랫폼	• ICBM 기반 개방형 데이터 허브 • 임무중심형 IoT • Massive IoT 네트워크 • Digital Twin • Semantic Data Hub
도시 인프라 대상	• 교통, 시설물	• 교통, 안전, 에너지, 환경, 복지 시설
통신네트워크	• U-City(유선망) • IoT플랫폼(4G)	• 5G(전산업, 전인프라의 사물인터넷 적용) • 6G(가상현실과 증강현실의 연계 및 융합)
플랫폼 구성	• U-City 플랫폼(관제) • 개방형 IoT 플랫폼(통신위주)	• 개방형 데이터 허브 • U-City 플랫폼, 개방형 IoT 플랫폼 연계
데이터 관리	• DBMS	• 하이브리드형(정형/비정형) Data Lake

구 분	기존 스마트시티 기술	미래 스마트시티 기술
주요 서비스	• 행정, 안전, 교통, 방범, 헬스케어, 복지 시민서비스위주	• 교통, 안전, 도시행정, 경제활성화, 에너지/환경, 생활복지 분야 서비스를 위한 핵심적인 Use Case 개발
보안 및 개인프라이버시	• 일방향 소통위주로서 시스템 보안에 치중	• Cross-layer 간 상호 인증 ○ 외부 연계 정보, 개인 정보 암호화
공간적 적용범위	• 도시(U-City),구역단위(IoT)	• 도시 전체 또는 구역
실증모델 및 구현	• 플랫폼 및 통합센터(U-City) • IoT 실증	• 시민중심의 서비스창출형(Civic City) • 경제활성화를 위한 기술혁신형 (Inno. City)
기술표준	• U-City 표준화지침 • OneM2M	• 국제 표준 준수(ISO/IEC의 스마트시티 Standard Model) • 스마트시티 데이터 관리 체계 표준화
비즈니스모델 및 시나리오	• 공공발주 • 민간사업	• 오픈플랫폼형(민간사업) • 공공투자 사업형

8-2 4IR Engineer의 글로벌 도전 성공혁신

1. 글로벌 도전의 성공혁신

글로벌 기업 애플, 아마존, 넷플릭스 그리고 레고에겐 하나의 공통점이 있다. 각자의 영역에서 시장과 소비자가 생각하지 못한 대담한 도전으로 성공 혁신을 이끌었다는 점이다.

21세기 4차산업 혁명시대의 각 기업의 제품 브랜드들이 기존의 방법론을 고도화시키는 전략을 넘어 새로운 접근방법으로 대담한 도전(Iconic Moves)을 시도하고 있다. 브랜드가 미래에도 살아남을 수 있는 전략을 구축하기 위해 과감한 선택들이 필요한 시점이다.

브랜드가 대담한 도전을 하게 된 이유로 시장에 나타난 5가지 변화이다.

① 상품화의 변화다 : 모든 제품의 품질이 좋아져 제품 개발을 통해 차별성을 둔다면 경쟁에서 살아남기 어려워졌다.

② 고객의 선택지가 많아졌다 : 이는 브랜드 충성도가 떨어지는 것을 초래했다. 브랜드를 사랑하고 좋아하더라도 매우 쉽게 새로운 것을 시도할 수 있게 된 것이다.

학습 8

③ 혁신의 속도이다.
④ 고객의 기대치가 높아진 것이다.
⑤ 미래의 불확실성이다.

이런 변화로 인해 베스트 브랜드가 되는 것도 힘들고 유지하기도 힘들어졌다. 그럼에도 불구하고 베스트 브랜드가 된 브랜드들의 공통점은 적절성과 대응성을 꼽을 수 있다. 제품과 서비스가 고객의 니즈를 충족시키고 고객의 니즈를 예상하고 이에 대응하는 것이 중요하다.

적절성과 대응성을 결합한 '대담한 도전'이란 브랜드 역량이다. 대담한 도전은 적절한 시대가 왔을 때 과감한 행보를 취해서 고객의 기대치를 뛰어넘는 경험을 주는 것이다.

애플과 아마존, 넷플릭스, 레고 이들 기업의 공통점은 고객의 기대치를 뛰어넘는 서비스 등 고객의 기대치를 전환시켰다는 점이다.

전자제품 산업에서는 매장이 없는 경우가 많았지만 애플은 수십억을 투자해 오프라인 매장에서 고객이 최대 경험을 할 수 있도록 했다. 매출 면에서 볼 때 그 매장에서의 소비자 경험으로 인해 애플의 수익이 성장했다.

애플은 인터브랜드 베스트 브랜드 랭킹에서 1위를 차지했다.

아마존은 다양한 카테고리에 도전하는 기업이다. 아마존 프라임은 일반적으로 무엇인가 필요할 때 서비스를 제공하는 것이 아니라 구독에 기반해 언제든지 서비스를 제공한다. 이것이 바로 상당한 정보와 데이터를 통해 고객 경험을 혁신한 사례이다.

넷플릭스는 타사 콘텐츠를 방송하는 것이 아니라 하우스 오브 카드 같은 자체 콘텐츠를 개발하고 전 세계에 동시 방영과 동시 스트리밍 서비스를 할 수 있는 서비스를 만드는 등 대담한 도전을 했다.

아마존은 인터브랜드 베스트 브랜드 랭킹에서 3위를 차지했으며 넷플릭스는 66위를 차지했다.

인터브랜드 베스트 브랜드 랭킹 74위를 차지한 레고를 예로 들며 장난감 가게에서 살 수 있던 레고를 요즘 아이들에 맞춰 레고 무비라는 콘텐츠를 생산해 구식 장난감이 아닌 최신 콘텐츠로 탈바꿈시켰다. 장난감 가게를 잘 가지 않고 모바일 기기로 트렌드를 접하는 아이들에게 성공적으로 접근했다.

고객들의 기대치가 점점 높아지는 상황에서 고객의 기대치를 깨는 대담한 도전으로 브랜드 경험을 제공해야 한다. 급변하는 시대에 기업에게 가장 필요한 소양으로 대담한 도전이 필요하다.

2019년 베스트 코리아 브랜드 1위는 삼성, 2위는 현대 3위는 기아가 차지했으며 이어 네이버, 삼성생명, SK텔레콤, LG, KB국민은행, 신한은행, SK하이닉스 순으로 나타났다.

전년도 대비 가장 큰 폭의 성장률을 보인 브랜드는 SK하이닉스, 카카오, LG생활건강, LG유플러스, 코웨이, 신세계백화점으로 나타났다. 순위에 새롭게 진입한 브랜드는 CJ ENM, 넷마블, DB손해보험, 대림산업이다.

2019년 베스트 코리아 브랜드에 대한 자세한 내용 및 랭킹은 인터브랜드 서울 오피스 공식 홈페이지에서 확인할 수 있다.

[그림 8-2] Karma

출처 : success pictures

8-3 4IR Engineer의 글로벌 도전

1. 엔터테인먼트

분 류	항 목
중분류	티켓, 좌석, 극장/공연장, 박물관/미술관, 놀이공원/피크닉, 카지노, 경기장, 골프장
소분류	

Accepting an Invitation

A : Do you have any special plans this weekend?

B : No. Not really. I'm going to stay home and read.
How about you?

A : I have a lot of plans. I'm going to visit a museum on Saturday morning.
Then I am going to a concert on Saturday afternoon.

A : Who are you going to a concert with?

B : With my friend Rinda. We try to go to a concert every other month.

A : Cool.

B : I also go to see a movie with friends this Sunday. Do you want to come?

A : Sure. I'd love to!

수행 내용

재료 · 자료

- 4차산업 혁명 관련 자료

기기(장비 · 공구)

- 컴퓨터, 프린터, 주변기기

안전 · 유의사항

- 컴퓨터 및 주변기기의 전원을 관리한다.

수행 순서

01 스마트시티와 디지털 트윈의 관계 역할에 대하여 분석하라.

1. 디지털 트윈의 역할

디지털 트윈은 현실과 동일한 3D 모델링을 기반으로 현실의 데이터를 가상공간에서 분석, 시뮬레이션하여 그 결과를 피드백하여 문제를 해결한다.

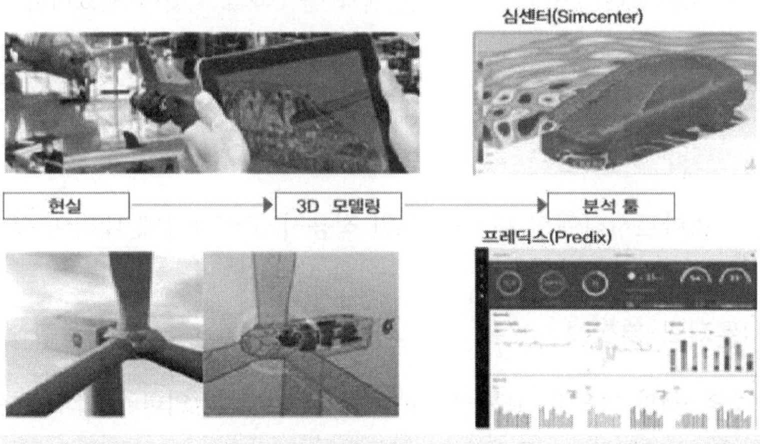

[그림 8-3] 디지털 트윈 예시

성공적인 디지털 트윈을 위해서는 대상에 대한 3D 모델링, 현실 데이터의 수집, 수집된 데이터의 분석, 분석결과에 기반한 현실 제어 방법이 필요하다.

① 3D 모델링 기법의 발전으로 대상에 대한 모델링 가능하다.
② IoT의 발전으로 현실 데이터의 실시간 수집/제공 가능하다.
③ 빅데이터/인공지능 등의 기술은 수집된 데이터를 더욱 고도화하여 분석할 수 있는 환경을 제공한다.

2. 스마트시티 분야에서 디지털 트윈의 역할

일반적인 디지털 트윈과 달리 스마트시티의 디지털트윈은 3차원 공간정보일 뿐만 아니라 살아 움직이는 도시를 반영할 수 있어야 하므로 세 가지 측면의 역할 필요하다.

1) 도시계획 및 구축 측면

시민/공공/민간 등 다양한 이해관계자가 참여하여 의견을 제시하고 반영할 수 있도록 협업플랫폼의 역할을 수행한다.

2) 도시운영 측면

IoT 기술을 기반으로 도시 각종 시설물 등에 대한 정보의 생산/연계/유통을 통해 모니터링 및 제어가 가능한 통합 운영플랫폼의 역할을 수행한다.

3) 도시발전의 측면

빅데이터, 인공지능 등의 기술을 기반으로 축적된 정보로부터 새로운 가치를 창출할 수 있도록 분석/시뮬레이션 기능을 하는 예측 플랫폼의 역할이 필요하다.

02 스마트시티에서 디지털 트윈 적용시 고려사항에 대하여 분석하라.

1. 도시문제의 복합성

도시는 주택, 생활 인프라, 교통, 에너지 등 각종 분야가 얽혀 있고 각 분야의 복잡한 상호 관계 속에서 대부분의 문제가 발생한다.

① 도시의 교통체증은 단순 차량대비 도로 폭이 좁아서만 생기는 것이 아니라, 주변 행사, 공사, 시설물 파괴, 교통사고 등 다양한 원인에 의해 발생한다.
② 도시문제를 체계적으로 도출하고, 이 중 ICT 기술을 적용하여 해결할 수 있는 문제를 점검하고 기술 적용을 통해 도시에 혁신적 변화를 가져온 사례가 있었는지를 우선 검토해야 한다.

2. 기술과 제도를 함께 고려

도시문제를 해결하기 위해서는 기술의 개발뿐 아니라 해당 기술을 상용화하고 확산시킬 수 있는 제도적 지원이 필수이다.

① 데이터 수집을 위해서는 개인정보보호와 국가안보에 대한 문제가 해결되어야 하며, 데이터가 연계되기 위해서는 조직이기주의를 타파하고 상호 활용 가능한 표준이 있어야 하며, 데이터를 활용하기 위해서는 시장 경쟁 및 신기술에 대한 지원이 필요하다.
② 이러한 측면은 스마트시티에 디지털 트윈을 적용하기 위한 '기술이 있는가, 기술을 적용할 수 있는가, 기술을 확산할 수 있는가'라는 문제가 개별적으로 고려되어야 함을 의미한다.

3. 도시문제 해결을 위한 지속적인 노력

도시에서 발생하는 문제에 대한 예측과 대응은 다양한 이해관계자의 관점 차이로 인해 실패의 부정적 측면이 크게 부각되는 경향이 있다.

① 기술의 발전은 생활을 편리하게 했을 뿐만 아니라 사용자의 눈높이 역시 높여 놓았기 때문에 예측의 실패에 대한 파장을 미리 측정/검토할 수 있어야만 하는 상황이다.
② 예측의 실패에 의한 파장을 측정할 수 있음으로 인해, 충분한 정책적 시도와 이를 기반으로 한 과감한 투자가 반복되는 선순환 구조를 구축해야 한다.

03 해외 주요국의 스마트시티 투진 목표 및 현황에 대하여 분석하라.

국 가	목 표
미 국	2015년, Smart Cities Initiative 발표 : 교통혼잡 해소, 범죄예방, 경제성장 촉진, 공공서비스 등과 관련한 지역문제 해결을 위해 1.6억달러 투자, 2016.12월, 미국교통부(DOT) Smart City Challenge 실시 : 콜롬버스시 선정
EU	Horizon2020 계획에 디지털아젠다로 Smart Cities 명시 2013년, 스마트시티 및 커뮤니티 혁신 파트너십 전략 실행계획 발표 : 유럽집행위원회(EC)가 에너지와 교통문제 해결에 중점을 두고 정책 총괄
영 국	2012년부터 'Open Data, Future Cities Demonstrator' 정책 추진 : 스마트시티 세계 시장점유율 10% 목표, 스마트시티 관련 ICT 기술표준화에 집중 투자
중 국	2012.12월, 12차 5개년 계획에 따라 국가 스마트시티 시행지역 공고 : 2015년까지 320개 智惠城市 구축 목표, 약 53조원 투자 2015년, 신형도시화계획 발표 : 500개 스마트시티 개발, 2020년까지 R&D 500억위안(10조원)과 인프라구축 등에 1조위안(182조원) 투자
인 도	2014년, 신임 총리가 2020년까지 100개 스마트시티 건설과 총 19조원 투자 공약
싱가폴	2014년, 스마트네이션(Smart Nation) 프로젝트 출범, SNPO(Smart Nation Programme Office) 설치 국내외 대학 및 민간단체, IBM 등 다국적기업, 시민 등과의 협업체계를 구축하여 시범사업 추진 2015.10월, ITU의 스마트시티 핵심성과지표 개발을 위한 시범평가모델로 선정
일 본	2014.4월, 제4차 에너지기본계획 : 에너지 이용 효율화와 고령자 돌봄 등 생활지원 시스템을 포함한 스마트시티 구축 계획 발표 후쿠시마 원전사고 이후 에너지와 환경 분야에 중점을 두고 4개지역(요코하마, 교토, 도요타, 기타큐슈)에 집중 투자 2018.6월, 미래투자전략2018(Socity 5.0) 발표 : 교통 · 안전을 위한 스마트시티 실현 계획 발표 : 2020년까지 IoT 기술을 활용한 안전 · 방재시스템 구축시스템을 100개 지방자치단체에 도입

04 글로벌 기업의 마케팅을 통한 혁신사례에 대하여 분석하라

글로벌 기업인 로그에 대한 기업 마케팅을 통한 혁신사례에 대하여 알아본다.

켈로그는 아침 식탁을 책임지는 식품과 스낵으로 100년 이상 사랑을 받아 온 기업이다. 유명 브랜드로서의 영향력과 명성을 가지고 있음에도 불구하고 켈로그는 꾸준히 마케팅 혁신을 이루면서 창의적인 도전을 하고 캠페인 효과를 측정하기 위한 효율적인 최신 방법들을 제시하고 있다.

최근 켈로그에서 마케팅 상을 많이 수상하였다. 포장지에 메모를 남길 수 있도록 만든 Rice Krispies로 Effie 상과 SABER 상을 수상하였고, Frosted Flakes로 Digiday Content Marketing 상을 수상하였다. 116년 된 회사로서 어떻게 지속적으로 혁신적인 마케팅을 이어가고 있다.

켈로그의 과제는 혁신적 마케팅 아이디어를 고안해 내는 데 그치지 않고 영향력과 파급력이 검증된 기존 기술들을 활용하여 이를 실행에 옮기는 것이다. 이를 위해 조직 내에 마케팅과 혁신을 모두 아우르는 역할을 만들었고, 이 역할을 담당하는 사람에게 기존 프로그램 내에서 새로운 아이디어를 구현하는 업무를 맡겼다. 그 결과 예산을 따로 배정하여 혁신적인 마케팅을 위한 업무를 별도로 추진하는 대신에 마케팅 혁신을 대부분의 기존 프로그램에 통합할 수 있었다. 이런 식으로 하면 비용을 늘리지 않고도 더 많은 작업을 처리할 수 있다.

켈로그의 과제는 혁신적인 마케팅 아이디어를 고안해 내는 데 그치지 않고 이를 실행에 옮기는 것이다. 이 같은 접근 방식으로 이미 효과를 보고 있다. 별도의 팀을 구성하는 데는 오랜 시간이 걸리지만 마케팅과 혁신을 아우르는 담당자를 두면 필요한 리소스를 더 빨리 연결하여 더 쉽게 기회를 찾을 수 있다.

혁신을 위해서는 위험을 감수해야 한다. 혁신을 추진하는 과정에서 성공을 하기도 하고 실패를 겪기도 한다.

어떤 위험을 감수해야 하는지 이해하는 것이 중요하다. 예상대로 성과를 내지 못했을 때 고객들에게 영향을 미칠지, 기업 평판, 영업, ROI에 영향을 미칠지 알아야 한다. 최근에 세계 최초의 시리얼 레코드판을 만든 것도 사람들이 위험한 도전이라고 생각할 수 있는 발상이었다. 켈로그가 마케팅하는 Chocolate Frosted Flakes 제품으로 만든, 말 그대로 진짜 레코드판이었다. 이러한 시도는 전례가 없었기 때문에 위험했다. 하지만 예상보다

학습 8

큰 인기를 끌지 못할 수 있다는 점이 유일한 위험 요소였다. 시도해 보지도 못할 만큼 큰 위험 요소는 절대 아니었던 것이다.

켈로그는 사용하는 각 플랫폼의 우수 사례들을 따르는 것이 우선순위였다. 성공사례에서 찾은 권장 사항들을 따르면 성과가 향상되는 것을 경험할 수 있다. 크리에이티브의 관점에서 보자면 도달 범위, 게재빈도, 적절한 타겟팅과도 균형을 이루어야 했다. 이 균형을 찾기 위해 내부적으로 크리에이티브 효과성 스코어카드를 마련했고, 이를 통해 각 플랫폼에서 측정하는 미디어 및 크리에이티브의 우수 사례를 표준화할 수 있었다. 효과적인 크리에이티브가 우리의 ROI(Return on Investment : 투자자본수익률)의 최대 47%를 차지하기 때문에 크리에이티브 효과성 스코어카드가 중요하다.

과거에는 광고 아이디어가 떠오르면 이를 대행사에 전달해 광고를 제작하였다. 그러나 지금은 훨씬 더 가깝게 협업하여 진행한다.

또한 크리에이티브, 미디어, 전략, 최적화 사이의 경계를 무너뜨려 마치 하나의 팀처럼 느껴지도록 만드는 것이 효과적이다. 매주 대행사 간 팀 미팅을 통해 모든 사람에게 영향을 미치는 구현 전략 및 실행 세부정보에 대해 논의한다. 과거에는 광고 아이디어가 떠오르면 이를 대행사에 전달해 광고를 집행했다. 그러나 지금은 훨씬 더 가깝게 협업하여 진행한다.

업계에서 상을 수상하는 것도 좋지만 마케팅 담당자로서 수익성을 높이는 것도 무시할 수 없다.

지금까지 브랜드 구축을 위한 캠페인들의 목표는 말 그대로 브랜드 인지도를 구축하는 것이었다. 그러나 이제는 구매를 장려하거나 구매를 가능하게 하는 '쇼퍼블(Shoppable)' 콘텐츠의 미디어를 더 많이 만들기 시작했다. 그렇다고 모든 미디어에 '지금 구매하기' 링크를 추가하는 것은 아니다. 매장 방문을 유도하는 신호, 디자인 및 광고에 대해 더 많이 생각하고 이를 모든 캠페인들에 통합할 수 있는 방법을 더 많이 고민한다. 쇼핑객들은 광고, 미디어, 소매업 간의 경계선을 모호하게 만들었다. 따라서 켈로그는 이처럼 변화하는 소비자 행동을 잘 반영하여 광고에도 변화를 주고 있다.

05 4IR Engineer의 글로벌 도전을 위해 유용한 문장을 영어로 표현하라.

Useful Expressions(문장을 영어로 표현하기)

1. 프로그램과 가격표를 보여 주세요.
   Can I see the program and price table?

2. R석만 남은 상태입니다.
   Only seats in row R are available.

3. 같이 붙어 있는 좌석으로 주세요.
   I'd like seats next to each other.

4. 음식물은 가지고 들어올 수 없습니다.
   You are not allowed to bring food inside.

5. 중간에 쉬는 시간이에요.
   It's intermission time.

6. 무대 인사를 할 거예요.
   They're coming out for the curtain call.

학습활동.8 교수 · 학습 방법

교수 방법

- 4IR 글로벌 도전의 성공과 혁신에 대한 관련 용어, 구성, 방식 이해 정도를 파악한 후 수업을 진행한다.
- 교수자의 주도로 4IR 글로벌 도전의 성공과 혁신 등의 내용을 PPT 자료로 제시한 후 설명한다.
- 가능하면 사전에 개인별 학습 자료를 준비하여 모든 학생이 참여할 수 있는 문제 해결식 수업, 협력 수업이 가능하도록 한다.
- 4IR 글로벌 도전의 성공과 혁신 전 과정을 작업의 순서에 따라 단계적으로 실습이 이루어질 수 있도록 지도한다.
- 교재를 통해 수업을 준비하는데 있어서 필요한 모든 정보나 팁, 힌트 등 도움이 될 만한 내용들을 확인할 수 있다.
- 학생들이 만들게 될 각 모델들은 수업시간에 중점적으로 다뤄질 부분과 어휘, 질문, 답을 포함하고 있으며 또한 탐구할만한 추가적인 아이디어들도 포함하고 있다.

학습 방법

- 4IR 글로벌 도전의 성공과 혁신에 대한 관련 용어를 숙지하고, 4IR 글로벌 도전의 성공과 혁신에 대해 이해한다.
- 4IR 글로벌 도전의 성공과 혁신의 각 단계별 중점 사항을 체계적으로 학습한다.
- 4IR 글로벌 도전의 성공과 혁신의 수행순서의 전 과정을 실습한다.
- 4IR 글로벌 도전의 성공과 혁신의 내용을 이해한다.
- 4IR 글로벌 도전의 성공과 혁신을 이해하고 숙달이 될 때까지 학습한다.

학습활동.8 평가 및 피드백

평가 준거

- 평가자는 피평가자가 수행 준거 및 평가 내용에 제시되어 있는 내용을 성공적으로 수행할 수 있는 지를 평가해야 한다.

학습내용	평가항목	성취수준		
		상	중	하
4IR 글로벌 도전의 성공과 혁신	4IR 글로벌 도전의 성공과 혁신을 이해할 수 있다.			

평가 방법

• 작업 포트폴리오

학습내용	평가항목	성취수준		
		상	중	하
4IR 글로벌 도전의 성공과 혁신	4IR 글로벌 도전의 성공과 혁신을 이해할 수 있다.			

• 필기시험

학습내용	평가항목	성취수준		
		상	중	하
4IR 글로벌 도전의 성공과 혁신	4IR 글로벌 도전의 성공과 혁신을 이해할 수 있다.			

• 체크리스트를 통한 관찰

학습내용	평가항목	성취수준		
		상	중	하
4IR 글로벌 도전의 성공과 혁신	4IR 글로벌 도전의 성공과 혁신을 이해할 수 있다.			

• 피드백

1. 작업 포트폴리오
   - 제출한 보고서를 평가한 후 주요 사항에 대하여 표시하여 돌려준다.
2. 필기시험
   - 평가 결과 성적이 저조한 학생은 보고서 제출 기회를 부여한다.
3. 체크리스트를 통한 관찰
   - 실습 과정에서 평가한 후 개선해야 할 사항 등을 정리하여 돌려둔다.

참고문헌

1. 감동근, https://news.samsung.com/kr/gksrnr-dpswlsldj 지방생에게 건네는 두 가지 당부 2017.10.12
2. 김덕현, 4차산업혁명과 융합. https://brunch.co.kr/@duk-hyun/11, 2018. Aug.04
3. http://www.moreagile.net/2014/08/it.html
4. 컴퓨터 정보용어 대사전 한국사전연구사
5. 위키백과, https://ko.wikipedia.org/wiki/
6. https://www.oxford-royale.com/articles/reasons-learn-english/
7. https://m.blog.naver.com/PostView.
8. 중앙일보, 라이프 트렌드, 글로벌 기업 일자리 도전, 청년들이여 이렇게 준비하라
9. 엄일연, https://m.post.naver.com/viewer/ 철저히 준비하고 혁신적으로 도전하라, 글로벌SE, 2018.12.04
10. https://blog.hyosung.com/1381 [마이프렌드 효성 블로그]
11. https://www.bioin.or.kr/과학기술이 해결할 수 있는 10대 글로벌 도전과제, 2019. 4.11
12. MIT Technology Review, Ten big global challenges technology could solve, 2019.2.27
13. https://www.sedaily.com/NewsVIew/1VQZIUGI22
14. https://daystudy.tistory.com/227
15. https://newsroom.intel.co.kr/인텔, 글로벌 도전과제
16. https://phrase.dict.naver.com/ 네이버 글로벌 회화
17. 박소정, Brand Brief - 브랜드브리프(http://www.brandbrief.co.kr) 대담한 도전 브랜드가 미래에 살아남을 수 있는 전략, 2019.04.11.
18. 한국정보화진흥원, 스마트시티 발전전망과 한국의 경쟁력, 2016.11
19. 국토교통부, 제3차 스마트도시 종합계획(2019~2023), 2019.6
20. SK텔레콤, SMART CITY in BUSAN, 2017
21. NIPA, IoT 오픈 플랫폼 기반 제품서비스 개발을 위한 IoT와 oneM2M의 이해, 2017
22. 한국정보통신기술협회, 스마트시티 상호운용성 검증 및 시험인증 동향, 2018.3
23. 한국전자통신연구원, 스마트시티 국제표준화 동향, 2018
24. ITU-T, Y.4201(02/2018) High-level requirements and reference framework of smart city platforms
25. Juniper Research, The Top 20 Smart Cities Globally, Consolidated Performance 2017
26. 동아일보(2018.1), 공공데이터 1000여종 개방...런던은 '스타트업 사관학교'
27. KBS(2019.4.6.), 싱가포르, 3D 가상현실로 스마트 국가 건설
28. 2017 세계선동형 스마트시티 연구개발사업기획보고서
29. https://www.thinkwithgoogle.com/intl/ko-kr/marketing-resources/

학습 1	4IR 핵심기술과 글로벌 도전 출발
학습 2	4IR 글로벌 도전의 핵심과 미션
학습 3	4IR 글로벌 도전의 결심과 집중
학습 4	4IR 글로벌 도전의 이유와 역량
학습 5	4IR 글로벌 도전의 시작과 목표
학습 6	4IR 글로벌 도전의 진화와 과정
학습 7	4IR 글로벌 도전의 미래와 매너
학습 8	4IR 글로벌 도전의 성공과 혁신
학습 9	**4IR 글로벌 도전의 신뢰와 안전한 거래**
학습 10	4IR 글로벌 도전의 가치와 디지털 전환
학습 11	4IR 글로벌 도전의 전략과 서비스 융합
학습 12	4IR 글로벌 도전의 성과 창출과 고도화
학습 13	4IR 글로벌 도전의 기반확립과 결실

학습 목표	1. 4IR 글로벌 도전의 신뢰와 안전한 거래를 이해할 수 있다.

9-1 4차산업혁명의 핵심기술, 블록체인

학습 9

1. 블록체인의 개요

블록체인(Blockchain, 区块链, qū kuài liàn)이란 다수의 거래내역을 묶어 블록을 구성하고, 해시를 이용하여 여러 블록들을 체인처럼 연결한 뒤, 다수의 사람들이 복사하여 분산 저장하는 알고리즘이다. 블록체인 기술을 이용하면 데이터의 위변조가 불가능하여 권위 있는 중개기관이 없더라도 신뢰할 수 있는 안전한 거래와 데이터 처리를 할 수 있다.

블록체인은 비트코인과 이더리움 등 암호화폐에 사용된 핵심 기술이다. 은행 등 제3의 중개기관이 없더라도 블록체인 기술을 이용하면 누구나 신뢰할 수 있는 안전한 거래를 할 수 있다.

블록체인은 암호화폐뿐 아니라, 온라인 거래내역이 있고 이력관리가 필요한 모든 데이터 처리에 활용할 수 있다. 블록체인 기반의 스마트 계약, 물류관리 시스템, 문서관리 시스템, 의료정보관리 시스템, 저작권관리 시스템, 소셜미디어관리 시스템, 게임아이템관리 시스템, 전자투표 시스템, 신원확인 시스템 등 다양한 활용이 가능하다. 블록체인은 4차산업혁명의 핵심 기술 중 하나이다.

중개기관이 필요 없는 블록체인 기술을 활용함으로써 인류는 새로운 거래 방식과 조직 운영 원리를 바탕으로 과거 인터넷 기술이 가져온 것 이상의 큰 사회적 변화와 혜택을 누릴 수 있을 것으로 예측하고 있다.

① 초연결 기반의 지능화 혁명으로 정의되는 4차산업혁명에서 '초신뢰를 주도하는 핵심 인프라'로 블록체인(Blockchain)이 부상하고 있다.

② 4차산업혁명 핵심 인프라 기술 : DNA(빅데이터, 네트워크, 인공지능)+블록체인(과기정통부, 2018.1)이다.

- 사람과 사람, 사람과 사물, 사물과 사물 등 상호작용에 있어서 신뢰를 재정의함으로써 금융뿐만 아니라 산업 전반의 생태계를 변화시킬 잠재력을 보유하고 있다.

③ 블록체인은 네트워크 內 모든 참여자가 공동으로 거래 정보를 검증 · 기록 · 보관할 수 있는 분산장부기술(DLT : Distributed Ledger Technology)이다.

- 모든 거래의 기록 및 관리에 대한 권한에 대해 신뢰기관 없이 P2P 네트워크를 통해 분산된 정보들을 블록(Block)으로 기록하고 관리한다.
- 블록체인 기술의 핵심은 '중앙기관 없는 P2P 신뢰 네트워크' 구축이다.

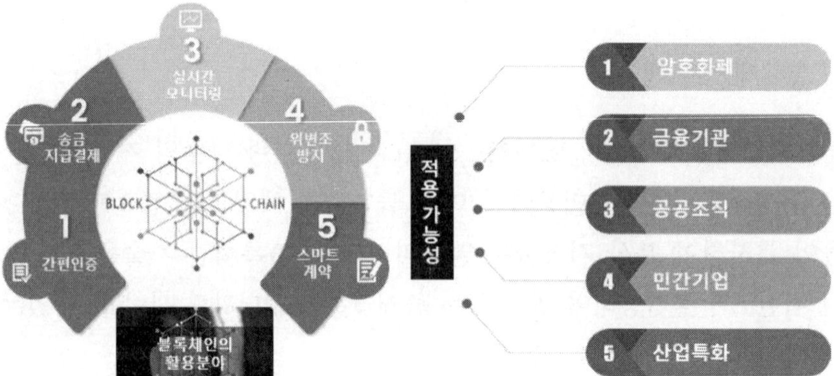

[그림 9-1] 블록체인의 활용

④ 최근의 블록체인에 대한 관심은 주로 '기술 중심'에서 개념, 구조 및 특징과 암호화폐(가상통화) 거래 등에 치우쳐, 해당 기술의 응용 확산에 따른 산업 생태계 변화, 新서비스 시장 창출 등 '시장 중심'의 분석 및 대응이 부족하다. 블록

체인은 간략히 '분산원장'(分散元帳, Distributed Ledger) 기술이라고 한다. 즉 거래내역을 기록한 원장을 다수의 사람들에게 분산하여 저장 및 관리하는 기술이다.

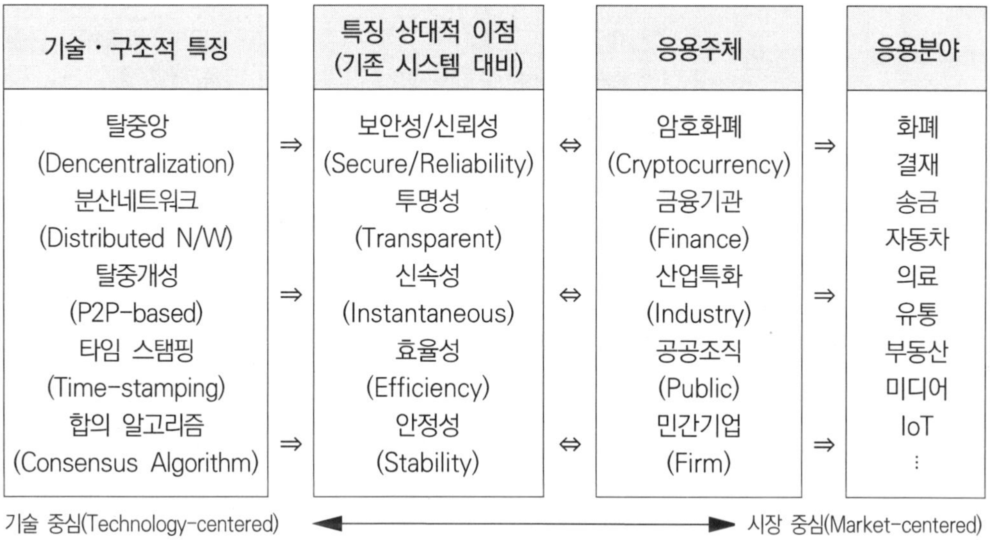

[그림 9-2] 블록체인 특성 및 응용

자료 : ETRI 미래전략연구소 기술경제연구본부

즉 블록체인이란 다수의 온라인 거래 기록을 묶어 하나의 데이터 블록(Block)을 구성하고, 해시(Hash) 값을 이용하여 이전 블록과 이후 블록을 마치 체인(Chain)처럼 연결한 뒤, 이 정보의 전부 또는 일부를 P2P 방식으로 전 세계 여러 컴퓨터에 복사하여 분산 저장 · 관리하는 기술이다.

2. 블록체인의 세대별 특징

블록체인은 분산원장 공유 기술을 처음 도입하고 적용한 비트코인(Bitcoin)이 발표된 2009년부터 이더리움(Ethereum)이 발표되기 전 2015년까지를 1세대로 보고, 스마트 계약 기술을 활용한 이더리움이 다양한 분야에서 응용되는 현재까지의 시기를 2세대로 구분할 수 있다. [그림 9-3]은 블록체인을 세대별로 구분하고 세대별 주요 특징 및 적용사례이다.

구 분	1세대(2009~2014)	2세대(2014~현재)	3세대(향후)
주요 특징	• 가상통화 • 자산거래	• 스마트 계약(비즈니스 자동화) • 분산 앱(Decentralized Application)	• 확장성(Scalabiltiy) • 블록체인 간 상호운용성(Interoperability)
대표 사례	• 비트코인	• 이더리움 • 하이퍼레저	• 다양한 블록체인 플랫폼 개발 중
개발 현황	도입기	확산기	성숙기

[그림 9-3] 블록체인에 대한 세대별 특정

〈표 9-1〉은 1세대와 2세대의 블록체인을 대표하는 비트코인과 이더리움, 하이퍼레저 패브릭의 기술적인 특징이다.

〈표 9-1〉 비트코인, 이더리움, 하이퍼레저 패브릭에 대한 기술적 특징 비교

특 징	비트코인	이더리움	하이퍼레저 패브릭
인센티브	비트코인	이더, 사용자가 생성한 암호화폐	없 음
네트워크	공 개	공개형 또는 허가형	허가형
거 래	익 명	익명 또는 비공개	공개 또는 비밀
합 의	작업증명	작업증명(POW)	SOLO, Kafka, SBFT(지원예정)
스마트 계약	없 음	있음(Solidity, Serpent, LLL)	있음(chaincode)
언 어	C++	Golang, C++, Python	Golang, Java, Node.js

3. 블록체인의 서비스

블록체인은 P2P 네트워크 내의 모든 참여자가 공동으로 거래 정보를 검증하고 기록·보관함으로써 공인된 제3자 없이도 거래 기록의 무결성 및 신뢰성을 확보하는 기술로서 [그림 9-4]처럼 해시(Hash)기술, 전자서명(Digital Signature), 암호화(Cryptography) 합의(Consensus)알고리즘(PoW, PoS) 등의 보안 기술을 활용한 분산형 네트워크 인프라를 기반으로 다양한 응용서비스를 구현할 수 있는 구조를 가지고 있다.

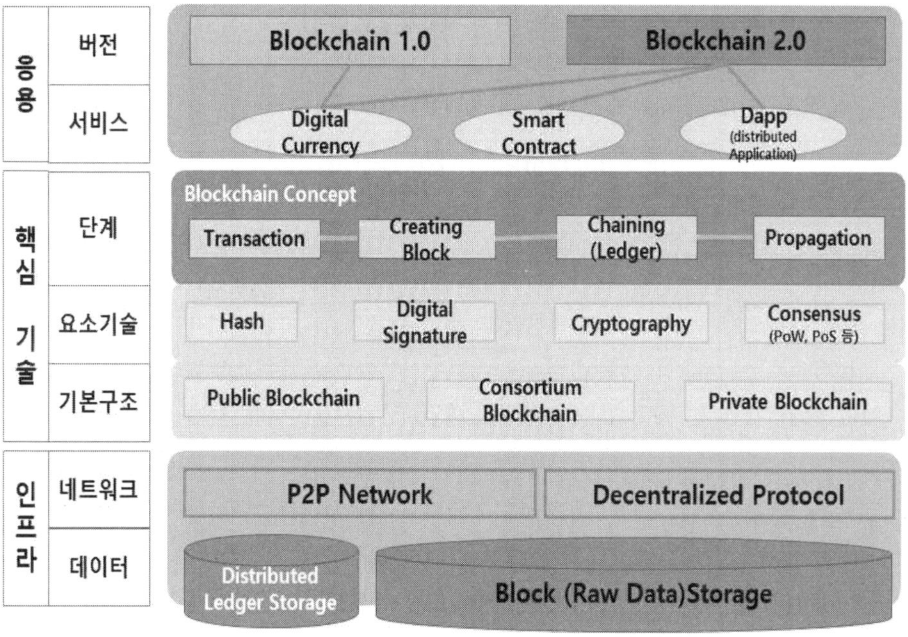

[그림 9-4] 블록체인의 구성

대표적인 블록체인 1.0의 기술적인 특징들을 〈표 9-2〉과 같다.

〈표 9-2〉 블록체인 1.0

사 례	적용 분야	합의 알고리즘	거래 처리속도	블록생성시간 (블록 크기)
Bitcoin	암호화폐	PoW(SHA-256 기반)	7TPS	10분 (1MB)
Litecoin	암호화폐	PoW(Scrypt 기반)	56TPS	2.5분 (4MB)
Ripple	국제송금	리플 프로토콜(노드들간 직접합의)	1,500TPS	당사자끼리 직접 거래
Stellar	국제송금	SCP(Stellar Consensus Protocol)	1,000TPS	당사자끼리 직접 거래
Minero	암호화폐	PoW (Cryptonight 기반)	Unknown	2분(크기 제한 없음)

대표적인 블록체인의 2.0 들의 특성은 〈표 9-3〉와 같다. 이들의 특성을 간단히 기술하면 합의 알고리즘이 전술한 PoW의 한계점을 극복하기 위한 다양한 방식이 도입되었다는 점이다. 또한 적용분야도 1세대의 금융화폐에서 확장되어 SNS를 포함하여 다양해진 점도 특징으로 보인다. 그러나 거래처리 속도는 시간에 따라 개선되고 있기는 하지만 아직 한계가 있다고 판단된다.

〈표 9-3〉 블록체인 2.0

사 례	적용 분야	합의 알고리즘	거래 처리속도	블록생성시간 (블록 크기)
Ethereum	범 용	PoW(Ethash 기반)→PoS로 변경 예정	20TPS	15초 (크기 제한 없음)
Stteemit	SNS	DPoS(20인의 증인)	10만TPS (목표)	3초
Ethereum classic	범 용	PoW→PoS로 변경 예정	56 TPS	21초
NXT	범 용	PoS	100 TPS	1분(32KB)
ARK coin	범 용	DPoS(51인의 증인)	7 TPS	8ch

4. 블록체인의 동작

블록체인이 동작하기 위해서는 다수의 거래내역을 묶어 블록을 구성하고, 이 블록을 기존 블록체인의 끝에 연결하며, 다수의 컴퓨터에 P2P 방식으로 분산 저장해야 한다.

1) 블록 구성

블록체인을 만들기 위해 처음 해야 하는 일은 다수의 거래 기록을 묶어 하나의 블록을 구성하는 일이다.

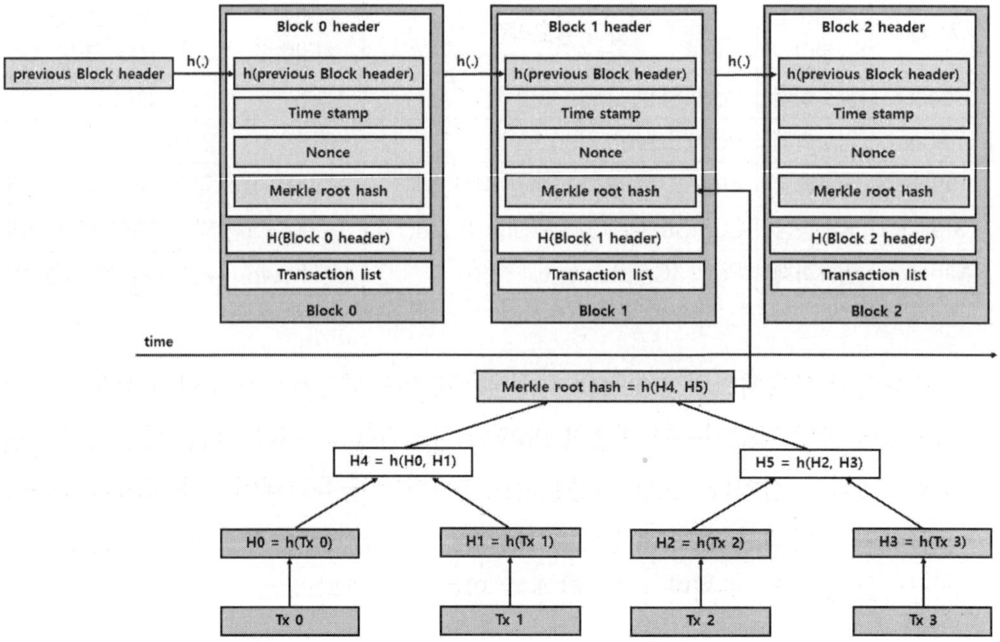

[그림 9-5] 거래 내역이 암호화되어 저장된 해시트리

거래의 최소 단위는 트랜잭션(Transaction, 약칭 'Tx')이다. 트랜잭션이란 더 이상 쪼갤 수 없는 업무 처리의 최소 단위를 말한다.

인터넷 등 온라인에서 거래가 발생한 경우, 각각의 트랜잭션별로 하나의 거래 내역을 구성한다. 이 거래내역은 해시(Hash) 함수를 사용하여 암호화된다. 해시 함수란 다양한 길이를 가진 데이터를 고정된 길이를 가진 데이터로 매핑하는 알고리즘이다. 각각의 거래내역을 텍스트로 표시할 경우 그 길이가 각각 다를 수 있지만, 이것을 해시 함수로 변환하면 항상 일정한 길이의 해시값이 나온다.

예를 들어 SHA-256 해시 함수를 사용할 경우, 거래내역이 아무리 짧거나 혹은 길어도 해시값은 항상 2진수로 256자리(즉, 16진수로 64자리)의 고정된 길이를 가진 값으로 표시된다. 이러한 해시 연산 과정을 거쳐 하나의 트랜잭션이 하나의 해시값이 대응하는 1:1 구조를 이루게 된다. 예를 들어 아래의 거래내역을 SHA-256 해시 함수를 사용하여 변환한 해시값은 다음과 같다.

[거래내역1] A가 B에게 1,000원을 주었다. → [해시1] 1c51df95c6ecb0ece8d7610583d07a7
4cc29acdd85021a2c97fc2529f581d83b
[거래내역2] A가 C에게 2,000원을 받았다. → [해시2] 3f6be801101b4000aa456f6a17bc627
c86cddcf12b7ef2882cc030137435e400

[그림 9-6] 거래내역을 SHA-256 해시함수 사용하여 변환환 해시값

블록체인에서는 다수의 거래내역을 묶어 하나의 블록을 구성한다. 거래내역이 많든 적든 상관없이 항상 일정한 시간에 한 번씩 새로운 블록을 구성한다. 블록체인 기술을 적용한 대표적인 암호화폐인 비트코인의 경우 약 10분에 한 번씩 새로운 블록을 구성한다.

라이트코인의 경우 약 2분 30초에 한 번씩 새로운 블록을 구성한다. 하나의 블록에는 하나의 루트해시가 존재한다. 루트해시란 모든 하위 해시들을 다시 해시 함수로 변환한 최종 해시값이다.

루트해시를 생성하기 위해 우선 각 거래내역에 1:1로 대응하는 해시값을 생성하고, 두 개의 해시를 합쳐 하나의 상위 해시를 생성하고, 그 상위 해시 2개를 합쳐 다시 더 상위의 해시를 생성한다. 만약 해시의 개수가 홀수이면 맨 마지막 하나의 해시는 자기 자신과 해시 연산을 수행한다. 이 과정을 계속 반복하면 최종적으로 트리의 최상위 지점에 하나의 루트해시가 생성된다. 이러한 해시값의 구조를 해시트리 또는 머클트리라고 한다. 하나의 블록에는 반드시 하나의 루트

해시가 존재한다. 만약 거래내역 중 하나라도 위변조할 경우 해당 해시값과 그 상위의 모든 해시값이 변경되어 결과적으로 루트해시가 달라지게 된다.

따라서 블록의 루트해시만 비교해 보면 그 하위에 있는 해시를 일일이 비교 검사하지 않더라도 데이터가 위변조되었는지 즉시 확인할 수 있다.

새로 구성된 블록은 타임스탬프 서버에 의해 생성된 시간이 기록되며, 전체 네트워크에 전파된다. 타임스탬프(Timestamp)는 전자문서가 특정한 시점에 존재하고 있었다는 '존재 증명'과 그 이후 데이터가 변경되지 않았다는 '내용 증명'을 해주는 일종의 전자 도장이다.

2) 체인 연결

하나의 새로운 블록을 구성한 경우, 마치 체인처럼 이전부터 이어져 내려오던 블록체인의 맨 끝에 이 새로운 블록을 연결시켜야 한다.

새로운 블록을 기존 블록체인의 끝에 연결시키려면, 해당 블록의 이름에 해당하는 해시값을 찾아내야 한다. 새로운 해시값을 성공적으로 찾아내는 경우 새로운 블록이 생성되어 기존 블록체인에 연결된다.

새로 구성한 블록의 이름에 해당하는 해시를 찾아내는 일은 수없이 많은 시도를 반복해야 하는 매우 힘든 과정이다. 왜냐하면 새로운 블록의 해시는 반드시 프로그램에 의해 미리 정해진 목표값보다 작아야 한다는 조건을 충족해야 하기 때문이다.

예를 들어 목표 해시값이 00ff32라고 가정하고, 새로 만든 블록의 해시값이 12fa3b라고 하면, 이 값이 목표값보다 더 크기 때문에 블록 생성에 실패하게 된다. 하지만 새로 찾아낸 해시값이 00c3b1이라고 가정하면, 이 값은 목표값보다 더 작기 때문에 새로운 블록의 생성에 성공하게 된다.

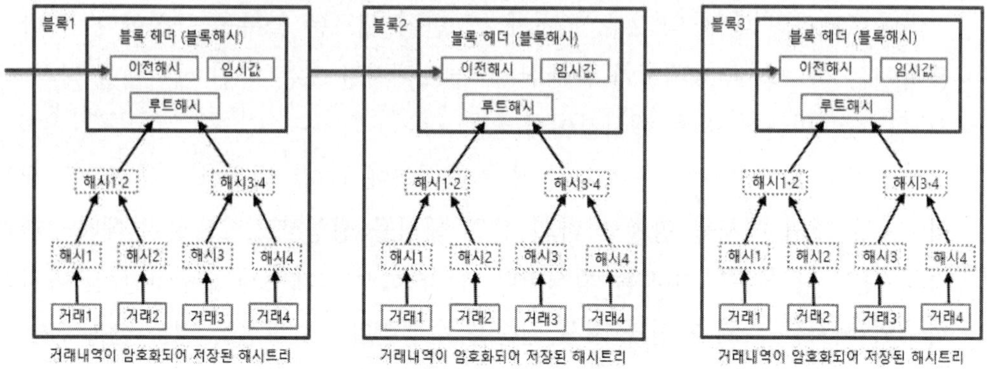

[그림 9-7] 블록의 체인연결 구조

다음은 2018년 5월 1일에 실제로 생성된 비트코인 520,654번째 블록의 해시값으로서, 숫자 앞부분에 영(0)이 18개가 표시되어 있다.

일반적으로 블록의 해시값은 해당 블록의 생성일시, 버전, 비츠(Bits), 루트해시, 이전 블록의 해시, 그리고 논스(Nonce)라고 불리는 임시값 등을 조합한 후 해시로 변환하여 생성한다.

해당 블록의 생성일시, 버전, 난이도, 루트해시와 이전 블록의 해시값은 이미 확정되어 정해진 값을 가지고 있지만, 논스라는 임시값이 달라짐에 따라 해시 연산 결과로 생성되는 블록 해시값도 다양하게 나올 수 있다.

예를 들어 논스가 1인 경우의 해시값과 2인 경우의 해시값은 전혀 다르다. 이 논스 값을 수없이 바꿔가면서 하나씩 대입하다가 새로 생성된 해시값이 일정한 목표값보다 더 작을 경우에 새로운 블록이 성공적으로 생성된다. 이처럼 특정한 블록에 대해 목표값 이하의 크기를 가진 해시값을 찾음으로써 새로운 블록을 생성하는 행위를 작업증명(PoW)이라고 한다. 작업증명의 대가로 일정한 개수의 암호화폐를 지급받는 것을 채굴(採掘) 또는 마이닝(Mining)이라고 한다.

3) P2P 분산 저장

블록체인은 거래를 처리하고 기록・관리하는 권위 있는 중앙 조직이나 기구・기관이 없이, 네트워크에 연결된 개별 참여자들의 협업에 의해 유지된다.

블록체인은 P2P 방식으로 운영된다. 피투피(P2P)란 Peer to Peer의 약자로서, 인터넷에 연결된 다수의 개별 사용자들이 중개기관을 거치지 않고 직접 데이터를 주고받는 것을 말한다.

영어로 Peer란 '동료'라는 뜻으로서, P2P란 인터넷에 연결된 한 동료가 다른 동료에게 데이터를 직접 전송하는 시스템을 말한다.

P2P 방식은 기존의 서버-클라이언트 방식의 데이터 전송과는 본질적으로 다른 구조를 가지고 있다. 서버-클라이언트 구조에서 개별적인 참여자는 우선 서버에 데이터를 올려야 하고, 다른 참여자가 해당 서버로부터 데이터를 받아오는 방식으로 작동한다. 이런 점에서 서버-클라이언트 구조에서 서버는 중앙・중심・센터에 해당하고, 클라이언트는 서버에 연결된 종속적 위치에 놓이게 된다.

반면 P2P 방식을 따르는 블록체인에는 중앙이나 중심 또는 센터가 없다. 블록체인 네트워크에 참여하는 모든 참여자들은 서로 평등하다.

블록체인에 저장된 데이터는 네트워크에 연결된 모든 노드(Node)에 복사되어 분산 저장된다. 노드란 네트워크를 구성하는 각각의 개체를 말한다.

예를 들어 10대의 컴퓨터가 서로 연결되어 네트워크를 구성하고 있는 경우 각각의 개별 컴퓨터가 하나의 노드가 된다. 즉 이 시스템은 10개의 개별 노드로 구성된 네트워크 시스템이다.

서버-클라이언트 구조에서는 원본 데이터가 서버에 저장되어 있고 클라이언트는 서버에 접속하여 데이터를 열람・복사・다운로드 받지만, 블록체인 네트워크 구조에서는 중앙 서버가 존재하지 않으며 네트워크에 참여하는 모든 노드들이 서로 데이터를 복사하여 동일한 자료를 분산 저장하고 있다.

블록체인에 저장된 데이터는 원본과 사본의 구별이 없다. 블록체인 네트워크에 참여하는 개별 노드들은 다른 노드에 있는 데이터를 복사하여 저장함으로써 서로 동일한 데이터를 가지게 된다.

이 때 해당 데이터 전체를 100% 동일하게 복사하여 저장한 노드를 풀 노드(Full Node)라고 하고, 전체 데이터의 일부분만 복사하여 저장한 노드를 라이트 노드(Light Node)라고 한다.

블록체인 네트워크에서 새로운 거래가 발생할 경우 그 내역은 네트워크에 연결된 모든 노드들에게 전파되어 알려진다. 각 노드들은 일정한 시간 동안 이루어진 모든 거래를 하나로 묶어 새로운 블록을 구성하고, 목표값 이하의 해시값을 찾기 위해 경쟁한다.

네트워크에 참여한 수많은 노드들 중에서 가장 먼저 목표값 이하의 블록 해시값을 찾아낸 노드가 경쟁에서 승리하게 된다. 블록 해시를 가장 먼저 찾아낸 노드는 자신이 경쟁에서 승리했음을 전체 네트워크에 알린다.

네트워크에 참여한 다른 노드들은 새로 생성된 블록의 유효성을 검사하고 아무런 이상이 없을 경우 해당 블록의 생성을 승인한다. 이런 방식으로 전체 네트워크에 참가한 노드들 중에서 과반수가 새로 생성된 블록을 승인할 경우, 해당 블록은 정식 블록으로 채택되어 블록체인에 추가된다. 만약 서로 다른 거래내역을 가진 블록이 동시에 생성될 경우 네트워크는 약 1시간 정도 기다리면서 지켜보다가 가장 긴 길이를 가진 체인을 선택한다. 이 때 선택되지 않은 다른 블록은 버려져서 고아 블록(Orphan Block)이 되고 더 긴 길이를 가진 블록체인의 끝에 새로 생성된 블록이 연결된다.

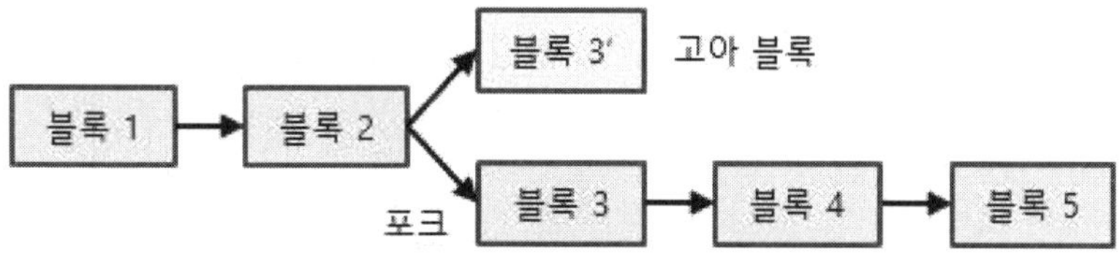

[그림 9-8] 블록체인의 고아블록

이러한 과정을 통해 블록체인은 거래를 처리하고 승인하는 권위 있는 중앙기관이 없이도 네트워크 참여자들의 협업을 통해 안전하고 신뢰할 수 있는 시스템을 운영할 수 있다.

블록체인에 저장할 수 있는 데이터는 두 종류가 있다. 하나는 텍스트 · 이미지 · 문서 · 음악 · 동영상 등 원본 데이터이고, 다른 하나는 이 원본 데이터를 해시함수를 이용하여 변환한 해시 데이터이다.

블록체인에 원본 데이터와 해시 데이터를 모두 올리는 것이 불가능하지는 않지만, 파일 용량이 커지면 전체적인 속도가 저하되고 관리의 효율성이 떨어질 수 있다.

따라서 대개의 경우 블록체인에는 해당 원본 데이터를 변환한 해시값만 기록하고, 원본 데이터는 별도의 서버에 저장하게 된다. 만약 해커가 원본 데이터가 저장된 서버를 공격하여 데이터를 위변조하더라도 해당 해시값을 가지고 있는 전 세계 모든 노드의 해시값을 동시에 위변조하지 않는 한, 조작 사실이 드러나고 정상적인 데이터로 인정받지 못하게 된다.

블록체인에 기록된 데이터는 위변조가 거의 불가능하여 누구나 신뢰할 수 있고, 안전하며, 탈중앙화 방식의 시스템 운영이 가능하다.

학습 9

5. 블록체인의 특징

1) 신뢰성

블록체인에 기록된 데이터는 해킹을 통한 위변조가 매우 어렵기 때문에 누구나 신뢰할 수 있다. 블록체인에 기록된 내용은 해시함수에 의해 변환되어 암호화된 형태로 저장된다. 만약 내부자 또는 외부 해커가 시스템에 침입하여 특정 데이터를 위변조할 경우, 해당 데이터의 해시값이 변경되어 위변조 사실을 즉각 알아낼 수 있다. 블록체인에 기록된 데이터의 양이 아무리 많아도 그 중에서 단 한 글자만 변경해도 전혀 다른 해시값이 나오기 때문에, 다른 사람이 모르게 데이터를 변경 ·

삭제・추가하는 일은 불가능하다. 게다가 해시트리 구조로 데이터를 관리하기 때문에 어떤 위치에서 어떤 내용이 위변조되었는 지를 즉각 알아낼 수 있다. 따라서 블록체인에 기록된 데이터는 단지 '블록체인에 기록되어 있다'는 이유만으로도 누구나 신뢰할 수 있다.

블록체인 자체를 해킹하는 유일한 방법은 전체 네트워크의 50% 이상에 해당하는 막강한 해시 연산 능력을 보유하고, 다른 정직한 노드들보다 더 빠른 속도로 신규 블록을 생성하여 네트워크에 전파함으로써, 다른 노드들이 정상적인 데이터가 아니라 위변조된 데이터가 포함된 블록체인을 채택하도록 만드는 것이다. 이것을 흔히 51% 공격이라고 부른다. 51% 공격을 성공하려면, 해당 블록체인 네트워크에 참여한 다른 모든 노드들의 해시 연산 능력을 합친 것보다 더 큰 해시 파워를 보유해야 하는데 사실상 불가능에 가깝다. 물론 아주 예외적이기는 하지만 참여자가 매우 적은 블록체인인 경우 51% 공격이 성공할 수 있다. 실제로 2018년 5월 15일 모나코인에 대한 블록보류공격(BWA)으로 약 1억원의 피해가 있었고, 다음날인 5월 16일 비트코인골드에 대한 51% 공격이 성공하여 약 200억원의 코인을 해킹한 사례도 있다. 하지만 블록체인 네트워크에 참여자 수가 늘어남에 따라 50% 이상의 해시 파워를 확보하는 것이 매우 어렵기 때문에, 51% 공격이 사실상 불가능해진다. 실제로 네트워크 참여자가 가장 많은 비트코인의 경우 2009년 1월 처음 만들어진 이후 단 한 번도 블록체인 자체가 해킹을 당한 적이 없다.

2) 안전성

블록체인에 기록된 데이터는 분산 저장하기 때문에, 특정 노드에 대한 디도스 공격이나 랜섬웨어 공격 등으로부터 안전하다. 디도스(DDoS)란 Distributed Denial of Service의 약자로서, 다수의 분산된 컴퓨터를 이용하여 특정 서버 컴퓨터가 처리할 수 있는 용량을 초과하는 정보를 한꺼번에 보내 과부하로 서버가 다운되거나 정상 접속되지 못하도록 만드는 공격을 말한다. '분산 서비스 거부 공격'이라고 한다. 예를 들어 최대 1,000명이 동시 접속할 수 있는 서버에 2,000명이 동시 접속을 시도하면, 서버가 부하를 이겨내지 못하고 다운되거나 먹통이 되어 정상적인 서비스를 제공할 수 없게 된다. 기존의 서버-클라이언트 구조에서는 중앙 서버에 디도스 공격을 함으로써 전체 서비스를 마비시킬 수 있다. 랜섬웨어(Ransomware)란 컴퓨터나 시스템을 감염시켜 정상적으로 이용할 수 없게 만든 후 일종의 몸값(Ransom)을 요구하는 악성 소프트웨어를 말한다. 해커가 요구하는 몸값을 지불하면 복호화할 수 있는 암호를 알려준다. 기존의 서버-클라이언트 구조에서는 중앙 서버가 랜섬웨어 공격을 당하면 전체 서비스가 마비되는 문제가 있었다.

기존의 서버-클라이언트 구조와 달리, 블록체인 구조에서는 다수의 노드들이 동일한 데이터를 복사하여 분산 저장하고 있기 때문에 디도스 또는 랜섬웨어 등 외부의 공격으로부터 안전하다는 장점이 있다. 블록체인 네트워크에 참여하는 특정 노드를 공격하여 해당 시스템을 마비시키더라도, 다른 노드에 있는 서버 컴퓨터들이 정상 작동하기 때문에 서비스를 안정적으로 제공할 수 있다. 블록체인 네트워크를 구성하는 전 세계 모든 노드들을 상대로 동시에 분산 서비스 거부 공격(DDoS)이나 랜섬웨어 공격을 하여 전 세계 모든 시스템을 동시에 마비시키지 않는 한, 블록체인에 기록된 데이터는 외부 공격으로부터 안전하다. 블록체인 네트워크에 참여하는 전 세계 모든 노드를 동시에 공격하는 것은 매우 큰 컴퓨팅 파워가 필요하기 때문에 사실상 불가능하다.

3) 탈중앙화

블록체인은 권위 있는 중앙 조직·기관·단체 등이 없이 자유롭고 평등한 참여자들에 의해 자율적으로 유지되고 운영된다. 기존의 서버-클라이언트 구조에서는 모든 정보가 중앙에 있는 서버로 집중되기 때문에 중앙을 차지한 사람이 의사결정권한을 가지는 구조였다. 하지만 블록체인은 중앙이 없는 P2P 방식으로 운영되기 때문에, 권위를 가진 중앙이 존재하지 않는다. 블록체인에서 의사결정 방식은 네트워크에 참여한 모든 사람들의 과반수 이상의 동의를 필요로 하는 탈중앙화(脫中央化, Decentralization) 방식이다.

[그림 9-9] 블록체인의 탈중앙화 구조

블록체인 구조에서 중앙 조직은 불필요하다. 블록체인 방식이 사회적으로 널리 퍼지면 기존의 중앙집중식 조직은 약화되거나 소멸된다. 예를 들어 블록체인 기반의 암호화폐가 널리 사용될 경우, 기존의 은행은 그 권한과 역할이 축소된다. 마찬가지로 블록체인 기반의 물류관리 시스템이 확산될 경우, 기존의 복잡한 물류관리 절차가 대폭 간소화되고 관련 조직들의 역할이 축소된다. 블록체인 시스템이 확산될수록 기존의 은행, 보험사, 공증사무소, 포털 사이트, 기업, 법원, 정부, 국가 등 다양한 중개기관들은 그 역할이 대폭 축소되거나 심지어 소멸할 것으로 예상되고 있다. 블록체인은 중개기관이 필요없이 참여자들이 직접 거래할 수 있는 시스템이다. 블록체인은 자유와 평등을 보장하는 탈중앙화 시스템이다.

9-2 4IR Engineer의 글로벌 도전 신뢰

1. 4IR 글로벌 도전의 신뢰

4IR 글로벌 도전을 위해서는 글로벌 시민으로써 신뢰를 회복해야 한다. 지구촌 시민들은 함께 모여 지구에 관심을 가져야 하며 모든 사람들이 잘 사는 데 관심을 가지고 인식에 힘을 합쳐야 한다. 우리가 만난 적이 없는 사람들을 돌보는 것은 특히 두려움에 대한 도전이라 할 수 있다.

[그림 9-10] What they have

출처 : success pictures

시민 사회에 대한 신뢰의 감소는 오늘날 세계가 직면한 가장 큰 도덕적 도전 중 하나이다. 민주주의 사회는 불안하다. 지도자와 일반 대중은 극단주의, 테러 및 급진화에 대해 걱정하고 있다. 교육자와 전문가는 교리와 유사한 접근 방식을 지속하는 사람들에 대해 우려하고 있다. 그러한 위협으로 인해 우리는 다른 사람들, 특히 우리와는 다른 것으로 보는 사람들에 대한 신뢰를 덜 갖게 된다.

치료법은 사람들을 돌보는 것뿐만 아니라 전 세계에 전시된 아이디어, 신념 및 태도에 비판적으로 참여하는 '글로벌 시민'이 되도록 교육에서 찾을 수 있다. 이 세계 시민들은 점점 다양하고 세계화된 세계에서 시민 사회에 대한 잃어버린 신뢰를 회복하는데 도움을 줄 수 있다.

다른 사람들과 조화롭게 살기 위해서는 다른 사람들이 우리처럼 좋은 삶을 살기를 원한다는 것을 인식해야 한다. '좋은 삶'은 시간에 따라 사람들마다 다르게 보인다. 좋은 삶에 관한 한 '모두에게 맞는'것은 없다.

다양성의 표현은 자유를 축하하는 세계의 중요한 요소이다. 그러나 우리가 지역, 국가 또는 국제 차원에서 윤리적 의사 결정을 촉진하려는 희망을 가지려면 그러한 자유는 존중과 관심과 함께 이루어져야 한다. 우리는 우리의 다양성 속에서도 자신을 똑같이 생각해야 한다.

우리는 지역 사회에 사는 개인으로서 작든 크든 우리의 목표를 달성하기 위해 협력해야 한다. 인생은 가족, 친구, 동료 및 낯선 사람과 다른 사람들과의 상호 작용 (또는 민족)에 의해 형성된다. 우리는 연결과 소속감을 갈망하고 추구한다. 우리가 이용할 수 있는 기술 도구를 통해 우리는 지금까지 한 번도 만나 본 적이 없는 사람들과 언제라도 연결할 수 있다.

신뢰는 우리가 가진 가장 중요한 친 사회적 태도 중 하나이다. Annette Baier와 Martha Nussbaum과 같은 철학자들은 이 취약점과 신뢰의 필요성에 대해 썼다. 우리가 다른 사람을 믿지 않거나 서로 존중하고 동정심을 가지고 대하면, 우리의 상호 작용은 불안해 하거나 불안의 원천이 될 수 있다.

그러나 우리가 다른 사람을 나와 비슷한 수준으로 친구처럼 접근 할 경우 상호적인 호의가 공유되고 즐거운 상호작용과 삶을 보장하는 경험에 도움이 된다.

물론 맹목적인 신뢰는 맹목적인 믿음만큼이나 위험하다. 신뢰와 동정심에는 적절하게 참여한 비판적 사고가 수반되어야 한다. 그러나 우리는 세상이 무서운 곳이기 때문에 신뢰와 보살핌이 불합리하다고 생각하면 안 된다.

미국에서 수행 된 경험적 연구는 사람들이 세상이 이전 세대보다 덜 신뢰할만한 곳이라고 생각한다는 것을 보여주고 있다. 그러나 비례적으로 범죄는 증가하지 않았다. 증가 된 것은 방송 뉴스에 보고 된 범죄의 수와 우리가 소비하는 뉴스의 양이다.

흥분된 뉴스 기사를 너무 많이 읽으면 세상을 사람들이 신뢰할 수 없는 불행하고 비우호적인 곳으로 인식하게 될 수 있다. 그러나 이것이 실제로 사실이라면, 우리가 일상 생활을 하기가 매우 어려울 것이다. 우리의 인식은 중요하며, 다른 사람들을 보는 방법과 우리가 보는 방법은 세상에서 우리의 경험을 형성한다.

전 세계 시민은 개인, 사회, 문화 및 정치적 차이를 심각하게 고려하더라도 다른 사람들을 자신과 다른 것으로 인식하는 사람이다. 지구촌 시민들은 함께 모여 지구에 관심을 가져야 하며 모든 사람들이 잘 사는 데 관심을 갖고 있다는 인식에 힘을 합친다. 우리가 만난 적이 없는 사람들을 돌보는 것은 특히 두려움의 환경에서 도전 할 수 있다. 그러나 그러한 자비롭고 포용적인 태도를 요구하는 잘 알려진 목소리가 있다.

피터 싱어(Peter Singer)는 '하나의 세계'라는 개념을 변호하고 콰미 앤소니 아피아아(Kwame Anthony Appiah)는 이 아이디어를 국제주의에 대한 그의 글로 보충한다. Martha Nussbaum은 '내면의 눈'을 키우고 두려움과 편협함을 극복하는 방법으로 '소수 경험의 관점에서 세상을 볼'수 있는 중요성을 강조한다.

그녀의 베스트셀러인 No Logo에서 Naomi Klein은 '세계화에는 공통적인 표준이 필요하다'고 지적한다. 모든 사람들은 세계 시민의 개념을 지지 한다고 주장한다. 실용적인 의미에서 전 세계 시민은 국경을 넘어 원조를 확대하고 지리적 거리, 성별, 종교 또는 인종에 관계없이 다른 사람들과 정중하고 상호 관계를 발전시키는 정책을 지원할 것이다.

전 세계 시민들은 진실과 지혜를 찾는 데 비판적으로 참여하면서도 동정심이 많다. 그들은 기술(소셜 미디어, 블로그 및 위키)을 사용하여 그들의 이해를 더욱 발전시킨다. 그들은 창의력을 발휘하고 빠르게 변화하는 글로벌 시장에 적응하는데 필요한 기술을 갖추고 있다.

물론 이 모든 것이 달성하기 쉽지 않을 수도 있다. 자비롭지만 중요한 글로벌 시민의 습관을 길러야 한다면 반드시 고려해야 할 교육 목표가 있다. 그러나 저는 이러한 교육 목표가 노력할 가치가 있다고 생각한다. 큰 도덕적 도전은 글로벌 시민으로서 윤리적으로 함께 살 수 있는 방법을 찾고 기술 세계의 연결성을 축하하는 것이다.

출처 : 퓨처타임즈(http://www.futuretimes.co.kr)
http://www.futuretimes.co.kr/news/articleView.html?idxno=13608

9-3 4IR Engineer의 글로벌 도전

1. 전 화

분 류	항 목
중분류	일반 전화통화, 부재중/메시지전달, 공중전화/국제전화
소분류	자주 쓰이는 표현, 전화를 받을 때, 전화를 사용할 때, 전화를 잘 못 걸었을 때, 전화를 끊을 때, 연결상태가 안 좋을 때

Texting and Calling a Friend

A : (text) Hey, Rinda? Ur phone goes to recording.

B : (text) I am abroad now. I am on a business trip to Japan.
(answering phone) Hi. This is Rinda.

A : Hi, I didn't know you were in Japan.

B : It was urgent, so I couldn't let you know.
I'm going to return tomorrow.

A : Then can you come to dinner on Saturday night?
I was thinking barbecue.

B : Sure. I'd love to! I'll see you on Saturday.

2. Yesterday Once More _ Carpenters

When I was young I'd listen to the radio
Waiting for my favorite songs
When they played i'd sing along it made me smile
Those were such happy times
And not so long ago
How I wondered where they'd gone
But they're back again

Just like a long lost friend all the songs I loved so well
Every sha la la la every wooooo still shines
Every shing aling aling That they're starting to sing's so fine
When they get to the part
Where he's breaking her heart
It can really make me cry
Just like before
It's yesterday once more
Looking back on how it was in years gone by
And the good times that I had
Makes today seem rather sad so much has changed
It was songs of love that I would sing to then
And I'd memorize each word
Those old melodies still sound so good to me
As they melt the years away
Every sha la la la every wooooo still shines
Every shing aling aling
That they're starting to sing's so fine
All my best memories
Come back clearly to me
Some can even make me cry
Just like before
It's yestetday once more
Every sha la la la every wooooo still shines
Every shing aling aling
That they're starting to sing's so fine

번 역

어렸을 때 나는 라디오를 자주 들었어.
내가 좋아하는 노래를 기다리면서
그들이 노래를 틀어줄 때 (노래가 나오면) 나는 따라 부르곤 했어.

그것은 나를 미소짓게 했어.
정말 행복한 시간이었어.
사실 얼마 오래 되지도 않았는데
그 시절들이 어디로 가 버렸는지 궁금했어.
그런데 다시 돌아 왔어.
오랫동안 잊고 있던 친구처럼 내가 좋아하던 노래들이
모든 (노래들이) 여전히 빛나고
시작하는 그 부분도 모두 너무 좋아.
노래가 그 부분에 이르면
그가 그녀의 마음을 아프게 하는
정말 나를 울게 만들어 (난 진짜 울어 버려)
예전과 똑 같이
지난 날이여 다시 한 번 (예전으로 돌아갈 수 있다면)
지나간 날들이 어땠는지 뒤돌아 보니
내가 겪었던 좋은 시간들이
너무도 변해버린 지금의 나를 오히려 슬프게 만들고
사랑의 노래였어 그때부터 내가 불렀던
가사도 다 외우곤 했어.
옛 멜로디는 여전히 너무 좋게 들리고
지난 시간들을 녹려 버리네
나의 가장 좋은 기억들
너무나 선명하게 돌아오고
어떤 기억은 나를 울게 만들어
예전처럼
지난 날이여 다시 한 번

학습 9

수행 내용

재료 · 자료

- 4차산업 혁명 관련 자료

기기(장비 · 공구)

- 컴퓨터, 프린터, 주변기기

안전 · 유의사항

- 컴퓨터 및 주변기기의 전원을 관리한다.

수행 순서

01 블록체인의 역사에 대하여 분석하라.

1. 사이퍼링크 운동으로 블록체인을 시작

블록체인은 사이퍼펑크(Cypherpunk) 운동에 뿌리를 두고 있다. 사이퍼펑크란 중앙집권화된 국가와 거대 기업들에 대항하여 개인의 프라이버시를 보호하기 위해 암호기술을 이용하여 익명성을 보장하는 탈중앙화 시스템을 만드려는 사회운동가들이다. 1990년 데이비드 차움은 디지캐시(Digicash)라는 회사를 설립하고 최초의 상업적 암호화폐인 이캐시(Ecash)를 창시하고 익명 거래 시스템을 제안했다.

1993년 에릭 휴즈(Eric Hughes)는 〈사이퍼펑크 선언〉을 발표하고, 프라이버시를 보호하기 위해 암호화된 익명 거래 시스템을 개발할 것을 제안했다.

1997년 아담 백(Adam Back)은 익명성을 보장하고 이중지불을 방지할 수 있는 해시캐시(Hashcash)라는 가상화폐를 만들었다. 1998년 웨이 다이(Wei Dai)는 익명성과 분산 방식의 암호화폐인 비머니(B-Money)를 고안했다. 1998년 닉 재보(Nick Szabo)는 스마트 계약 기반의 암호화폐인 비트골드(Bit Gold)를 고안하기도 했다. 그러나 당시의 기술적 한계로 인해 실제 개발이 어려웠으며, 널리 사용되지도 못하였다.

2. 사토시 나카모토의 비트코인 탄생

블록체인을 처음 만든 것은 사토시 나카모토(Satoshi Nakamoto)라는 가명을 쓰는 사람이었다.

[그림 9-11] 사토시 나카모토가 누군지 궁금하다

그는 2008년 10월 31일 〈비트코인 : 개인 대 개인의 전자화폐 시스템〉이라는 논문을 작성하여 암호학계 관련자들이 공동으로 사용하는 메일링 리스트로 전송하였다.

Tip

I've been working on a new electronic cash system that's fully peer-to-peer, with no trusted third party.
나는 새로운 전자화폐 시스템을 개발하고 있는데, 완전한 P2P 방식이고, 신뢰할 수 있는 제3자가 필요 없다.

— 사토시 나카모토(Satoshi Nakamoto), 2008.10.31.

이듬해인 2009년 1월 3일 사토시 나카모토는 블록체인 기술을 적용한 최초의 암호화폐인 비트코인(Bitcoin)을 개발하고 C++ 언어로 작성한 소스 코드를 배포했다.

이후 비트코인의 소스 코드를 일부 변형한 네임코인, 컬러드코인, 메타코인 등 몇 가지 새로운 코인들이 출현했다.

3. 비탈릭 부테린의 이더리움 탄생

2013년 비탈릭 부테린(Vitalik Buterin)이 이더리움 백서[7]를 작성하여 블록체인 기술을 이용한 스마트 계약을 제안했다. 이듬해인 2014년 비탈릭 부테린은 ICO를 통해 개발 자금을 확보하고, 2015년 7월 30일 이더리움(Ethereum) 서비스를 시작했다. 기존의 비트코인이 가치의 저장과 전달 기능을 가진 전자화폐 기능에 제한된 것과 달리, 이더리움은 블록체인 기술을 이용하여 각종 계약서 등을 위변조 없이 관리할 수 있는 획기적인 기술이었다. 이런 점에서 비트코인을 '블록체인 1.0'이라고 부르고, 이더리움을 '블록체인 2.0'이라고 부른다.

4. 다양한 암호화폐의 탄생

2017년에서 2018년 사이에 카르다노(에이다)(ADA), 이오스(EOS), 스팀(Steem) 등 다양한 암호화폐가 출현했다. 이들은 기존의 비트코인을 제1세대 암호화폐, 이더리움을 제2세대 암호화폐라고 부르면서 스스로 제3세대 암호화폐를 자처했다. 기존 블록체인 기술은 작업증명(PoW) 방식에 따른 채굴(Mining)에 의해 새로운 블록이 생성되었으나, 이들은 지분증명(PoS), 위임지분증명(DPoS) 등 다양한 새로운 합의 알고리즘을 제안하면서, 빠른 처리 속도와 확장성을 구현하고자 하였다.

나아가 탱글(Tangle), 해시그래프(Hashgraph), 홀로체인(Holochain) 등 블록체인 자체의 기술적 한계를 극복한 새로운 대안적 알고리즘이 제안되고 있다.

5. 블록체인의 발전

1) 블록체인 1.0 도입기

블록체인 1.0(도입기 : 2009~2013년)은 비트코인을 비롯한 암호화폐 시장의 성장, 시기라고 할 수 있다.

2) 블록체인 2.0 발전기

블록체인 2.0(발전기 : 2014~2016년)은 이더리움 등장과 프라이빗 블록체인 개발로 인하여 암호화폐 플랫폼에서 기업형 플랫폼으로 진화하고 있는 시기이다.

3) 블록체인 3.0 확산기

블록체인 3.0(확산기 : 2017~2022년)은 블록체인이 다양한 산업기술 적용을 연구개발이 지속적으로 이루어지는 시기라고 할 수 있다.

4) 블록체인 4.0 정착기

블록체인 4.0(정착기 : 2023~2030년)은 블록체인이 국가 공공 서비스 및 인프라로써 정착하는 시기라고 할 수 있다.

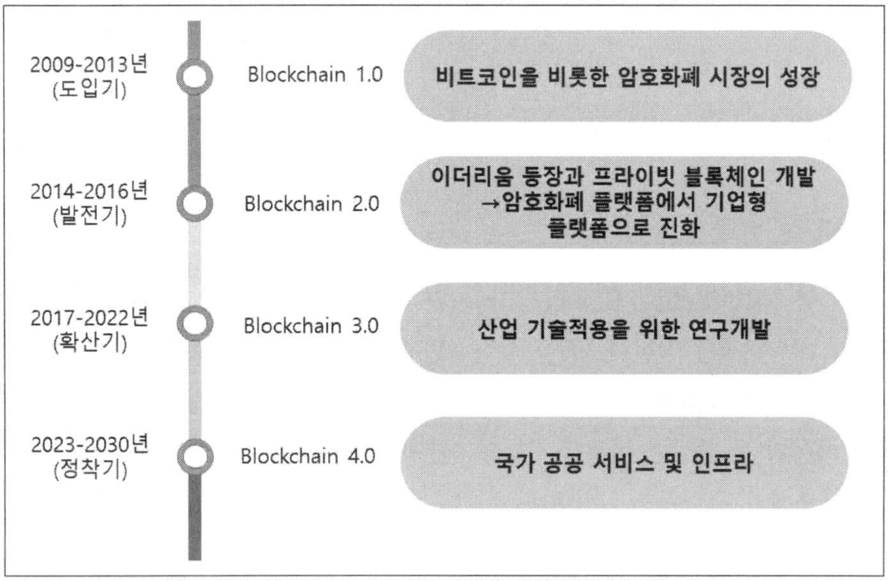

[그림 9-12] 블록체인의 세대별 분류

이렇게 블록체인 4.0으로 정착하기 위하여 기술과제가 다음과 같다.

① 확장성과 성능(Scalability and Performance)
② 상호운용성(Interoperability)
③ 통합(Integration)
④ 신뢰와 보안성(Trust and Security)
⑤ 사용 편리성(Easy to Use)

02 블록체인의 종류에 대하여 분석하라.

블록체인은 참여자의 범위에 따라 퍼블릭 블록체인과 프라이빗 블록체인으로 나눌 수 있다. 퍼블릭 블록체인은 인터넷처럼 누구나 참여할 수 있는 개방형이지만, 프라이빗 블록체인은 인트라넷처럼 제한된 사람들만 참여할 수 있는 폐쇄형 블록체인이다. 이 두 가지를 연결하거나 섞은 혼합형이 있는데, 하이브리드 블록체인이라고 부른다.

1. 퍼블릭 블록체인

퍼블릭 블록체인(Public Blockchain)이란 누구든지 자유롭게 참여할 수 있는 개방형 블록체인 네트워크를 말한다. 공공 블록체인 또는 개방형 블록체인이라고 한다.

권위 있는 조직의 승인이 없이 누구든지 인터넷에 연결된 PC, 노트북, 스마트폰, 서버 컴퓨터, 채굴기 등 다양한 컴퓨터 장비를 이용하여 블록체인 네트워크에 참여할 수 있다. 이러한 블록체인 네트워크에 참여하는 개별 컴퓨터를 노드(Node)라고 부르는데, 각 노드들은 블록체인에 저장된 데이터를 복사하여 저장하고, 해시 연산을 통해 새로운 블록의 생성에 참여할 수 있다. 또한 각 노드들은 언제든지 자신의 컴퓨터를 블록체인 네트워크에 연결하지 않고 접속을 차단함으로써 자유롭게 탈퇴할 수 있다.

블록체인 네트워크에 참여 또는 탈퇴하는 것은 권위 있는 조직의 승인이 필요 없이, 전적으로 해당 노드 참여자의 자유로운 의사에 따라 결정할 수 있다.

퍼블릭 블록체인의 경우 참여자들의 컴퓨터 사용에 따른 전기료 등 운영 비용을 감당할 수 있도록, 암호화폐를 발행하여 보상한다. 퍼블릭 블록체인 참여자들은 새로운 블록이 생성될 때마다 발행되는 암호화폐를 지급 받음으로써, 컴퓨터 감가상각비, 전기료, 공간 사용료, 인건비 등 각종 비용을 보상 받을 수 있다.

퍼블릭 블록체인 운영에 참가한 사람들은 지급받은 암호화폐를 실생활에서 사용하거나 혹은 암호화폐 거래소에서 판매함으로써 참여 비용을 회수할 수 있다. 이런 점에서 퍼블릭 블록체인과 암호화폐는 서로 분리할 수 없는 일체형 구조로 되어 있다. 만약 퍼블릭 블록체인에서 암호화폐를 지급하지 않는다면, 블록체인 네트워크 참여자들이 받을 수 있는 경제적 보상이 없기 때문에 소수의 헌신적인 기여자들을 제외하고는 참여자가 없게 되어, 최악의 경우 블록체인 네트워크가 붕괴할 우려가 있다. 따라서 퍼블릭 블록체인에서 암호화폐를 발행하는 것은 블록체인 네트워크를 유지하기 위한 필수사항이라고 할 수 있다.

〈표 9-4〉 블록체인의 형태

	퍼블릭 블록체인	컨소시엄 블록체인	프라이빗 블록체인
관리주체	모든 거래 참여자(탈중앙화)	컨소시엄에 소속된 참여자	한 중앙기관이 모든 권한 보유
거버넌스	한번 정해진 법칙을 바꾸기 매우 어려움	컨소시엄 참여자들의 합의에 따라 상대적으로 용이하게 법칙을 바꿀 수 있음	중앙기관의 의사결정에 따라 용이하게 법칙을 바꿀 수 있음
거래속도	네트워크 확장이 어렵고 거래 속도가 느림	네트워크 확장이 쉽고 거래 속도가 빠름	네트워크 확장이 매우 쉽고 거래 속도가 빠름
데이터 접근	누구나 접근 가능	허가받은 사용자만 접근 가능	허가받은 사용자만 접근가능
식별성	익명성	식별 가능	식별 가능
거래증명	PoW, PoS와 같은 알고리즘에 따라 거래 증명자가 결정되며, 거래 증명자가 누구인지 사전에 알 수 없음	거래 증명자가 인증을 거쳐 알려진 상태이며, 사전에 합의된 규칙에 따라 거래검증 및 블록생성이 이루어짐	중앙기관에 의하여 거래증명이 이루어짐
장 점	안전성, 신뢰성, 익명성, 투명성 보장	• 높은 효율성과 확장성 • 높은 처리속도 • 민감 정보를 처리하는 역할 부여 가능	• 높은 효율성과 확장성 • 높은 처리속도 • 기업별 특징에 따라 특화 가능
단 점	• 확장성이 낮음 • 거래 속도가 느림	• 개입이 필요할 수 있음 • 투명성과 보안성이 낮음	보안성이 낮음
활용사례	비트코인, 이더리움	R3CEV, 하이퍼레저. 넥스레저. 모나체인, 에이치체인	나스닥의 비상장 주식거래소 플랫폼인 링크(Linq)

참고 : 소프트웨어정책 연구소, 2017, "블록체인 기술의 산업적·사회적 활용 전망 및 시사점

[그림 9-13] 퍼브릭 블록체인의 구조

학습 9

비트코인, 이더리움, 비트코인캐시, 이오스, 스텔라루멘, 스팀, 모네로, 루니버스, 시그마체인, 심버스, 아이콘, 웨이브즈, 큐텀, 클레이튼, 테조스, 티티씨, 이콘 등 대부분의 암호화폐는 퍼블릭 블록체인 방식으로 운영된다.

2. 프라이빗 블록체인

1) 개 요

프라이빗 블록체인(Private Blockchain)이란 미리 정해진 조직이나 개인들만 참여할 수 있는 폐쇄형 블록체인 네트워크를 말한다.

사적 블록체인, 폐쇄형 블록체인, 허가형 블록체인, 기업형 블록체인 또는 엔터프라이즈 블록체인(Enterprise Blockchain)이라고 한다.

퍼블릭 방식과는 다르게 채굴 과정을 통한 해시파워 경쟁은 없지만, 여러 서버에 분산 데이터를 저장함으로써 보안을 강화시킬 수 있는 장점이 있다. 또 데이터 처리 비용이 적고 네트워크 속도가 빠른 장점이 있어 기업형 솔루션으로 적합한 블록체인 기술이다.

2) 특 징

프라이빗 블록체인은 하나의 중앙 기관에서 독자적으로 사용하여 읽기, 쓰기, 사용 과정을 관리할 수 있는 시스템이다. 따라서 참여자를 미리 정하고 필요에 따라 추가하거나 삭제할 수 있는 권한을 가지고 있다.

프라이빗 블록체인에 참여하려면 반드시 권위 있는 조직의 승인을 받아야 한다. 프라이빗 블록체인 운영자의 승인을 받지 못한 조직이나 개인은 해당 블록체인 네트워크의 운영에 참여할 수 없다.

예를 들어 A 기업과 B 기업 및 C 단체가 서로 협의하여 프라이빗 블록체인을 운영하기로 한 경우, 오직 A, B, C 세 곳만 참여할 수 있으며, 다른 제3자인 D 기업은 참여할 수 없다. 만약 D 기업이 해당 프라이빗 블록체인에 참여하고 싶다면, 관계자들과 협의하여 사전 승인을 받아야 한다.

프라이빗 블록체인의 운영을 위해서 암호화폐가 반드시 필요한 것은 아니다. 프라이빗 블록체인의 경우 굳이 암호화폐를 발행할 필요가 없이, 해당 프라이빗 블록체인의 참여자들이 컴퓨터 운영 비용을 부담하면 된다.

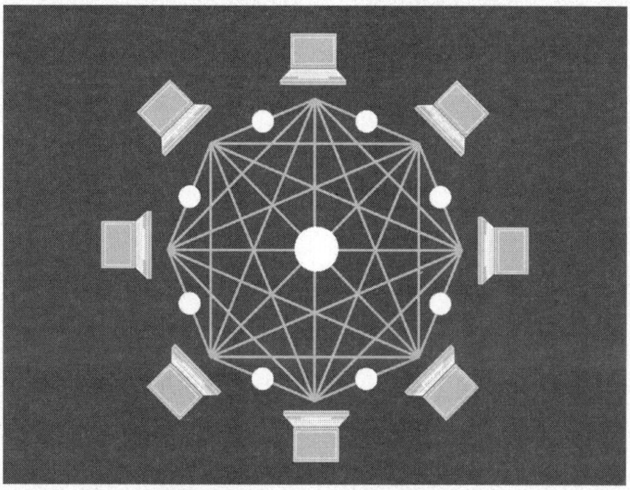

[그림 9-14] 프라이빗 블록체인의 구조

물론 프라이빗 블록체인에서도 암호화폐를 발행할 수는 있다. 블록체인이 혈관이라면 암호화폐는 그 혈관 속을 흐르는 혈액과 같은 존재이기 때문에, 프라이빗 블록체인에서도 암호화폐를 도입하는 것이 운영상 편리할 수 있다. 하지만 해당 암호화폐를 외부의 암호화폐 거래소에 판매하기 어렵기 때문에 사실상 내부 정산 및 서비스 이용 등의 목적으로 제한적으로만 사용할 수 있다.

결국 프라이빗 블록체인에서 암호화폐의 발행은 필수사항이 아니며, 각 프라이빗 블록체인 운영자들의 필요에 의해 자체 암호화폐를 발행할 수도 있고, 그렇지 않을 수도 있는 선택사항(Option)이다. 국제 송금을 위한 리플(Ripple)은 프라이빗 블록체인으로서 암호화폐를 발행한 사례에 해당한다.

학습 9

3) 종 류

프라이빗 블록체인의 대표적인 사례로 하이퍼레저 패브릭(Hyperledger Fabric), R3 코다, 삼성SDS의 넥스레저(Nexledger) 등이 있다. 또한 ㈜엘지씨엔에스(LGCNS)의 모나체인(Monachain), 한화시스템의 에이치체인(H-Chain) 등이 있다.

이외에도 프라이빗 블록체인 플랫폼은 딜리버, 리플, 바이두 블록체인 엔진(BBE), 뱅크사인, 인솔라, 케이티 바스(KT BaaS), 코다, 코인스택, 쿼럼 플랫폼, 프롭테크 플랫폼, 하이퍼레저 버로우, 하이퍼레저 소투스, 하이퍼레저 이로하. 하이퍼레저 인디 등이다.

(1) 하이퍼레저

하이퍼레저는 리눅스재단에서 시작하여 세계 유수의 기업들이 공동으로 참여하고 있는 범 산업용 분산원장 표준화 프로젝트이다. 여기에는 인텔, IBM 등 국제적 기업들이 참여하고 있다. 패브릭은 하이퍼레저 프로젝트 중 가장 활발하게 진행 중인 프로젝트로 IBM이 주도하고 있고, 스마트 컨트랙트를 지원하며 스마트 컨트랙트에 체인코드라는 호칭을 사용하고 있다. 체인코드는 현재 프로그래밍 언어 중에서 Go나 Java로 작성할 수 있다. 현재 IBM은 스마트 컨트랙트를 이용한 물류 프로세스 간소화 프로젝트를 진행하고 있다.

(2) R3

R3(알쓰리)는 대형 글로벌 은행 주도로 80여 개의 은행이 참여하여 공동으로 구성한 블록체인 컨소시엄이다. R3는 2016년 12월 자신의 블록체인 플랫폼인 코다를 공개했는데, 코다는 금융권 요구사항을 만족하시 위하여 네트워크에 참여하는 모든 노드들이 데이터를 공유하는 기존의 블록체인 구조를 벗어나 이해 당사자들만 데이터를 공유하는 블록체인 플랫폼이다.

코다의 스마트 컨트랙트는 실제 코드로 구성된 계약 코드와 계약의 상태인 볼트(Vault) 그리고 실제 제도권에서 사용하는 법적인 문서들을 지원하기 위한 법률언어(Legal Prose)로 구성된다.

R3는 사용자 및 법률 친화적인 스마트 컨트랙트 기능을 제공하기 위하여 영국의 바클레이(Barclays)은행과 함께 실제 계약서로 변형 및 계약서 상태에서 계약내용을 변경할 수 있는 스마트 컨트랙트 템플릿 개발 프로젝트를 수행하였다.

(3) 넥스레저

삼성SDS는 자체 블록체인 플랫폼 넥스레저(Nexledger)를 개발했다.

넥스레저는 블록체인 장점인 인증과 보안성을 강화하면서도 실시간 대량 거래처리, 스마트 계약, 관리 모니터링 등을 구현했다.

넥스레저 프로젝트에서 가장 주목받는 것은 국내 약 38개 기관이 참여하는 '해운물류 블록체인 컨소시엄'이다.

삼성SDS의 블록체인 플랫폼은 기존 블록체인 아키텍처를 참조하면서도, 보다 적용이 용이하고 안전한 동적 거래 파라미터 활용을 통하여 동적 데이터 참조에 따른 동적 처리가 가능하도록 구현되었다.

비트코인 블록체인만의 가장 강력한 장점인 보안성, 안정성, 무결성을 확보하였으며, 스마트계약(Smart Contracts) 실행을 위하여 비트코인 블록체인 내 EVM(Ethereum Virtual Machine)을 구현하는 방식으로 기존 블록체인 기술의 장점을 취하였다.

신규 비즈니스 모델의 특화기능 및 거래 프로세스 자동화에 따른 비즈니스 룰 기반 블록체인 서비스 연계가 가능하므로 서비스 및 상품의 신속한 출시가 가능하며, 업종, 채널, 지역 제약 없는 글로벌 플랫폼 생태계 형성 및 지원이 가능하도록 설계하였다.

4) 사 례

최근 프라이빗 블록체인을 기술을 시험 서비스하고 있는 기업들도 생겨나고 있는 추세이다. 그 중에서도 세계 최대 유통 기업인 월마트는 식재료의 생산과 유통 과정 전체에 블록체인 기술을 적용하여 실시간으로 위생 상태를 점검할 수 있는 데이터 저장 방식을 도입한다.

해운 회사 머스는 블록체인을 이용한 선박 물류 시스템을 개발하여 서류 없이 물건을 옮기고 주문하고 보관, 세관 신고를 처리할 수 있는 물류시스템을 시험 서비스하고 있다.

국내는 삼성 SDS가 중고차 시장에 위조가 불가능한 프라이빗 블록체인 기술을 적용하여 차량의 수리, 사고 상태를 한 눈에 확인하고 구입할 수 있는 중고차 이력 서비스를 진행 중이다. 이렇게 글로벌 기업들이 관리 편의성, 효율성, 신뢰도, 안정성을 높이기 위해 관심을 가지는 것은 프라이빗 블록체인 방식이 많다.

3. 하이브리드 블록체인

하이브리드 블록체인(Hybrid Blockchain)이란 퍼블릭 블록체인과 프라이빗 블록체인을 서로 연결하거나 섞은 혼합형 블록체인을 말한다. 더블체인(Double Chain)은 퍼블릭 블록체인과 프라이빗 블록체인을 연결한 체인이다. 예를 들어 보안이 중요한 가정용 사물인터넷(IoT) 기기는 프라이빗 블록체인을 이용하고, 자동화된 결제를 위해 퍼블릭 블록체인에 연결하는 방식이다. 이 때 퍼블릭 블록체인은 메인넷이 되고, 여기에 연결된 다수의 프라이빗 블록체인은 1:N 구조의 사이드체인 방식으로 구성할 수 있다. 더블체인을 이용하는 블록체인에는 사물인터넷(IoT) 블록체인 플랫폼을 지향하는 에이치닥(Hdac)이 있다. 인터체인(Interchain)은 서로 다른 다수의 블록체인 네트워크를 하나로 연결하기 위한 체인이다. 인터체인 플랫폼 위에서 다수의 퍼블릭 블록체인과 프라이빗 블록체인들이 서로 연결될 수 있다. 대표적인 사례로 아이콘(Icon)이 있다.

컨소시엄 블록체인(Consortium Blockchain)이란 동일한 목적이나 가치를 가지고 있는 다수의 기업과 단체들이 하나의 컨소시엄을 구성하고 그 안에서 작동하도록 만든 블록체인이다. 예를 들어 리눅스재단이 주도하고 IBM 등이 참여하여 만든 하이퍼레저 패브릭(Hyperledger Fabric) 프로젝트가 있다. 넓은 의미에서 보면, 컨소시엄 블록체인은 프라이빗 블록체인의 한 형태이지만, 이를 별도로 구별하여 하이브리드 블록체인으로 분류하기도 한다.

03 블록체인에 대한 긍정적인 평가와 부정적인 평가 및 블록체인의 미래 전망에 대하여 분석하라.

1. 긍정적 평가

블록체인은 새로운 시대를 여는 혁신적 기술이라는 긍정적 평가를 받고 있다.

마치 1990년대 후반에 등장한 인터넷 기술이 세상을 바꾸었듯이, 블록체인 혁명을 통해 새로운 세상이 펼쳐질 것이라는 낙관론적 견해이다.

블록체인은 해시(Hash) 암호화 기술을 사용하여 이중지불 문제를 해결함으로써 인터넷을 통한 가치 전달이 가능하도록 만들었다. 인터넷이 정보(Information)를 전달한다면, 블록체인은 가치(Value)를 전달한다.

인터넷 시대의 도래와 함께 기존에 오프라인에 존재하던 뉴스, 사전, 우편, 커뮤니티, 책, 음악, 만화, 쇼핑 등 다양한 정보가 온라인으로 올라온 것처럼, 블록체인 시대의 도래와 함께 기존에 오프라인에 존재하던 화폐, 금융, 보험, 계약, 물류, 문서, 저작권, 투표 등 가치를 가진 대상이 온라인으로 올라올 수 있다.

이런 점에서 블록체인은 기존 인터넷을 한 단계 업그레이드한 인터넷 2.0이라고 불리기도 한다.

블록체인은 암호화폐의 기반 기술이 되고 있다.

인류는 수천년 간 조개껍질, 금, 은, 동전, 지폐 등을 화폐로 이용해 왔으나, 21세기 초 블록체인 기반의 암호화폐가 등장함으로써 새로운 시대를 맞이하고 있다.

기존 화폐(貨幣, Money)는 금이나 은 또는 보석처럼 희소성이 있거나, 혹은 동전이나 지폐처럼 권위를 가진 국가의 지급 보증이 있기 때문에 사람들의 신뢰를 바탕으로 통화로 사용될 수 있었다.

암호화폐는 비록 권위를 가진 국가의 지급 보증은 없지만, 발행 총량을 제한함으로써 희소성을 가질 수 있고, 블록체인 기술을 이용함으로써 가치를 보증하기 때문에 새로운 형태의 화폐가 될 가능성이 있다.

이런 점에서 블록체인 기반의 암호화폐를 디지털 골드(Digital Gold)라고 부른다. 다만 블록체인 기술 자체의 한계로 인해 기존 법정통화를 대체하기는 어렵거나 상당 기간 불가능해 보이지만, 제한된 영역에서 화폐와 유사한 기능을 수행하는 것은 가능할 수 있다.

특히 4차산업혁명 시대를 맞이하여 사물인터넷(IoT)이 확산될 경우, 기계와 기계의 M2M 거래에 암호화폐가 사용될 수 있다. 앞으로 블록체인의 기술적 한계를 넘어서는 새로운 기술이 출현함으로써, 인류는 지금까지 한 번도 경험하지 못했던 새로운 형태의 화폐를 가지게 될 수도 있다.

블록체인은 거래 참여자들이 중개기관을 거치지 않고 직접 거래를 할 수 있기 때문에, 탈중앙화(脫中央化, Decentralization) 방식의 운영이 가능하다.

기존의 조직은 중앙・중심・센터가 존재해야 하지만, 블록체인 방식의 조직 운영 원리를 따르면 권위 있는 중앙이 없이도 자유롭고 평등한 개인들이 상당히 공정하고 합리적인 의사결정을 내릴 수 있다. 이런 점에서 블록체인 혁명을 통해 기존의 사회질서를 부수고 새로운 조직 운영 원리에 따르는 탈중앙화 사회를 만들 수 있다.

사이퍼펑크 운동가들은 블록체인 기술을 바탕으로 자신들이 꿈꾸던 자유롭고 평등한 열린 사회를 구현할 수 있다는 꿈을 꾸고 있다.

다만 블록체인 자체의 기술적 한계로 인해 완벽하게 합리적이고 공정한 의사결정 구조를 짜기는 어렵겠지만, 기존의 중앙집중식 조직 운영 원리에 비해 상대적으로 진일보한 새로운 조직 운영 원리를 만들어 낼 수 있을 것이다.

2. 부정적 평가

블록체인이 가진 다양하고 혁신적인 장점에도 불구하고, 블록체인의 비효율성과 투기 유발 등 여러 가지 문제들로 인해 부정적 평가가 존재한다.

1) 비효율성

블록체인은 상당히 비효율적인 시스템이다. 기존의 서버-클라이언트 구조에서는 원본 데이터를 중앙에 있는 서버에 보관하고 다수의 클라이언트는 서버에 접속하여 필요한 정보를 이용하는 방식으로 효율적으로 운영된다.

하지만 블록체인 기술을 적용하면, 네트워크에 참여하는 모든 사람들이 동일한 내용의 데이터를 복사하여 중복하여 보관함에 따라 상당한 비효율성이 발생한다.

게다가 참여자들이 가지고 있는 데이터의 내용이 불일치하는 경우 단일한 의사결정을 내리기 위해 상당한 노력과 시간 및 비용이 들어간다.

예를 들어 작업증명 방식의 합의 알고리즘을 사용할 경우, 과도한 채굴 경쟁으로 인해 막대한 전기가 낭비되고 전 지구적 환경 문제를 유발할 수 있다. 물론 기존의 서버-클라이언트 시스템에서는 처리하기 어렵고 오직 블록체인 기술을 적용해야만 가능한 영역이 있는데, 바로 암호화폐 분야이다.

암호화폐는 블록체인 기술을 적용하기에 가장 좋은 분야이며, 오직 블록체인 기술로만 구현이 가능한 영역이기도 하다. 하지만 암호화폐를 제외한 다른 분야에서는 굳이 블록체인 기술을 적용할 필요가 없이 기존의 서버-클라이언트 방식으로 운영하는 것이 더 효율적이다.

반드시 블록체인 기술을 적용할 필요가 없는데도 불구하고 굳이 블록체인 기술을 도입함으로써 오히려 기존 서버-클라이언트 방식에 비해 효율성이 떨어지는 문제가 생길 수 있다.

2) 투 기

블록체인 기술을 활용한 암호화폐는 과도한 투기의 대상이 되고 있다. 암호화폐는 하루 24시간, 1년 365일 한시도 쉬지 않고 거래가 이루어지는데, 가격 등락이 극심하여 수많은 투자자들이 피해를 보고 있다.

특히 2017년 하반기부터 2018년 초까지 급등락을 보인 암호화폐 시세를 보면, 튤립버블을 연상하게 된다.

튤립버블(Tulip Bubble)이란 17세기 네덜란드에서 발생한 튤립 꽃의 구근에 대한 과열 투기 현상을 말한다. 튤립버블은 역사상 최초의 자본주의적 투기로서, 대표적인 거품경제 현상이다.

물론 블록체인 자체는 투기의 대상이 아니며, 투기와 아무런 관련이 없다. 그럼에도 불구하고 블록체인 기반의 암호화폐가 투기의 대상이 됨에 따라, 그 기반 기술인 블록체인 자체도 부정적으로 보는 시각이 존재한다.

예를 들어 유시민은 비트코인 등 가상화폐는 '인류 역사상 가장 난해하고 우아한 사기'라고 비판했다.

하지만 이러한 부정적 시각에 대한 반론도 있다. 17세기 자본주의 도입 초기의 튤립버블이나 20세기 초의 닷컴버블 그리고 벤처거품 등 역사상 수많은 거품이 있었지만, 결국 시간이 지남에 따라 투기는 진정되었고 관련 산업은 크게 성장했다.

과도한 투기와 거품은 신산업 도입 초기에 나타나는 일시적 현상에 불과하며, 시간이 지나면 자연스럽게 해결된다는 반론이다.

2017년 9월 중국 정부는 암호화폐에 대한 ICO를 금지했고, 뒤이어 한국 정부도 어떠한 형태의 ICO든 상관 없이 무조건 금지하는 조치를 취했다. 이러한 조치는 암호화폐에 대한 과도한 환상이나 투기를 예방하는 측면도 있지만, 새로 자라나는 신산업의 싹을 자르고 뿌리를 뽑는 어리석은 조치가 될 우려도 있다.

인터넷 초창기에 마약, 도박, 성인 사이트가 넘쳐났지만, 그것을 이유로 인터넷 자체를 금지하지 않았듯이, 블록체인 기반의 암호화폐에 대한 투기가 극심하다고 하여 정부가 모든 ICO를 무조건 금지하는 조치를 취해서는 안 된다는 비판을 받고 있다.

3. 전 망

블록체인은 하나의 거대한 실험이다. 블록체인은 암호학의 성과를 실생활에 적용한 결과물이다. 순수과학인 물리학의 성과를 실생활에 적용하여 전기·전자 제품을 만들고 원자력 에너지 시대를 열었고, 정보학의 성과를 활용하여 컴퓨터와 인터넷이라는 새로운 시대를 열었듯이, 암호학의 성과를 실생활에 적용하려는 실험이 블록체인이다.

블록체인은 해시(Hash)라는 암호 알고리즘을 사용함으로써 위변조가 불가능하고 권위 있는 중개기구가 없이도 거래의 신뢰성을 보장할 수 있는 혁신적인 기술이다.

블록체인 실험이 성공하느냐 아니면 실패하느냐에 따라 인류의 미래는 크게 달라질 수 있다.

블록체인은 4차산업혁명을 위한 핵심 기술 중 하나가 될 수 있다. 제4차산업혁명이란 인공지능(AI)과 사물인터넷(IoT) 기술을 적용한 새로운 산업혁신을 말한다.

블록체인은 기계와 기계(M2M) 사이에 정보와 가치를 전달하는 수단으로 사용됨으로써 4차산업혁명의 핵심 기반 기술이 될 수 있다.

블록체인은 인간의 직접적 개입이 없이도 사물과 사물이 서로 정보를 교환하고 가치를 주고받으며, 인공지능 기반의 자율적 의사결정을 내릴 수 있는 4차산업혁명 시대를 앞당길 수 있다.

블록체인 혁명을 통해 인류는 커다란 사회적 변화와 진보를 달성할 수 있으며, 이를 통해 인류는 공정하고 합리적이며 더 풍요로운 미래를 맞이할 수 있을 것이다.

04 4IR Engineer의 글로벌 도전을 위해 유용한 문장을 영어로 표현하라.

Useful Expressions(문장을 영어로 표현하기)

1. 여보세요. 저는 박용철입니다.

   Hello. This is Park Yong-chul speaking.

2. 문자 메시지 주세요.

   Please send me a text message.

3. 어디로 연결해 드릴까요?

   How may I connect your call?

4. 무슨 일로 전화하셨어요?

   What are you calling about?

5. 당신에게 온 전화예요.

   There is a phone call for you.

6. 통화는 짧게 해 주세요.

   Please keep it short.

학습활동.9 교수 · 학습 방법

교수 방법

• 4IR 글로벌 도전의 신뢰와 안전한 거래에 대한 관련 용어, 구성, 방식 이해 정도를 파악한 후 수업을 진행한다.
• 교수자의 주도로 4IR 글로벌 도전의 신뢰와 안전한 거래 등의 내용을 PPT 자료로 제시한 후 설명한다.
• 가능하면 사전에 개인별 학습 자료를 준비하여 모든 학생이 참여할 수 있는 문제 해결식 수업, 협력 수업이 가능하도록 한다.
• 4IR 글로벌 도전의 신뢰와 안전한 거래 전 과정을 작업의 순서에 따라 단계적으로 실습이 이루어질 수 있도록 지도한다.
• 교재를 통해 수업을 준비하는데 있어서 필요한 모든 정보나 팁, 힌트 등 도움이 될 만한 내용들을 확인할 수 있다.
• 학생들이 만들게 될 각 모델들은 수업시간에 중점적으로 다뤄질 부분과 어휘, 질문, 답을 포함하고 있으며 또한 탐구할만한 추가적인 아이디어들도 포함하고 있다.

학습 방법

• 4IR 글로벌 도전의 신뢰와 안전한 거래에 대한 관련 용어를 숙지하고, 4IR 글로벌 도전의 신뢰와 안전한 거래에 대해 이해한다.
• 4IR 글로벌 도전의 신뢰와 안전한 거래의 각 단계별 중점 사항을 체계적으로 학습한다.
• 4IR 글로벌 도전의 신뢰와 안전한 거래의 수행순서의 전 과정을 실습한다.
• 4IR 글로벌 도전의 신뢰와 안전한 거래의 내용을 이해한다.
• 4IR 글로벌 도전의 신뢰와 안전한 거래를 이해하고 숙달이 될 때까지 학습한다.

학습활동.9 평가 및 피드백

평가 준거

• 평가자는 피평가자가 수행 준거 및 평가 내용에 제시되어 있는 내용을 성공적으로 수행할 수 있는 지를 평가해야 한다.

학습내용	평가항목	성취수준		
		상	중	하
4IR 글로벌 도전의 신뢰와 안전한 거래	4IR 글로벌 도전의 신뢰와 안전한 거래를 이해할 수 있다.			

평가 방법

- 작업 포트폴리오

학습내용	평가항목	성취수준		
		상	중	하
4IR 글로벌 도전의 신뢰와 안전한 거래	4IR 글로벌 도전의 신뢰와 안전한 거래를 이해할 수 있다.			

- 필기시험

학습내용	평가항목	성취수준		
		상	중	하
4IR 글로벌 도전의 신뢰와 안전한 거래	4IR 글로벌 도전의 신뢰와 안전한 거래를 이해할 수 있다.			

- 체크리스트를 통한 관찰

학습내용	평가항목	성취수준		
		상	중	하
4IR 글로벌 도전의 신뢰와 안전한 거래	4IR 글로벌 도전의 신뢰와 안전한 거래를 이해할 수 있다.			

- 피드백

1. 작업 포트폴리오
   - 제출한 보고서를 평가한 후 주요 사항에 대하여 표시하여 돌려준다.
2. 필기시험
   - 평가 결과 성적이 저조한 학생은 보고서 제출 기회를 부여한다.
3. 체크리스트를 통한 관찰
   - 실습 과정에서 평가한 후 개선해야 할 사항 등을 정리하여 돌려둔다.

참|고|문|헌

1. 감동근, https://news.samsung.com/kr/gksrnr-dpswlsldj 지망생에게 건네는 두 가지 당부 2017.10.12
2. 김덕현, 4차산업혁명과 융합. https://brunch.co.kr/@duk-hyun/11, 2018. Aug.04
3. http://www.moreagile.net/2014/08/it.html
4. 컴퓨터 정보용어 대사전 한국사전연구사
5. 위키백과, https://ko.wikipedia.org/wiki/
6. https://www.oxford-royale.com/articles/reasons-learn-english/
7. https://m.blog.naver.com/PostView.
8. 중앙일보, 라이프 트렌드, 글로벌 기업 일자리 도전, 청년들이여 이렇게 준비하라
9. 엄일연, https://m.post.naver.com/viewer/ 철저히 준비하고 혁신적으로 도전하라, 글로벌SE, 2018.12.04
10. https://blog.hyosung.com/1381 [마이프렌드 효성 블로그]
11. https://www.bioin.or.kr/과학기술이 해결할 수 있는 10대 글로벌 도전과제, 2019. 4.11
12. MIT Technology Review, Ten big global challenges technology could solve, 2019.2.27
13. https://www.sedaily.com/NewsVIew/1VQZIUGI22
14. https://daystudy.tistory.com/227
15. https://newsroom.intel.co.kr/인텔, 글로벌 도전과제
16. https://phrase.dict.naver.com/ 네이버 글로벌 회화
17. 최영란, 미래에 신뢰를 회복하기 위해서는 글로벌 시민이 되어야 한다. 퓨처타임즈(http://www.futuretimes.co.kr), 2020.2.07
18. 최선미 · 김현진 · 송근혜 · 민대홍 · 박종현 · 민수진 · 박경진 · 조진실 · 최가은, "블록체인 어디에 응용하고 있나?(응용 사례와 분야별 특성을 중심으로)" ETRI Insight, 2018.6.30.
19. IBK경제연구소, '블록체인의 이해와 금융업의 활용에 대한 고찰', 2017.7.
20. IBM, 'IBM 블록체인 플랫폼 기술 개요', 2017.1.
21. KDB산업은행, 'R3CEV(글로벌 블록체인 컨소시엄) 최근 동향', 2017.7.17.
22. KISA, '국내외 블록체인 기술 적용분야 및 사례 연구', 2016.12.
23. KISTEP, '블록체인 생태계 분석과 시사점', 2017.9.
24. NIA, '블록체인 활용 전자투표 주요사례 및 시사점', 2017.04.24.
25. NIPA, '블록체인 기술의 이해와 개발 현황 및 시사점', 2018.3.28.
26. STEPI, '블록체인(Blockchain) 기술동향과 시사점', 2017.7.25.
27. 교보증권, '블록체인, 거인의 어깨 위에 서서', 2017.9.5.
28. 금융보안원, '블록체인 응용기술 개발 현황 및 산업별 도입 사례', 2017.1.25.
29. 박세열, '블록체인! 가상화폐를 넘어 산업생태계의 혁신을 선도하다', 2018.3.7.

30. http://wiki.hash.k
31. http:/factom.org/
32. http:/gamecredits.com/
33. http:/getstarted.with.pink/
34. http:/nem.io/
35. http:/newcoinschedule.com/
36. http:/syscoin.org/
37. http:/vergecurency.com/
38. http:/www.augur.net/
39. http:/www.monero.c/
40. https:/akasha.world/
41. https:/bitcoingold.org/
42. https:/bytebal.org/
43. https:/bytom.io/?S=zw2m5cbemlc
44. https:/coinmarketcap.com/
45. htps:/crushcrypto.com/analysis-of-bitdegre
46. https:/enterprise.gem.co/health/
47. https:/eos.io/
48. https:/ethereumclasic.github.io/
49. https:/exergy.energy
50. https:/litecoin.com/
51. https:/neo.org/
52. https:/omg.omise.co/
53. https:/ont.io/
54. https:/qtum.org/en/
55. https:/riple.com/
56. https:/storj.io/
57. https:/streamium.io
58. https:/tron.network/
59. https:/www.bitcoin.com/
60. https:/www.bitcoincash.org/
61. https:/www.cardano.org/en/home/
62. https:/www.cn.com/
63. https:/www.coindesk.com/

학습 1	4IR 핵심기술과 글로벌 도전 출발
학습 2	4IR 글로벌 도전의 핵심과 미션
학습 3	4IR 글로벌 도전의 결심과 집중
학습 4	4IR 글로벌 도전의 이유와 역량
학습 5	4IR 글로벌 도전의 시작과 목표
학습 6	4IR 글로벌 도전의 진화와 과정
학습 7	4IR 글로벌 도전의 미래와 매너
학습 8	4IR 글로벌 도전의 성공과 혁신
학습 9	4IR 글로벌 도전의 신뢰와 안전한 거래
학습 10	**4IR 글로벌 도전의 가치와 디지털 전환**
학습 11	4IR 글로벌 도전의 전략과 서비스 융합
학습 12	4IR 글로벌 도전의 성과 창출과 고도화
학습 13	4IR 글로벌 도전의 기반확립과 결실

학습 목표

1. 4IR 글로벌 도전의 가치와 디지털 전환을 이해할 수 있다.

10-1 4차산업혁명의 핵심기술, 스마트팩토리

1. 디지털 전환의 개념

4차산업혁명으로 인한 기존의 비용 중심 성장에서 가치 중심 및 수요 중심의 성장으로 기존의 인건비 등 생산비용 중심으로 제조경쟁력이 결정되었으나, 향후 '인력' 의존적 성장전략은 한계에 봉착할 것으로 예상과 향후에 시장수요가 제품 구매의 이유(Why-behind-Buy) 중심으로 바뀜에 따라, 고객맞춤형 가치가 핵심 경쟁력이 될 것으로 전망이므로 〈표 10-1〉처럼 제조 패러다임 변화로 제조업에서 '디지털 전환'(Digital Transformation) 즉, 디지털 트윈의 다양한 신기술들이 접목한 스마트 팩토리(Smart Factory)가 중요한 이슈로 부각되고 있다.

디지털 전환은 디지털 신기술을 활용, 경영환경 변화에 선제적 대응 또는, 新제품 · 서비스 창출을 지속 추진하여 경쟁력을 높이는 프로세스이다. 디지털화를 통한 기업의 프로세스 변화부터 비즈니스 모델의 변화까지 전체인 기업의 전략,

조직, 프로세스, 비즈니스 모델, 문화, 커뮤니케이션, 시스템 등을 포괄하며, 제조업을 비롯한 산업의 혁신을 견인하는 요소로 기능하기 시작한다.

〈표 10-1〉 제조업 패러다임의 변화

구 분	기 존	방향성
생산방식	소품종 대량생산, 규모의 경제를 통한 수익 확대	수요 맞춤형 유연생산 기반으로 '범위의 경제' 지향
제품 및 서비스	제품 고유기능에 집중, 가격 및 품질 경쟁	지능화 등을 통한 부가가치 기반으로 경쟁
비지니스	대형수요처 확보에 의해 수익률 결정	틈새 또는 중간 수요를 통한 수익 창출 (3D 프린팅, 온라인 유통 등)

기존의 공장자동화 수준을 넘어 모듈화, 다품종 소량생산 등 유연한 생산체계를 구축하는 디지털 기술의 발전으로, 低비용으로 쉽게 다양한 산업의 니즈를 반영하고 디지털 전환이 가능한 환경이 조성되어 이를 완성하기 위하여 사이버물리시스템(CPS), 로보틱스, 3D프린팅, 사물인터넷, 인공지능 등의 기술들이 활용된다.

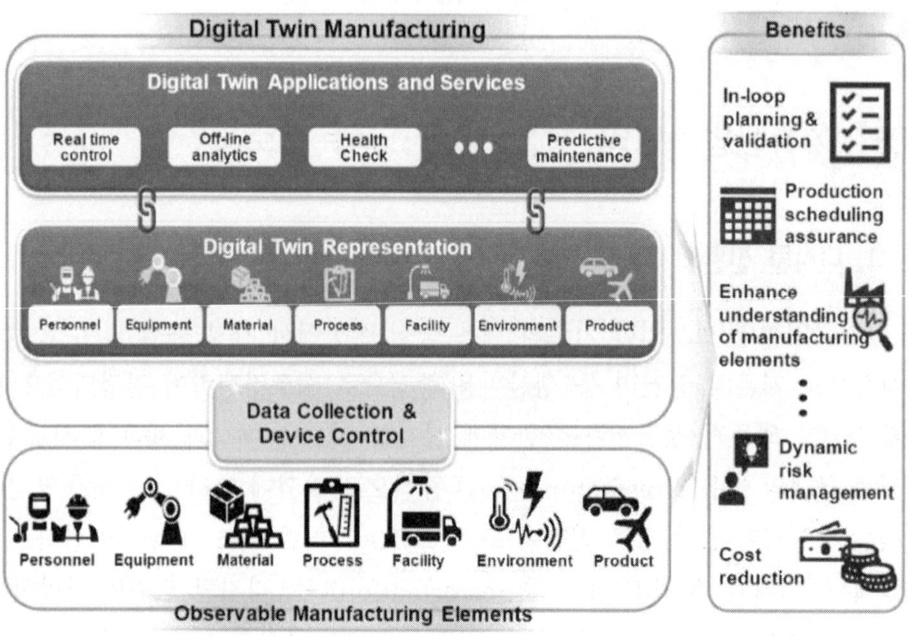

[그림 10-1] 디지털 트윈 기반 스마트 팩토리 개념도

특히 실시간 현장에서 발생하는 빅데이터를 수집하기 위한 사물인터넷, 이를 실시간 분석하여 의미있는 정보로 도출한 뒤 효과적 공장운영 관제 및 최적화

관리를 위한 의사결정 지원 기술로 사용되는 인공지능 기술은 스마트 팩토리의 디지털 트윈을 위한 핵심요소이다.

디지털 전환에 대한 정의는 다양하나 제조 관점에서는 '디지털 新기술을 활용, 경영환경 변화에 선제적 대응 또는 新제품·서비스 창출을 지속 추진하여 경쟁력을 높이는 프로세스'로 정의할 수 있다.

〈표 10-2〉 디지털 전환의 주요기술

구 분	성 격	기술분야
플랫폼 디지털 기술	다양한 산업군의 요구사항을 적용하여 성과를 강화시키는 '플랫폼' 성격의 기술	클라우드, 모바일, 빅데이터, 소셜 영역 등
가속 디지털 기술	플랫폼 디지털 기술의 발전/플랫폼 기반 혁신을 가속하는 디지털 기술	로봇, IoT, 인공지능, 차세대 보안, 3D 프린터, 인터페이스 등

디지털 전환을 통한 스마트팩토리 제조 혁신의 진화를 뒷받침하는 기술 분야로는 ① 디지털 트윈, ② 협업 로봇, ③ 산업용 VR/AR, ④ 제조 빅데이터, ⑤ 산업용 IoT가 핵심이며, 상호간 연계를 통해 보다 고도화된 스마트 펙토리 구현이 가능하다.

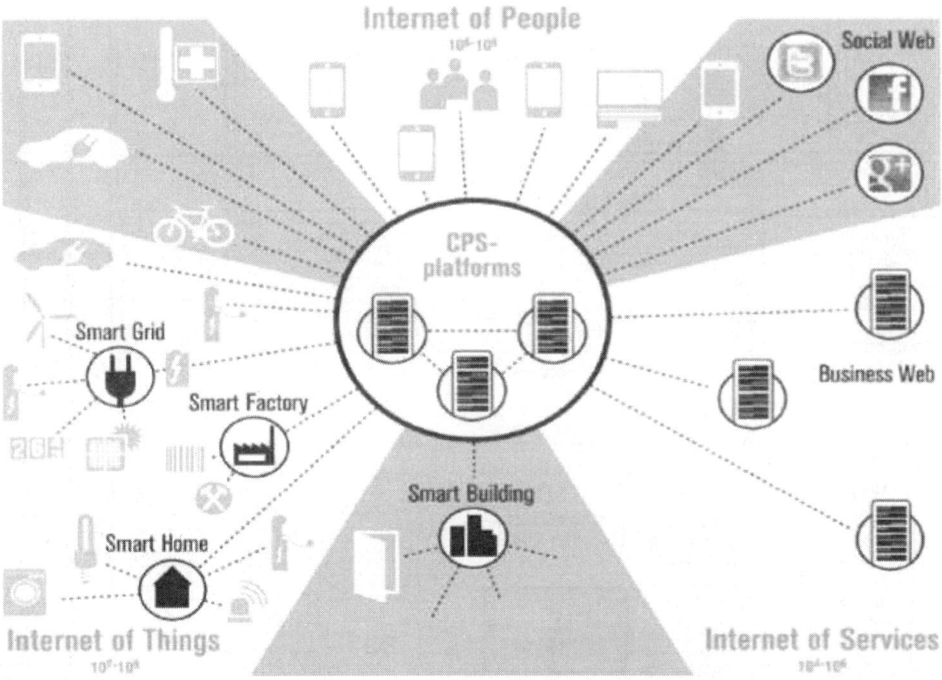

[그림 10-2] 디지털 트윈을 지향하는 CPS 핵심기술

학습 10

제조업의 CPS는 실제 제품/설비 운영이 실시간 가상 공간에서 동기화되고 수집된 데이터를 기반으로 분석 알고리즘을 통한 패턴을 도출하여 현실공간에 지능적으로 제어되는 시스템이다.

CPS가 활용된 스마트 팩토리의 최종 목표는 가상공간과 현실공간이 완벽히 통합된 디지털 트윈으로 볼 수 있다.

[그림 10-2]처럼 스마트 팩토리를 위한 디지털 트윈을 지향하는 CPS핵심기술은 설비간 연결되어 소통하는 Connected Factory구현을 위한 사물인터넷 연결 기술, 모든 공정 과정과 전 Value Chain을 플랫폼에 통합하는 기술, 공정과정에서 수집된 데이터를 실시간으로 분석하는 기술, 자율화 및 최적화된 의사결정을 통해 공장 자동화 및 지능화하는 인공지능의 고도화 기술들이 실물과 사이버 세계를 디지털 기술로 연결하는 것이 디지털 트윈이다.

2. 스마트 팩토리의 핵심기술

스마트팩토리의 핵심기술 구조는 기초에서 고도화까지 스마트공장의 수준 별로 요구되는 기술을 정의하여, 이를 기반으로 스마트팩토리의 핵심기술을 구성하였다.

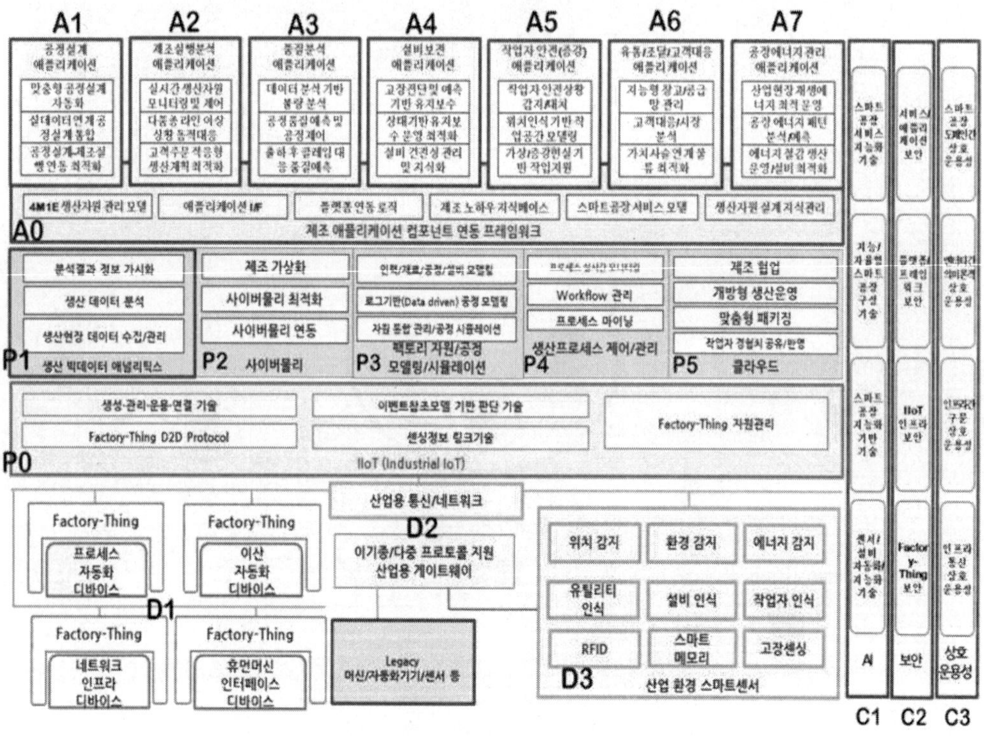

[그림 10-3] 스마트팩토리의 핵심기술

스마트 팩토리의 핵심기술 구성 항목은 [그림 10-3]처럼 애플리케이션(A0~A7), 플랫폼(P0~P5), 센서 및 디바이스 (D1~D3), 인공지능(C1)/보안(C2) /상호 운용성(C3) 등으로 구성되어 있다.

스마트팩토리의 관련 요소기술은 지능형 데이터 처리 및 의사결정 기술, 제조공통 인프라 플랫폼, 표준 데이터 수집 기술, 모듈형 장비 기술 등 이다.

3. 스마트팩토리를 통한 디지털 전환

현실에 존재하는 물리적 대상의 형상, 성질, 상태 등의 정보를 사이버 상에 동일하게 구현(1대1 매칭)·시각화한 가상 모델이다. 스마트팩토리의 디지털 트윈은 일반적인 시뮬레이션 모델과 달리 센서·IoT를 기반으로 현실의 사물과 1대1 매칭, 실시간 연결, 양방향성, 현실성·즉시성 등의 특징을 갖는 동적 모델이다.

현실 공간의 모든 사물이 연결되고, 이들의 디지털 복제품이 가상 공간에서 연결되며, 현실 공간과 가상 공간이 실시간으로 소통한다.

스마트 팩토리의 제조산업에서의 디지털 트윈은 실제 생산 제조라인과 환경을 시뮬레이션하고 점검·예측·대처할 수 있는 디지털 모델 시스템을 의미한다. 스마트 팩토리에서 디지털 트윈은 생산 돌입 전 단계에서 돌발 상황을 포함하여 일어날 수 있는 다양한 상황들을 가상의 공장에서 검증을 수행할 수 있는 장점을 보유하고 있다.

[그림 10-4]처럼 스마트 팩토리와 디지털 트윈의 최종 범위는 '제품개발 - 부품조달 - 생산 - 유통 - 고객 사용 - 폐기'의 제품생애 全주기를 포괄한다.

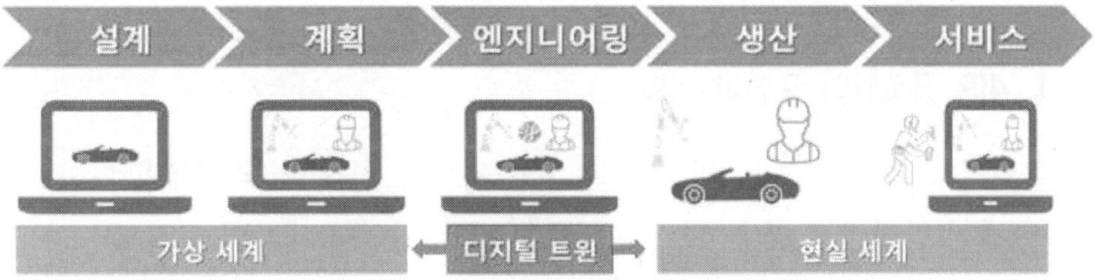

[그림 10-4] 스마트팩토리와 디지털 트윈의 범위

스마트 팩토리의 디지털 트윈 요소는 크게 기업의 자산·인력·공정의 디지털화로 구분되고 생성된 모든 정보를 끊김없이 연결되는 특징을 보유하고 있다.

1) 자산의 디지털화

제품 · 부품 · 생산 · 설비 등 모든 자산의 디지털 트윈을 SW로 구현함으로써 제조 시스템 전체의 구성요소를 가상화한다.

2) 인력의 디지털화

제조인력에 대한 디지털 아바타를 구현, 작업자의 다양한 정보(생산현황, 작업시간 · 내용, 생산성, 건강상태 등)가 아바타에 기록되어 피로도나 평소와 다른 실수 등을 감지하며, 작업자에게 실시간으로 작업수행정보 제공한다.

3) 공정의 디지털화

제조 시스템을 구성하는 요소(자산, 인력 등)을 실제와 동일하게 연결하고, 실제와 동일한 가상의 구동을 통해 실시간 확인 · 시뮬레이션 한다.

디지털 트윈의 구현을 위해서는 다음과 같은 발전과도 관련된다.

① 전체 제품 가치 사슬의 참여
② 표준화된 모델링
③ 다양한 소스의 데이터 포함
④ 긴 수명주기를 위한 독점적 SW 지양이 중요
⑤ 이는 IoT, 제조 빅데이터, 산업용 VR/AR, 협업 로봇 등 다른 디지털 기술

10-2 4IR Engineer의 글로벌 도전 가치

1. 4IR 글로벌의 도전과 기회

글로벌 공급망, 디지털 미디어 및 연결 장치로 인해 우리 세계의 도전으로 인하여 점점 작아지고 있다. 그러나 때로는 그로 인하여 세계의 도전 과제가 그 어느 때보다 커 보이기도 한다.

중산층이 전 세계적으로 성장하는 동안에도 많은 사람들이 여전히 빈곤 속에 살고 있으며, 열악한 환경에서 일하고 자신들의 미래를 건설하기 위해 고심하고 있다. 이와 함께 2050년까지 세계 인구는 90억 명에 달할 것으로 예상되며 인류의 환경 영향은 지구의 자원이 감당할 수 있는 것보다 더 크다. 그렇기 때문에 사람과

공동체의 삶의 질을 향상시키는 혁신적인 제품과 기술을 통해 공동의 가치를 창조하는 동시에 제품을 만들고 사용할 때 소비되는 자원의 양을 줄이는 것이 중요하다.

미래의 지속 가능한 솔루션을 위하여 현재 적극적인 글로벌 도전과 협력이 필요하다. 이런 협력 정신은 2015년 9월 유엔이 도입한 17개 지속가능발전목표의 핵심이다.

이러한 목표는 정부, 시민사회, 기업이 힘을 합쳐 빈곤을 종식시키고 번영을 보장하며 지구를 보호하기 위한 진전을 이룰 수 있는 방법에 대한 공통의 이해를 형성한다. 지속가능발전목표(SDG)는 지속 가능한 발전으로 나아가기 위해 해결해야 할 과제를 명확히 기술하고 있다.

지속가능성장에 대한 리더쉽에 전념하고 있다. 지속 가능한 개발을 촉진하는 오랜 역사뿐만 아니라 폭넓은 제품 포트폴리오와 다양한 시장에서 의존재 때문에 글로벌 기업들은 모든 기여를 다하고 있다.

글로벌 기업의 이러한 목표의 달성을 적극적으로 지원하고, 기업이 정한 우선순위를 반영하기 위해 자체 지속가능성장 접근방식 내에서 목표와 이니셔티브를 지속적으로 검토하고 있다.

[그림 10-5] The more you know

출처 : success pictures

2. 글로벌 비즈니스의 역할

기업들은 공유 가치를 창출할 수 있는 유력한 위치에 있다. 급여와 세금의 형태로 지불하는 것과 함께, 기업들은 고용주 · 구매자 · 투자자로서 경제 및 사회 발전을 촉진하는 데 기여한다. 그들은 또한 혁신적인 기술과 제품을 만들어냄으로써 지속 가능한 경제로의 전환을 가속화 할 수 있다. 모든 가정에 있는 모든 제품들이 에너지나 물을 적게 사용한다면 절약할 수 있는 자원을 상상해 보자.

또는 지구상의 모든 차량이 더 가볍고 연료를 덜 사용할 경우의 CO2 배출량의 감소를 상상해 보면 자원의 효율적 해결책은 인간과 지구의 경제적, 생태학적, 사회적 요구 사이의 균형을 개선하고 지속 가능한 미래로의 길을 열 수 있다.

3. 글로벌 가치 사슬에 따라

기업들은 또한 전세계 어디에서든 공급망과 접촉하는 사람들의 소득 기회를 향상시키는 프로젝트를 지원하기 위해 정부 및 비정부 기관과 협력하고 있다. 예를 들어 국제 개발 기구인 솔리다드(Solidaridad)는 기름 야자 같은 작물의 소액주주 농부들을 지원하기 위해 기업들과 협력하고 있다. 이것은 농부들로 하여금 생산성을 높이고 안전과 환경 지속가능성장에 대한 증가하는 기대를 충족시킬 수 있게 한다. 또한 고용 안정을 보장하고 근로자와 그 가족의 생계를 개선한다.

4. 공유의 가치와 변화 시간

함께 일하는 것이 공유 가치를 창출하는 가장 효과적인 방법이다. 그렇기 때문에 여러 산업의 기업과 단체들이 사회적 발전을 장려하고 우리 현대 생활 방식의 환경적 영향을 줄이기 위해 힘을 합치고 있는 것이다.

플라스틱 은행은 단지 하나의 강력한 예 일뿐이다. 해양 플라스틱을 중단하고, 환경으로부터 플라스틱 폐기물을 제거하여 돈이나 서비스를 얻을 수 있는 기회를 줌으로써 가난한 사람들에게 기회를 제공하는 것을 목표로 하는 사회적 기업이다. 수거된 플라스틱은 분류, 처리, 재활용이 가능하도록 한다.

지구의 자원은 그 어느 때보다도 소중해지고 있는 반면, 우리가 직면하고 있는 세계적인 도전은 항상 커지고 있는 것처럼 보인다. 이러한 과제에 대한 해결책을 찾아 구현하고, 기회를 여는 것은 기업 및 기타 조직이 협력하여 더 적은 자원을 소비하면서 공유 가치를 창출하는 경우에만 가능하다. 유엔 지속가능발전 목표와 같은 강력한 파트너십을 체결하고 단체들을 지원함으로써, 우리는 이러한 변화를 가속화하고 사람과 사회의 삶의 질을 향상시키는 혁신적인 제품과 기술을 개발하는 동시에 우리 행성의 미래도 보호할 수 있다.

10-3 4IR Engineer의 글로벌 도전

1. 감정/의견표현

분 류	항 목
중분류	기쁨/즐거움, 슬픔/걱정/위로/충고, 실망/비난/변명, 화/짜증, 긴장/두려움, 맞장구/농담/비밀, 다툼/화해, 오해/후회, 동의/찬성/반대, 화제전환/말 잇기
소분류	자주 쓰이는 표현, 기쁨/즐거움, 흥분/놀라움

How do you feel?

A : If you have a lot of stress, what do you do relax?

B : When I get stressful, I try to go see a movie.

A : I saw a horror movie to relax last night.

B : How did you feel when you saw the movie?

A : It was too scary, so I felt irritated.
Without my boyfriend, I couldn't finish seeing the movie.

B : I saw the same movie, but I felt bored.

수행 내용

재료 · 자료

• 4차산업 혁명 관련 자료

기기(장비 · 공구)

• 컴퓨터, 프린터, 주변기기

안전 · 유의사항

• 컴퓨터 및 주변기기의 전원을 관리한다.

수행 순서

01 디지털 전환에 대한 정의를 스마트팩토리 제조업 관점에서 분석하라.

디지털 전환(Transformation)에 대한 정의는 다양하나, 제조 관점에서는 '디지털 新기술을 활용, 경영환경 변화에 선제적 대응 또는, 新제품 · 서비스 창출을 지속 추진하여 경쟁력을 높이는 프로세스'로 정의할 수 있다. 디지털화를 통한 기업의 전략 · 프로세스 변화부터 비즈니스 모델 · 커뮤니케이션 · 시스템 등에 이르기까지의 전체를 포괄한다.

〈표 10-3〉 디지털 전환의 정의

구 분	정 의
IDC	기업이 새로운 비즈니스 모델, 제품 및 서비스를 창출하기 위해 디지털 역량을 활용함으로써 고객 및 시장의 파괴적인 변화에 적응하는 지속적인 프로세스
IBM	기업이 디지털과 물리적인 요소를 통합하여 비즈니스 모델을 변화시키고 산업에 새로운 방향을 정립하는 전략
AT Kearney	디지털 신기술로 촉발되는 경영환경 상의 변화동인에 선제적으로 대응함으로써 현행 비즈니스 경쟁력을 획기적으로 높이거나 새로운 비즈니스를 통한 신규성장을 추구하는 기업활동

구 분	정 의
KISDI	기업을 전환의 주체로 보고, 최신 디지털 기술을 기반으로 변화하는 환경에 대응하여 경쟁력을 확보하려는 노력
WEF	디지털 기술 및 성과를 향상시킬 수 있는 비즈니스 모델을 활용하여 조직을 변화시키는 것임

02 디지털 전환에 따른 스마트팩토리의 제조혁신에 대하여 분석하라.

디지털 전환에 따라 스마트팩토리의 제조 혁신은 크게 ① 커넥티드, ② 고객맞춤형, ③ 협업형, ④ 친환경, ⑤ 인텔리전트의 방향으로 진행될 전망이다.

1. 커넥티드 제조(Connectivity)

① 기기間 연결 : 글로벌 산업용 IoT 표준(예 IIoT, OPC UA)에 맞게 이종 기기 간 상호 데이터 호환 · 제어가 가능한 제조 시스템

② 공장間 연결 : 공장 간 유기적 연결을 통해 전사적 경영효율화를 추진하고, 개별공장의 효율화 성과를 全 공장으로 신속히 확산

③ (例) 보쉬(獨) : '20년까지 250여개 자사 공장을 연결하여, 새로운 경영효율화 프랙티스를 함께 창조(Co-create)하고, 성공 사례의 상호복제(Copy) 추진

2. 고객맞춤형 제조(Customization)

개별 고객의 다양한 니즈에 신속하게 대응가능한 생산시스템 구현을 통해, 유연생산이 가능한 제조 시스템(예 아디다스 '스피드팩토리' - 신발 밑창 제작에 3D프린팅 기술을 적용, 연간 백만 켤레 생산 추진)

3. 협업형 제조(Collaboration)

사람 - 기계 간 협업장비와 빅데이터, CPS 등을 연계, 공장전체의 생산성 증대가 가능한 고용친화형 제조 시스템(예 보쉬(獨) : MR 기반의 스마트 툴(Smart Tool)을 통해 중앙서버에서 작업자 의 업무를 인지, 지시하고 旣 세팅된 프로그램에 따라 툴을 실행)

학습 10

4. 친환경 제조(Sustainability)

① 에너지 : 전력 · 에너지 사용량 절감을 위한 수요관리 및 신재생 에너지 사용 확대 등 에너지 효율형 제조 시스템(㉑ 제조 공정 전반의 에너지를 효율적으로 관리하는 시스템(FEMS))

② 산업폐기물 : 자원재활용 · 유해물질 누출방지 등 친환경 폐기물 관리 시스템

5. 인텔리전트 제조(Intelligence)

공장전체를 가상화한 디지털 트윈과, 인공지능 등을 활용한 빅데이터 분석을 통해 최적의 공정을 구현하는 지능형 제조 시스템(㉑ 파낙(獨) : 엣지컴퓨팅과 인공지능 결합 시스템인 FIELD를 통해 현장 데이터를 공장에서 즉시 분석 · 피드백하여 설비 지능화를 실시간 제고)

03 스마트 팩토리의 디지털 전환 요소기술에 대하여 분석하라.

스마트 팩토리의 디지털 전환 요소기술은 산업용 사물인터넷(Industrial Internet of Things), 시뮬레이션, 빅데이터 분석, 인공지능(AI)과 같이 크게 4가지의 기반 기술로 구성되어 있다. 스마트 팩토리의 건설을 가상과 실제 상황을 고려한 기술인 디지털 트윈에서 물리적 사물과 디지털 객체는 요소 기술을 바탕으로 밀접하게 연결(Pairing)되어 상호작용을 한다.

스마트 팩토리의 제조공정에서 발생하는 데이터를 데이터 분석, 처리, 가공 등의 기능을 가지는 디지털 트윈 플랫폼과 연계하여 운영을 최적화하는 방안을 함께 도시하고 있다.

1. 산업용 사물인터넷

사물인터넷(Industrial IoT) 컨소시엄(IIC)에 따르면 산업용 사물인터넷이란, 사물인터넷 기술과 기계, 컴퓨터, 인간이 기업 성과 개선을 목적으로 최첨단 데이터 분석방법을 이용하여 지능적으로 산업을 운영하기 위한 IoT 플랫폼으로 정의한다.

미국 제너럴 일렉트릭사(GE)는 데이터와 효율성 개선, 생산성 가속화 및 운영비 분석으로 사람과 기계의 상호접속 방식을 개선하는 것으로 정의한다. 제조공정의 물리적 사

물과 디지털 모델 간의 연결은 사물인터넷 기술을 기반으로 하여 이루어진다. 실제 사물의 지속적인 정보를 파악하기 위해 사물인터넷 기술을 적용하여 해당 기기로부터의 실시간 정보를 획득한다. 이 정보는 스마트팩토리의 구성을 위해 디지털 트윈의 시뮬레이션 기술을 통해 미래에 발생될 수 있는 문제를 예측할 수 있도록 지원한다.

스마트 팩토리의 생산 현장의 센서와 장비들을 네트워크로 연결하여, 자동적으로 제조 공정/환경의 정보가 계측·시스템에 보고되어 운영 효율성, 비용 및 시간 절감, 안전성 향상을 통한 생산성 증대가 가능하다. 기업의 IIoT에 대한 인식이 빠르게 확산되고 있으나, 적합한 비즈니스 모델의 부재와 투자자금 부담이 도입의 장애로 작용한다.

기업의 IIoT 도입 장애요인으로는 투자 자금 문제(32%) 〉 적합한 비즈니스 사례구축(30%) 〉 IIoT에 대한 이해·비즈니스 적용 문제(26%) 〉 보안 (25%) 〉 표준(22%) 등의 순으로 나타난다.

2. 시뮬레이션 기술

스마트 팩토리의 디지털 트윈의 시뮬레이션을 기반으로 생산량 증가를 위한 시뮬레이션 기술이 점차 중요해지고 있다. 전통적인 시뮬레이션은 표준화된 모델링 프로세스를 적용하여 표준화된 데이터로 진행한다. 그러나 사물인터넷 기술과 융합된 시뮬레이션 기술을 사용하면, 가상의 트윈 모델에 실시간으로 물리적 세계의 정보를 반영할 수 있다. 또한 융합된 시뮬레이션 모델을 물리적 설계과정에서 즉각 실체화할 수 있다.

스마트 팩토리의 제조 산업 디지털 트윈에서 시뮬레이션은 제품 및 개발 작업에 사용된다. 하드웨어 변경은 소프트웨어 수정 비용에 비해 훨씬 비용이 많이 들지만, 시뮬레이션 기술을 사용하여 제품 생산 진행 단계에서 종종 발견되는 문제를 생산 전 단계인 가상 설계 단계에서 조기 발견할 수 있다.

또한 스마트 팩토리의 제조상의 오류는 시뮬레이션에서 해결하기가 더 쉽다. 현장과 동일한 가상의 제조 시스템 환경에서 시뮬레이션으로 문제를 재현한 후, 시뮬레이션 모델에서 문제 해결을 위한 변경사항을 구현하여 오류가 수정되었는지 확인할 수 있다.

디지털 트윈에서 사용되는 시뮬레이션 기술은 전통적인 CAD(Computer Aided Design)와는 다르며, 단순히 또 다른 사물인터넷 솔루션도 아니다.

스마트 팩토리의 구현을 위한 디지털 트윈에서 시뮬레이션 기술은 실 시스템의 성질을 나타내는 디지털 모델을 구현하고, 이 모델을 사용하여 시스템 운영을 위한 다양한 전략을 평가하기 위해 실험을 수행하는 프로세스이다.

스마트 팩토리의 디지털 시뮬레이션 모델은 크게 이산(Discrete) 모델, 연속(Continuous)

모델, 몬테카를로(MonteCarlo) 모델로 나누어진다. 시스템의 상태가 특정 시점에서만 변화가 발생할 경우 이산 모델(Discrete Model)에 해당한다.

제조 시스템을 예로 들면 특정 시간에서 부품의 도착과 출하, 기계의 중단 및 가동 등이 있다. 반면에 시스템의 상태가 시간에 따라 연속적으로 변한다면 연속 모델(Continuous Model)에 해당한다. 몬테카를로 모델(Monte-Carlo Model)은 수치(Numerical)로 일련의 난수(Random Number)를 반복적으로 발생시켜 시뮬레이션을 수행하고 해를 찾는 모델이다. 이산 모델(Discrete Model)은 다시 이벤트 기반 모델과 타임스텝 기반 모델로 나누어진다. 이벤트 기반 모델은 특정한 이벤트를 통해 서로 영향을 미치는 개체의 집합이다. 이벤트는 특정 시점에서 발생하며, 해당 시점에서 시스템 상태 변경을 일으킨다.

타임스텝 기반 모델은 관찰시간 간격을 지정하고, 특정 관찰 시점에서 개체 상태가 변경되었는지 확인하는 모델이다. 관찰시간 단위가 너무 작으면 시뮬레이션 모델의 실행속도가 느리다. 반면에 관찰시간 단위가 너무 크면 중요한 변경 사항을 놓칠 위험이 있다.

한편, 시뮬레이션 모델은 모델 설계자가 대상 시스템을 이해하는 시각에 따라서 같은 시스템이어도 여러 형태의 모델로 모델링될 수 있다. 이러한 관점을 월드뷰(World View)라 한다. 시뮬레이션 모델링은 월드뷰에 의하여 이산형, 연속형, 혼합형 모델 링으로 나누어진다. 대부분의 시뮬레이션에서 시간이 주요한 독립변수이고, 시뮬 레이션에 포함되는 다른 변수들은 시간의 함수로 표현되며 종속 변수가 된다.

시뮬레이션 시간 구간에 따라 종속변수가 연속적으로 변화할 수 있으면 연속형 모델링이 된다. 반면에 종속변수가 사건 발생 시간이라고 불리는 특정한 시간에만 변화가 일어 난다면 이산형 모델링에 해당된다. 혼합형 모델링에서 종속변수는 이산적으로 변할 수도 있고, 연속적으로 변할 수도 있다. 혼합형 모델링에서 중요한 것은 이산적으로 변하는 변수들과 연속적으로 변하는 변수 간의 상호작용으로부터 발생하는 것이다.

3. 빅데이터 분석

스마트팩토리의 제조 산업에서 빅데이터란 설계, 제작, MRO 등과 같이 제품 수명주기에서 생성된 데이터를 의미한다. 제조 공정 단계별로 수집된 빅데이터는 정제·분석 과정을 거친 후 실시간 공정현황으로 시각화된다. 또한 실물과 연동된 디지털 트윈 모델에 대해 각각 분석 데이터를 생성하고 이에 따라 개별 제품의 상황을 파악할 수 있다. 나아가 디지털 트윈의 시뮬레이션 기술과 결합하면 분석 데이터로부터 가상의 시뮬레이션 결과를 도출하여 최적의 운영 방안을 선택할 수 있다.

빅데이터는 대용량(Volume), 다양한 형태(Variety), 고속생성 및 고속처리(Velocity), 가치(Value)라는 특성을 가지는 데이터이다.

〈표 10-4〉 제조 현장 빅데이터 적용 사례

기 업	사 례
Siemens	• 암베르크 공장에서 설비 · 센서를 통해 수집된 빅데이터를 실시간으로 분석 • 제품 설계 · 생산 · 서비스를 일괄적으로 관리하는데 반영 • 신속 · 유연한 운영이 가능해지며 생산의 최적화 및 불량률 감소 달성
Mitsubishi	• IoT 기반의 빅 데이터 활용으로 스마트 팩토리 구현 • 인텔과 협업하여 구축한 FA+IT 시스템인 e-F@ctory는 생산 품질, 설비 가동 상황, 작업자의 동향 등을 실시간으로 파악이 가능 • 협력사 중심으로 실증 레퍼런스를 확대 중('16.末 130개사, 5,200건 가동 중)
Nova Chemicals	• 11가지 화학물질 및 플라스틱 제조설비에서 발생하는 연간 2만개 이상의 유지보수 스케쥴링을 개선하기 위하여, SAP와 공동으로 고급 데이터 분석 및 클라우드 컴퓨팅을 도입 • SAP사의 EAM 소프트웨어는 Nova Chemicals에서 계획된 유지보수 일정에 대한 통합 정보를 제공 • 사후대응 · 긴급작업 소요시간 47% 감축, 연간 유지관리 준수율이 22% 향상

빅데이터가 세계적으로 주목받는 배경에는 데이터의 폭발적 증가, 대용량 데이터의 처리 · 분석 · 활용을 가능하게 하는 기술의 발달, 데이터 활용을 통한 효율성 증대 및 리스크 감소에 대한 니즈 증가 등이 있다. 이에 따라 빅데이터의 범위도 대용량 데이터의 수집에서 분석 · 활용에 이르기까지의 전체를 포괄하는 방향으로 확장 중이다. 제조에서의 빅데이터는 공급사슬 및 물류, 설비의 예지보전, 고객 관리 및 소비자 기재 충족 등 폭넓게 활용되며 기업의 생산성 향상은 물론 비즈니스 모델의 변화까지 영향을 미치고 있다. 빅데이터 도입시, 중소기업의 업종별 생산성 증가는 제조업(4.7%) 〉 보험(4.1%) 〉 소매업(2.3%) 순으로 나타날 것으로 예측한다.

4. 인공지능

스마트 팩토리의 제조 산업 디지털 트윈 기술에서는 인공지능(Artificial Intelligence) 기술을 활용해 실시간으로 결함이 있는 항목을 감지하고 이에 대한 조치를 취할 수 있다. 제조 산업 기반 디지털 트윈에서 인공지능 기술은 크게 2가지 기술이 사용되어진다.

① 컴퓨터 비전(Computer Vision)

학습 10

② 패턴 인식(Pattern Recognition)

컴퓨터 비전(Computer Vision)은 기계에 시각적 인지능력을 부여하는 기술이다. 제조 산업 디지털 트윈에서 컴퓨터 비전 기술은 제조된 제품 품질 관리 및 검사, 로봇 제어 등에 적용된다. 또한 디지털 트윈은 패턴 인식(Pattern Recognition) 기술을 이용해 제품 사용 패턴에 기반하여 최적의 제품 수명 모델이나 성능 모델을 생성할 수 있다.

5. 산업용 VR/AR

스마트 팩토리의 고도화를 위해 필수적인 물리 공간의 가상화 및 물리 공간과 가상 공간 간의 연계, 디지털 트윈의 구현 등에 있어 산업용 VR/AR는 중요한 위치를 차지한다. 스마트 팩토리의 제조 공정에서의 설계 · 배치 검증, 재고 관리, 안전 교육, 원격 유지보수 · 검사 등 제조 현장에 활용 가능한 산업용 VR/AR 기술이 세계적으로 광범위하게 발전하는 추세이다.

IDC에 따르면, 세계 VR/AR 시장은 '21년까지 매년 두 배 증가하고, 이 중 대부분은 산업의 유지보수용 VR/AR일 것으로 전망이다.

〈표 10-5〉 VR/AR 기술 제조 현장 적용 사례

구 분	기 업	사 례
제조 공정 설계 · 배치 검증	Ford	• 엔지니어가 가상 환경에서 자동차 생산의 전 과정(파워트레인부터 실내 장식까지) 설계 및 구축이 가능 • CAD 설계를 가상 자동차로 변환, 엔지니어가 차량 구성 요소를 밀리미터 단위로 검사하고 차체 내부를 걸어서 살펴볼 수 있음 • 서로 다른 국가의 포드 설계자 간 협력이 가능한 시스템 구축
증강 현실 재고 관리	DHL	• 창고 효율성 향상을 위한 AR 프로그램을 '15년 시범운영 • Google Glass 등 AR 헤드 장착 디스플레이를 사용, 작업자가 '비전 피킹'에 참여, H/W는 작업자에게 네비게이션 보조 기능을 제공하여 할당된 물품을 적합한 경로 · 위치로 직접 보내고, 각 물품은 디스플레이를 통해 창고 직원이 쉽고 빠르게 식별토록 지원 • 시범 운영 중 10 명의 주문 피커가 총 2 만 개의 주문으로 구성된 9,000 회의 주문을 수행
가상 현실 안전 교육	Gabler	• VR 기술을 제조 공정에 도입, 헤드 장착형 디스플레이를 사용하여 가상 세계에서 제조 라인을 재생성하여 잠재적 안전 위험을 사전에 탐지 • 위치에 관계 없이 여러 작업자가 VR에서 장비를 탐색/상호 작용 • 고비용 · 고위험을 수발하는 라인의 설계 위험 발생 원인 탐색 • 개발시간 15 % 단축/협업 용이성/안전성/품질향상 달성
원격 유지 보수 · 검사	Gabler	• 전문가가 제조 시설을 가상으로 방문, 저비용으로 보다 쉽고 자주 안전 검사 · 유지 보수 수행 가능

04 4IR Engineer의 글로벌 도전을 위해 유용한 문장을 영어로 표현하라.

Useful Expressions(문장을 영어로 표현하기)

1. 저 대학에 합격했어요.
   I got accepted into college.

2. 축하해요. 나도 정말 기뻐요.
   Congratulations. I'm really happy for you.

3. 이렇게 기쁠 수가 없어요.
   I couldn't be more happy.

4. 애도를 표합니다.
   You have my condolences.

5. 오해하지 마세요.
   Don't get me wrong.

6. 오해를 풀고 싶어요.
   I want to clear up the misunderstanding.

학습활동.10 교수 · 학습 방법

교수 방법

- 4IR 글로벌 도전의 가치와 디지털 전환에 대한 관련 용어, 구성, 방식 이해 정도를 파악한 후 수업을 진행한다.
- 교수자의 주도로 4IR 글로벌 도전의 가치와 디지털 전환 등의 내용을 PPT 자료로 제시한 후 설명한다.
- 가능하면 사전에 개인별 학습 자료를 준비하여 모든 학생이 참여할 수 있는 문제 해결식 수업, 협력 수업이 가능하도록 한다.
- 4IR 글로벌 도전의 가치와 디지털 전환 전 과정을 작업의 순서에 따라 단계적으로 실습이 이루어질 수 있도록 지도한다.
- 교재를 통해 수업을 준비하는데 있어서 필요한 모든 정보나 팁, 힌트 등 도움이 될 만한 내용들을 확인할 수 있다.
- 학생들이 만들게 될 각 모델들은 수업시간에 중점적으로 다뤄질 부분과 어휘, 질문, 답을 포함하고 있으며 또한 탐구할만한 추가적인 아이디어들도 포함하고 있다.

학습 방법

- 4IR 글로벌 도전의 가치와 디지털 전환에 대한 관련 용어를 숙지하고, 4IR 글로벌 도전의 가치와 디지털 전환에 대해 이해한다.
- 4IR 글로벌 도전의 가치와 디지털 전환의 각 단계별 중점 사항을 체계적으로 학습한다.
- 4IR 글로벌 도전의 가치와 디지털 전환의 수행순서의 전 과정을 실습한다.
- 4IR 글로벌 도전의 가치와 디지털 전환의 내용을 이해한다.
- 4IR 글로벌 도전의 가치와 디지털 전환을 이해하고 숙달이 될 때까지 학습한다.

학습활동.10 평가 및 피드백

평가 준거

- 평가자는 피평가자가 수행 준거 및 평가 내용에 제시되어 있는 내용을 성공적으로 수행할 수 있는 지를 평가해야 한다.

학습내용	평가항목	성취수준		
		상	중	하
4IR 글로벌 도전의 가치와 디지털 전환	4IR 글로벌 도전의 가치와 디지털 전환을 이해할 수 있다.			

평가 방법

- 작업 포트폴리오

학습내용	평가항목	성취수준		
		상	중	하
4IR 글로벌 도전의 가치와 디지털 전환	4IR 글로벌 도전의 가치와 디지털 전환을 이해할 수 있다.			

- 필기시험

학습내용	평가항목	성취수준		
		상	중	하
4IR 글로벌 도전의 가치와 디지털 전환	4IR 글로벌 도전의 가치와 디지털 전환을 이해할 수 있다.			

- 체크리스트를 통한 관찰

학습내용	평가항목	성취수준		
		상	중	하
4IR 글로벌 도전의 가치와 디지털 전환	4IR 글로벌 도전의 가치와 디지털 전환을 이해할 수 있다.			

- 피드백

1. 작업 포트폴리오
   - 제출한 보고서를 평가한 후 주요 사항에 대하여 표시하여 돌려준다.
2. 필기시험
   - 평가 결과 성적이 저조한 학생은 보고서 제출 기회를 부여한다.
3. 체크리스트를 통한 관찰
   - 실습 과정에서 평가한 후 개선해야 할 사항 등을 정리하여 돌려둔다.

참 | 고 | 문 | 헌

1. 감동근. https://news.samsung.com/kr/gksrnr-dpswlsldj 지망생에게 건네는 두 가지 당부 2017.10.12
2. 김덕현. 4차산업혁명과 융합. https://brunch.co.kr/@duk-hyun/11, 2018. Aug.04
3. http://www.moreagile.net/2014/08/it.html
4. 컴퓨터 정보용어 대사전 한국사전연구사
5. 위키백과, https://ko.wikipedia.org/wiki/
6. https://www.oxford-royale.com/articles/reasons-learn-english/
7. https://m.blog.naver.com/PostView.
8. 중앙일보, 라이프 트렌드, 글로벌 기업 일자리 도전, 청년들이여 이렇게 준비하라
9. 엄일연, https://m.post.naver.com/viewer/ 철저히 준비하고 혁신적으로 도전하라, 글로벌SE, 2018.12.4
10. https://blog.hyosung.com/1381 [마이프렌드 효성 블로그]
11. https://www.bioin.or.kr/과학기술이 해결할 수 있는 10대 글로벌 도전과제, 2019. 4.11
12. MIT Technology Review, Ten big global challenges technology could solve, 2019.2.27
13. https://www.sedaily.com/NewsVIew/1VQZIUGI22
14. https://daystudy.tistory.com/227
15. https://newsroom.intel.co.kr/인텔, 글로벌 도전과제
16. https://phrase.dict.naver.com/ 네이버 글로벌 회화
17. 세계적인 도전과 기회, https://www.henkel.co.kr/
18. 4차산업혁명위원회(2018), 스마트공장 확산 및 고도화 전략
19. 4차산업혁명위원회(2018), 데이터 산업 활성화 전략
20. 국토연구원(2018), 4차산업혁명을 견인하는 '디지털 트윈 공간(DTS)' 구축 전략, 국토정책Brief, No.661
21. 곽기호 · 이하목(2016), 제조업 빅데이터 활용 동향 분석과 시사점 – 기계산업을 중심으로 –, IITP 주간기술동향
22. 김민규(2018), 4차산업혁명 미래전략보고서, BOOKSTAR, 파주
23. 김현 · 황승구(2018), IoT의 과거, 현재 그리고 미래, 전자통신동향분석, Vol. 33, No. 2.
24. 대외경제정책연구원(2016), 디지털경제의 진전과 산업혁신정책의 과제 : 주요국 사례를 중심으로, KIEP 정책연구 브리핑
25. 대외경제정책연구원(2017), 주요국의 4차산업혁명과 한국의 성장전략 : 미국, 독일, 일본을 중심으로, KIEP 연구보고서 17-07
26. 대한무역투자진흥공사(2018), 미국 스마트 제조기술 기업의 행보, http://news.kotra.or.kr/
27. 디지털리테일 컨설팅 그룹(2017), 왜 지금 디지털 트랜스포메이션인가?, http://digitalretail.co.kr/

28. 산업연구원(2017), 저출산고령화시대, 산업정책적 대응 강화 필요, 「i-KIET 산업경제이슈」 제15호
29. 산업통상자원부(2017), 4차산업혁명 시대 스마트공장 확산을 위한 핵심분야별 정책 방안 연구
30. 삼정KPMG(2018), 4차산업혁명과 제조혁신 : 스마트 팩토리 도입과 제조업 패러다임 변화, 「Samjong Insight」 Issue 55
31. 융합연구정책센터(2018), 협동로봇 산업 동향, 「융합 Weekly Tip」, vol.117
32. 엘지경제연구원(2016), 미국 · 독일 · 일본의 스마트 팩토리 전략
33. 엘지경제연구원(2017), 스마트 팩토리 삼국지
34. 이상진 · 임복규 · 박경록 · 박종찬(2018), 사람중심의 4차산업혁명을 선도하는 스마트 팩토리 운영과 전략, 한울, 서울
35. 조용주(2017), 4차산업혁명 시대에 국내 스마트팩토리 추진전략, 「정보과학회지」, Vol.35, Issue 6.
36. 전자신문(2018), 2021년부터 산업용 VR이 엔터테인먼트 추월, http://www.etnews.com/20180327000262
37. 정보통신기술진흥센터(IITP), 엣지 컴퓨팅, 4차산업혁명 시대 중요 인프라로 가치 배가, ICT Brief, 2018-14
38. 조성준 · 신훈식 · 김성현(2016), 제조 산업 빅데이터 도입 방안, 한국정보화진흥원 K-ICT빅데이터센터, 대구
39. 중소기업연구원(2017), 제4차산업혁명과 중소기업 혁신과제
40. 중소기업청(2016), 중소 · 중견기업 기술로드맵
41. 중기이코노미(2017), 제조공정 개선 'VR · AR' 한 몫 하는데 국내 열악, http://www.junggi.co.kr/article/articleView.html?no=20259

학습 1	4IR 핵심기술과 글로벌 도전 출발
학습 2	4IR 글로벌 도전의 핵심과 미션
학습 3	4IR 글로벌 도전의 결심과 집중
학습 4	4IR 글로벌 도전의 이유와 역량
학습 5	4IR 글로벌 도전의 시작과 목표
학습 6	4IR 글로벌 도전의 진화와 과정
학습 7	4IR 글로벌 도전의 미래와 매너
학습 8	4IR 글로벌 도전의 성공과 혁신
학습 9	4IR 글로벌 도전의 신뢰와 안전한 거래
학습 10	4IR 글로벌 도전의 가치와 디지털 전환
학습 11	**4IR 글로벌 도전의 전략과 서비스 융합**
학습 12	4IR 글로벌 도전의 성과 창출과 고도화
학습 13	4IR 글로벌 도전의 기반확립과 결실

학습 목표

1. 4IR 글로벌 도전의 전략과 서비스 융합을 이해할 수 있다.

11-1 4차산업혁명의 핵심기술, 스마트 헬스케어

1. 스마트 헬스케어의 개요

스마트 헬스케어란 헬스케어와 인공지능(AI), 빅데이터, 사물인터넷, 클라우드, 나노 등의 기술들이 융합된 새로운 개념으로 기존의 헬스케어 영역에서 더 나아가 언제 어디서나 개인이 손쉽게 건강관리를 받을 수 있어 최근 각광받는 분야이다. 스마트 헬스케어를 의료와 기술이 융합된 형태로 의료 데이터 기반 지능화된 서비스를 의미 환자 사용자의 개인별 건강상태를 시간과 장소의 제약없이 실시간으로 모니터링 및 관리하고 건강정보 및 질병상태 등을 분석하여 최적화된 맞춤형 진료를 제공하는 서비스 또는 시스템으로 정의한다.

개인의 건강과 의료에 관한 정보 기기 시스템 플랫폼을 다루는 산업 분야 건강 관련 서비스와 의료가 융합되어 개인맞춤형 건강관리서비스를 제공하는 것이다.

개인이 소유한 스마트 기기나 병원정보시스템 등에서 확보된 생활습관 신체검진 의료이용정보 유전체 정보 등의 의료 데이터 분석을 기반으로 제공되는 개인 중심의 건강관리생태계이다.

전 세계적으로 심각한 코로나 19의 대응, 고령화 추세와 급증하는 의료비 부담에 대한 국가적 대응이 시급한 상황이다 이로 인해 스마트 헬스케어가 새로운 부가 가치로 부상 중이다

2. 헬스케어 서비스 동향

헬스케어 분야는 전통적인 병원중심의 의료산업 영역에서 정보통신기술(ICT)을 의료분야 에 결합하여 다양한 수요자들에게, 보다 편리하고 다양한 형태의 건강 관련 서비스를 제공하기 위한 여러 가지 시도들로 발전되어 왔다(표 11-1).

〈표 11-1〉 헬스케어와 ICT 기술 결합을 통한 진화

구 분	Tele-헬스	e-헬스	u-헬스	smart-헬스
시기	1990년 중반	2000년	2006년	2010년 이후
서비스 내용	원내 치료	치료 및 정보 제공	치료/예방 관리	치료/예방/복지/안전
주 Player	병원	병원	병원, ICT 기업	병원, ICT기업, 보험사 서비스기업 등
주 이용자	의료인	의료인, 환자	의료인, 환자, 일반인	의료인, 환자, 일반인
주요 시스템	병원운영 (HIS, PACS)	의무기록(EMR) 웹사이트	건강기록(EHR) 모니터링	개인건강기록 기반 맞춤형 서비스

자료 : '스마트 헬스케어산업 활성화 방안' - 산업통상자원부, 2015. 01. 30

특히 최근에 4차산업혁명의 핵심기술인 인공지능, 사물인터넷, 웨어러블 디바이스 등 의료분야 밖에서 빠르게 발전하고 있는 디지털 기술을 의료분야에 접목하면서 더욱 광범위한 변화가 일어나고 있어 이에 대한 정책적 · 기술적 · 사회적 대응 전략이 필요한 시점이다

헬스케어 분야는 과거 치료 · 병원 중심에서 다양한 ICT 융합기술 및 바이오분야의 기술혁신으로 개인 스스로 일상에서 관리하는 예방 · 소비자 중심으로 의료 패러다임이 크게 변화되면서 고령화, 만성질환자 증가에 따른 의료비 급증을 해

결하기 위한 시장의 요구가 반영되어 발전되어가고 있다.

헬스케어 서비스의 발전 동향은 다음 3단계로 구분한다.

1) 헬스케어 1.0('18~21세기 초)

공중보건 질병 치료를 거친다.

2) 헬스케어 2.0 (20 세기)

21세기 이후 인간의 기대 수명 증가와 웰빙 웰니스 등의 중요성이 부각되고 있다.

3) 헬스케어 3.0

치료중심에서 사전진단 및 예방 일상생활에서의 건강관리로 무게중심이 이동하고 건강관리 및 예방으로 패러다임이 변화되었다

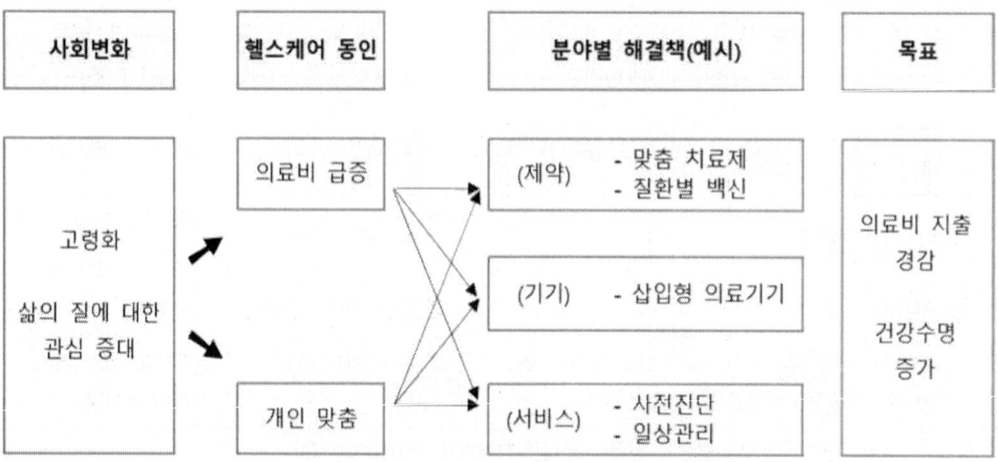

[그림 11-1] 헬스케어 3.0 시대

4차산업혁명은 ICT기술과의 융합을 기반으로 산업 시스템을 변화시켜 현시대의 삶의 정의와 접근 방식을 새롭게 제시함에 따라 건강에 대한 접근 방식이 변화되었으며, 스마트 헬스케어를 기반으로 하는 산업 또한 변화되고 있다.

의료와 ICT융합으로 의료 빅 데이터의 접근 및 확보 방식이 변화되고 있는 스마트 헬스케어는 융합된 기술의 의료IT 기기 서비스, App를 사용하는 환자(일반인) 개개인의 질환관리, 건강관리, 식습관관리 등의 다양한 형태의 서비스로 발

전 중이다 이를 기반으로 정밀의료 원격의료 모니터링 서비스 등 개인별 맞춤형 치료 서비스와 스마트 헬스케어 서비스가 종합적으로 생애주기 전반을 관리해주는 범위로 확대될 것으로 예상된다.

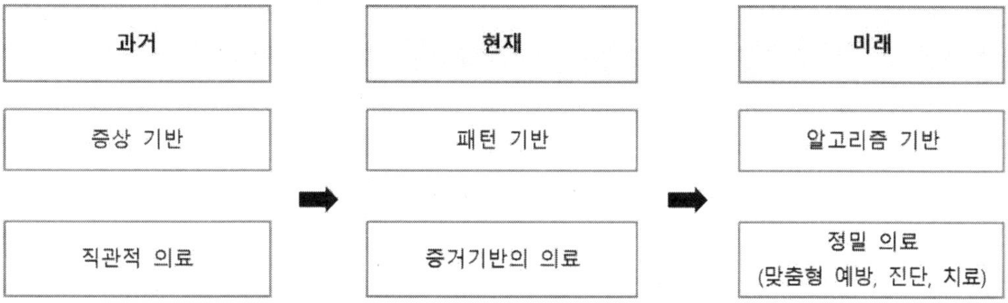

[그림 11-2] 의료방식의 변화

3. 스마트 헬스사업의 구성

스마트 헬스케어 산업에 대해 예방 개인맞춤 관리 중심의 의료 서비스 형태로서 의료 기술과 ICT기술이 융합된 기술을 활용 시간과 장소가 갖는 한계를 극복하고, 언제 어디서나 개개인 건강상태를 실시간 측정하여 환자(사용자)에게 최적화된 맞춤형 의료서비스를 제공할 수 있도록 연결고리 역할을 하는 산업으로 정의한다.

1) 스마트 헬스산업의 분류

스마트 헬스케어 산업은 일반적으로 하드웨어 소프트웨어 서비스 분야로 분류된다.

① 하드웨어 : 제품 서비스 일체형 단품 형태 제품 부품 등
② 소프트웨어 : 의료 건강관리 콘텐츠 미들웨어 플랫폼 통신 네트워크 등
③ 서비스 : 진단 서비스 건강관리 서비스 등

(1) 하드웨어

〈표 11-2〉 스마트 헬스케어의 하드웨어 분야

상세분류	설 명	관련 제품 및 용도
제품 서비스 일체형 단품형태 제품	(개인건강관리기기) 건강관리를 위해 건강 생체신호를 측정하는 (의료)기기, 식약처 승인이 필요한 기기 (웨어러블 기기) 건강증진개선을 위해 신체에 착용되어 생체신호 측정과 모니터링을 하는 기기	게이트웨이
		혈당 혈압 심전도 활동량 측정
		요화학 소변 분석
		헤모글로빈 측정
		체성분 체지방 측정
		의료용 센서 삽입 스마트기기
		현장검사 기기(POCT)
		밴드 목걸이형 부착 패치 형 인체 삽입형
부 품	부품 장치 시약	시약 바이오센서
		저장 및 디스플레이 장치
		통신 장치

(2) 소프트웨어

〈표 11-3〉 스마트 헬스케어의 소프트웨어 분야

상세분류	설 명	관련 제품 및 용도
의료건강 · 관리 콘텐츠	(건강정보 제공 App) 일반적 의학정보 운동정보 영양정보 등 건강정보 제공 (맞춤형 건강관리 App) 개인 건강정보를 수집하여 맞춤형 건강관리 제공	웰니스 (휴식방법 요가 뷰티팁 등) App
		영양관리 및 정보 제공 App
		의학적 정보 제공(약품 질병 복약 등) App
		개인 건강기록(PHR) App
		병원기록 관리 App
		피트니스 또는 운동 관리 App
미들웨어, 플랫폼 통신네트워크	(의료정보관리 플랫폼/DB) 의료기관 의료정보 통합저장 /관리시스템 (개인건강정보관리 플랫폼/DB) 건강의료정보 통합 저장 관리	의료정보관리 플랫폼(EMR, EHR)
		개인건강정보관리 플랫폼
		기 타

(3) 서비스

〈표 11-4〉 스마트 헬스케어의 서비스 분야

상세분류	설 명	관련 제품 및 용도
진단 서비스	(진단서비스) 유전자 의료진단 서비스	체외진단 서비스
		유전자/유전체 분석 서비스
건강관리 서비스	(건강관리서비스) 하드웨어 기기의 건강정보 및 의료정보 분석 건강관리 서비스 (원격의료 서비스) 원격으로 행해지는 의료 서비스 및 진단	개인건강검진 관리 서비스
		개인건강기록(PHR)관리 및 맞춤형 서비스
		노인건강관리 서비스
		건강관리 포털 서비스
		원격상담 원격모니터링 서비스

수년간 환자 케어, 건강 진단 등 의료 기술에서 지속적 개선으로 치료는 급격히 개선됐다.

새로운 혁신이 전 세계에서 약물과 의료 케어 개선을 위한 혈액이다.

최근 인공지능(AI), 사물인터멧(IoT), 텔레헬스, 정밀의학, 클라우드 서비스 등이 최신 톱 헬스케어 추세에서 주목을 받고 있다.

헬스케어에서 AI는 의료 상황의 정확한 진단, 환자 도움을 위한 최적 접근의 결정이다.

4. 스마트 헬스케어의 핵심기술

스마트 헬스케어의 주요 핵심기술은 비침습 무구속 무자작 건강정보 측정기술, 맞춤형 진단 및 현장진단 기술, 개방형 건강관리 플랫폼 기술, 맞춤형 건강관리 서비스 기술로 구분이 가능하다. 디지털 헬스케어 국내 기술 수준은 세계 최고 기술 보유국인 미국 대비 약 80.9%로 기술 격차는 약 1년이다. 세부 기술별로 국내 기술 수준을 보면, 비침습 무구속 무자각 건강정보 측정 기술 분야는 미국 대비 약 75%로 기술격차는 약 1.5년이며, 맞춤형 진단 및 현장진단 기술분야는 미국 대비 약 75%로 기술격차는 약 1.5년이다. 개방형 건강관리 플랫폼 기술 분야는 미국 대비 약 85%, 맞춤형 원격 건강관리 서비스 기술 분야는 미국 대비 약 88.6%로 기술격차는 약 1년이다.

〈표 11-5〉 스마트 헬스케어의 핵심기술

핵심기술명	과제명	요소기술의 세부내용
비침습 무구속 무자각 건강정보 측정기술	비침습 자가건강진단 기술	비침습성 추출 생체시료(뇨, 머리카락, 타액, 눈물 등) 측정/분석기술 간소화 악침습성 생체치료(혈액, 뇌척수핵) 추출 기술
	무구속 생체신호 측정 기술	전기적 비접속 생체 신호 측정 기술 신체 접촉용 임피던스 센서 활동 모니터링 및 일상성 추출기술
	무자각 생활정보 패턴 측정기술	웨어러블 디바이스(wearable device, 옷, 시계, 안경 등) u-Health 기능성 생활용품(가전제품, 가구, 주택, 자동차 탑재 센서)
	인체 이식형 생체신호 측정 기술	생체적합 바이오칩/센서 무선 인체 삽입 센서 원격 신호 전달 장치 무전원 센서
맞춤형 진단 및 현장 진단 기술	유전정보 기반 맞춤형 진단 기술	맞춤형 질병진단이 가능한 DNA 유전정보 기반 질병 진단침/센서 기술
	현장 진단 바이오칩/센서 기술	혈액/소변/타액 등의 질병 바이오 마커 농도를 현장에서 바로 측정 할 수 있는 바이오칩/센서 기술
개방형 건강관리 플랫폼 기술	개인 건강 레코드 구축/공유/활용 기술	개인 건강 정보를 레코드로 구축하고 공유하며 활용하기 위한 기술로 개인 건강 레코드의 표준화, 개인건강 레코드의 교류 등의 기술을 포함
	건강 빅데이터 분석 기술	건강관련 코호트 빅데이터 분석 기술 축적된 개인 건강정보의 빅데이터 분석을 통한 개인 건강 추이 예측 기술
	모바일 건강관리 서비스 플랫폼 기술	표준 기반 건강정보의 빅데이터 분석을 통한 개인 건강 추이 예측 기술 서비스를 위한 개방형 API 기술
맞춤형 원격건강관리 서비스 기술	원격 건강 모니터링 기술	원격시스템에 의한 환자의 실시간 모니터링 실시간 모니터링에 의한 실시간 진단
	맞춤형 원격진료 기술	생명-의료 빅데이터 기반 환자의 맞춤형 진단 원격의료시스템에 의한 환자의 원격진단-원격상담, 원격병리진단, 원격방사선진단 등 특히, 독일은 원격의료 및 모바일에 의한 연계기반의 헬스케어 디지털 진료체계 시스템 구축 및 활용기술 분야 진출이 활발하여 디지털 헬스케어 진료기술이 활성화
	맞춤형 원격치료 기술	원격시스템에 의한 환자의 실시간 관리-원격간호, 원격처방, 원격재활 등 원격 의료시스템에 의한 맞춤형 원격 치료-원격 심장치료, 원격 정신치료, 원격방사선치료, 원격 피부치료, 원격치과질환 치료, 원격수술 등

출처 : 2017 MEDICA CONNECTED HEALTHCARE FORUM, 2017.11.13./KIST, 15대 국가 융합기술 수준조사, 2014.

5. 헬스케어 디지털 트랜스포메이션

디지털 헬스케어 산업의 확산과 더불어 디지털 환경 하에서 디지털 트랜스포메이션(Digital Transformation)은 의료서비스와 데이터의 지속적인 성장 발전과 확장을 가능하게 해주며, 환자로 하여금 새로운 수준의 정보 접근을 가능하게 해준다. 환자로 하여금 웨어러블 웰니스 앱과 스마트폰을 진단도구로 활용하게 해준다. 2015년 글로벌 헬스케어 시장에서는 대형화를 통해 규모의 경제를 달성하고 다양한 서비스를 제공하기 위해 전략적 인수합병이 다수 발생하였다.

이와 함께 새로운 비즈니스 모델을 도입하기 위해 독립적 의료진 집단을 영입하는 경우도 다수 목격되었으며, 이러한 신규 영입 혹은 입수합병 후에는 통합 기술 플랫폼을 구축하는 경향이 글로벌 헬스케어 시장에서 존재하였다. 2015년에는 글로벌 헬스케어 사업간 인수합병이 급격히 증가하였는데, 미국에서는 유나이티드헬스그룹(United Health Group : UHC)의 카타마란(Catamaran Corp)사 인수(거래규모 132억 달러)와 CVS 헬스(CVS Health Corp)사의 옴미케어(Omnicare Inc)사 인수 126억 달러) 등이 대표적인 사례이다.

디지털 헬스케어에 의한 병원과 환자와의 연결성 제고로 효율적인 병원경영과 규모의 경제 실현이 가능하게 된다.

〈표 11-6〉 디지털 헬스케어 관계 당사자별 혜택

분 야	환 자	제공자	비용 지불자
EMR(Electronic Medical Records)	읽고 이해가 용이	저장 및 활용 용이, 효율성과 생산성 증가	-
EHR(Better diagnosis and treatment)	향상된 진단과 치료	조정과 정보 의사결정	신속한 결제 시스템
PHR(Personal Health Records)	개인 웰니스와 관리	정보의 지속성	헬스케어 연계 및 문제예방
Remote Diagnostics	중복 검사 감소	접근성 용이	저비용
Telecare	전문가 진료 접근성 증가	생산성 증가 및 헬스케어 자원 부담 감소	저비용
m-Health applications	더 많은 진료 및 시간 절약	선제적이고 맞춤형 진료 가능	-
Big Data/Analytics	정확한 진료, 향상된 진료	진단향상 및 치료 정확도 증가	저비용

출처 : CISCO, "The Digitation of the Healthcare Industry: Using Technology to Transform Care.", 2017. pp.6-7.

학습 11

헬스케어 수요는 특히 중국, 인도, 인도네시아, 말레이시아 등 아시아의 신흥국을 중심으로 한 인구 증가 및 고령층의 증가로 지속적인 성장세가 전망된다. 이들 국가들은 디지털 헬스케어 인프라가 아직 미비하지만, 경재성장과 더불어 디지털 헬스케어에 대한 슈요 증가와 이에 따른 관련 산업의 급속한 성장이 전망된다. 디지털 헬스케어 주요 수혜분야는 EMR, EHR, PHR, 원격진단, 원격의료, 모바일헬스 응용 분야 등으로 정보의 지속성과 접근성, 예방 및 맞춤형 진료를 가능하게 해준다.

11-2 4IR Engineer의 글로벌 도전 전략

1. 4IR 글로벌 서비스의 전략

1) 다국적 확장 전략

프랜차이즈 또는 쿠키 커터방식을 활용하고, 문화적응의 문제를 고려해야한다.

2) 고객 수입전략

서비스를 가지고 나가는 것이 아니라 고객이 오게 하는 전략이다. 고객이 서비스를 찾아오거나 통신을 통해 이동의 필요성을 대체한다. 예를 들면 관광이나 인터넷 쇼핑 등이 있다.

3) 고객 추종 전략

핵심 고객을 따라 나가는 전략으로 세계화된 기업 고객의 해외 수요에 대응하는 전략이다. 예를 들면 다국적 기업이 해외 진출시 계열사가 따라 나가는 사례이다. 기존 고객만 집중할 것인가 새로운 현지 고객을 개척할 것인가의 문제가 있다.

4) 서비스의 분리전략

가치 사슬의 각 단계를 분리하여 고객과의 직접대면이 필요없는 부분에 집중하고 이를 세계화하는 전략이다.

예를 들면 콜센터는 인건비가 저렴한 나라에 위치시키고 해외 배송의 거점 등을 마련하는 전략이다.

5) 24시간 서비스 전략

국내시간에 한정되지 않는 24시간 서비스 제공하는 전략이다. 예를 들면 신용키드사의 콜센터는 세계 고객을 응대하는 전략의 사례이다.

2. 글로벌 서비스 진출 전략 사례

1) 카메라앱 레트리카

구글플레이에서 2억 5,000만 이상의 다운로드 수를 기록한 카메라앱 레트리카는 해외에서 더 인기 있는 앱이다. 앱 다운로드의 99%가 해외에서 발생하고 있다. 레트리카는 처음부터 글로벌 시장을 타깃으로 시작했던 것은 아니였다. 1인 개발자로 시작, 지역을 고려할 수 있는 형편도 아니었기 때문에 유저들이 자연스럽게 사용할 수 있는 UI를 먼저 생각했다. 여러 모바일 환경에서도 유저들이 사용하는데 어렵지 않게 만들겠다는 목표 하나로 시작했는데 덕분에 해외에서도 다운로드가 크게 발생한 것이다.

2) 슈퍼어썸의 게임 헬로키티프렌즈

슈퍼어썸의 게임 헬로키티프렌즈 역시 다운로드의 90%가 해외에서 발생하고 있다. 순위로 치면 대만, 한국, 미국, 태국 순으로 다운로드 수가 높다. 헬로키티가 대만에서 인기가 많기 때문에 대만시장에 더욱 집중하고 있다. 슈퍼어썸은 해외에서 90% 이상 다운로드가 발생할 수 있었던 것은 구글플레이의 힘이 컸다. 처음 게임을 오픈했을 때도 게임의 완성도를 보면서 여러 조언을 줬고 에디토리얼 영역에 피처가 되면서 글로벌 시장에서 알려지는데도 도움이 됐다.

3) 퍼펙트의 뷰티앱 유캠 퍼펙트와 유캠메이크업

글로벌 뷰티 시장을 타깃하는 퍼펙트의 뷰티앱 유캠 퍼펙트와 유캠메이크업도 다운로드의 90%가 미국과 유럽에서 발생하고 있다. 두 앱을 통합한 다운로드 수는 무려 5억 8천만, 퍼펙트는 글로벌에서 성과를 내기까지 구글플레이의 도움을 많이 받았다. 구글플레이 자체 내에서 제공하는 도구들이 많고 유저 피드백 못지않게 구글플레이로부터 받는 피드백도 도움이 됐다.

4) 비트스톰퍼

여러 국가 중에서도 남미에서 가장 많은 다운로드 수를 기록하고 있는 비트스톰퍼 역시 99%가 해외 유저다. 1인 개발자로 비트스톰퍼를 개발한 록키홍 개발자도 구글플레이와의 협력을 글로벌 진출 성공 요소로 꼽았다. 트스톰퍼는 게임이 단순해서 유저들에게 많이 알려지는 것이 중요했다. 100만쯤 다운로드 됐을 때 에디토리얼에 피처됐고 이후 다운로드가 700만까지 올라갔다.

유캠 퍼펙트와 유캠메이크업은 뷰티앱이기 때문에 현지 문화와 습관을 반영하는 것이 중요해 주름이나 점을 지우는 것도 각기 다른 유저들의 니즈에 맞춰 서비스를 제공했다. 현지의 코스메틱 브랜드와 협력해 지역별로 어떤 컬러를 선호하는지 파악하고 서비스에 반영한다. 현지화와 더불어 앱서비스의 퀄리티와 차별성이 중요하다고 덧붙였다.

역시 글로벌 시장의 성공 요인 중 하나로 현지화를 꼽았다. 또 서비스 노출을 위해 전통적 채널 외에도 유튜브나 인플루언서를 활용하는 방법도 소개했다. 현지화 전략이 크게 성공하지 못한 케이스도 있다. 레트리카는 사용자가 많아지면서 구글플레이에서 제공하는 사용자 데이터를 분석해 각 국가별 유저들에 맞는 여러 필터를 선보였지만 사용 필터의 변화가 크게 없었다고 한다.

[그림 11-3] Balance is key in Life

출처 : success pictures

슈퍼어썸은 서비스를 9개 국어로 번역하면서 겪은 에피소드를 공유했다. 기본적으로 한국 개발자들은 한국어를 기준으로 UI를 생각하는데 유럽 쪽 진출을 위해 번역을 진행 하면서 텍스트 길이가 상당히 길어져 시간을 많이 소모했다. 글로벌 시장 진입 전 국가별 번역에 대해서도 고려하면 좋겠다.

11-3 4IR Engineer의 글로벌 도전

1. 생활/가전

분 류	항 목
중분류	이성 소개, 데이트/사랑, 결혼, 가정생활, 요리, 초대/파티, 약속, 일상생활, 재정 문제
소분류	자주 쓰이는 표현, 소개 제안, 만남 후

Complaints

A : Front desk. How may I help you?

B : Hello. This is Rachael in room 105.
I have a complaint about my room.

A : I'm very sorry. What's the problem?

B : Well, the air-conditioning doesn't work.

A : Oh, no. I'll send someone up right away.

B : And there is another thing.
I can't access the computer.

A : I'm so sorry. I will have it fixed as soon as possible.

학습 11

2. My Way _ Frank Sinatra

And now
the end is near and so I face
the final curtain
My friend I'll say it clear
I'll state my case of which I'm certain

I've lived a life that's full,
I traveled each and every highway
And more much more than this,
I did it my way

Regrets I've had a few
but then again too few to mention
I did what I had to do
and saw it thru without exemption

I planned
each chartered course
each careful step along the by way
And more much more than this
I did it my way

Yes, there were times,
I'm sure you knew
When I bit off
More than I could chew

But through it all
when there was doubt,
I ate it up and spit it out

I faced it all and I stood tall
And did it my way

I've loved, I've laughed and cried
I've had my fill,my shere of losing
And now as tears subside
I find it all so amusing

To think I did all that
And may I say, Not in a shy way
Oh,no,oh,no not me,
I did it my way

For what is a man,
what has he got
if not himself then he has not
If not himself then he has naught
To say the things he truly feels and
not the words of one who kneels

The record shows
I took the blows
And did it my way
Yes, It was my way...

학습 11

번 역

이제
생의 마지막 순간이 다가와
인생의 마지막 장을 맞이하게 되었습니다.
친구여, 분명히 말해두고 싶은 것이 있습니다.

나는 내가 확신하는 바대로 살아온

나의 인생에 대해 이야기하려 합니다.
난 나의 인생을 충실하게 걸어왔고,
많은 것들을 경험하며 살아 왔습니다.
하지만 이보다 더욱 중요했던 것은
나는 나의 방식대로 살았다는 것입니다.
후회도 여러 번 있었습니다.
그러나 거기에 대해 다시금 뒤돌아보니 이야기할만한 정도는 아니더군요
나는 내가 해야만 하는 일들을 했고
그 모든 것을 끝까지 해내었습니다.
나는 내가 계획했던 길을 걷기도 했었고,
조심스러운 걸음으로 걷기도 했습니다.
그러나 그 무엇보다도 중요했던 것은
나는 스스로의 방법으로 해내어 왔다는 것입니다.

그렇습니다
당신도 잘 알고 있겠지만
나는 내가 할 수 없었던 일에
과욕을 부린 적도 있었습니다.
그러나 그 모든 것을 겪으며
행여 의심스러웠을 때에는
나는 그 달콤함에도
딱 잘라 그만두었습니다.

모든 것에 정면으로 맞서고
당당하게 일어섰으며
나는 나만의 방식대로 해내었습니다.

나는 사랑도 해보았고
웃기도 울기도 하며,

가질 만큼 가져도 보았고,
잃을 만큼 잃어도 보았습니다.
그런데 이제 눈물을 거두어보니
그 모든 것이
즐거운 추억이었다는 것을 알게 되었습니다.
내가 해왔던 그 모든 것을 생각해보면
나는 말할 수 있을 것 같습니다.
부끄럽지 않은 인생이었다고
오, 아니에요 나는 부끄럽게 살지 않았어요.
나는 나만의 방식대로 살아왔습니다.

사람은 무엇을 위해 사는가
무엇을 가져야하는가
자신의 주체성이 없다면,
아무것도 없는 것입니다.
비굴한 사람의 이야기가 아니라
진실하게 느끼는 것들을
말하여야 합니다.

그 세월들이 보여주듯
나는 그러한 어려움들을 겪었고
나의 방법대로 그 길을 걸어왔습니다.
그렇습니다,
그것이 내가 걸어왔던 인생이었습니다.

수행 내용

재료 · 자료

- 4차산업 혁명 관련 자료

기기(장비 · 공구)

- 컴퓨터, 프린터, 주변기기

안전 · 유의사항

- 컴퓨터 및 주변기기의 전원을 관리한다.

수행 순서

01 글로벌 기업의 스마트 헬스케어 사례에 대하여 분석하라.

1. IBM

IBM은 스마트 헬스케어에 최전선에 있다. 빅 블루의 왓슨 기술은 유전자 검사 결과 해석, 약물 발견에서 연구자 지원, 암 환자를 위한 증거 기반 치료 옵션을 임상의에게 제공 등에 이미 사용되고 있다.

2. 퀄 컴

IoT는 인터넷과 어떤 기기를 연결해 사용하는 단계이다. 이런 인식은 비용 감소, 케어 개선, 생명구조 가능성으로 헬스케어에 대변혁을 가져올 잠재력이 있다.

주요 업체는 퀄컴(Qualcomm)이다. 회사의 2net 플랫폼은 인터넷 상에서 보안 백-엔드(Back-End) 시스템에 의료기기들의 광범위하게 거의 실시간으로 통합할 수 있다. 큐알컴은 병원에 의료기기 통합을 제공한 캡슐(Capsule) 플랫폼도 마케팅하고 있다. 회사는 전체 IoT 시장에서 입지를 강화하기 위해 NXP Semiconductors의 인수를 진행하고 있다.

3. 텔라독

텔레 메디신(Telemedicine)으로도 불리는 텔레 헬스(Telehealth)는 텔레커뮤니케이션 기술을 원격으로 이용해 헬스케어를 제공하고 있다.

여론 조사에서 미국인의 78%가 텔레헬스 사용의 발상을 환영하지만 21%만 실제 그렇게 하고 있다. 이는 관련 업체들에게 큰 기회가 되고 있다.

이 시장의 리더인 텔라독(Teladoc)은 환자에게 원격 주문(On-Demand) 헬스케어 서비스를 제공하고 있다. 회사는 가장 근접한 경쟁자보다 3배 이상을 75% 시장을 점유하고 있다.

텔라독은 아직 수익이 없지만 월사의 애널리스트들은 향후 5년간 연간 20% 성장을 예상했다.

4. 일루미나

정밀의료(Precision Medicine)로 알려진 개인맞춤 의료(Personalized Medicine)는 질병 예방, 진단, 치료를 위해 개인의 유전적 프로필과 환경에 대한 정보를 사용한다. 접근은 이미 일부 중요 약물의 개발을 유도했다.

이 분야는 일루미나(Illumina)가 가장 선두에 있다. 회사는 제노믹 시퀀싱(Genomic Sequencing)에 선구자이다. 일루미나의 기술은 1만 이상의 요소로 시퀀싱 비용을 줄이는데 도움이 됐다.

회사는 과거보다 더 입수 가능한 제노믹 시퀀싱을 만드는 NovaSeq 시스템을 출시했다.

5. 아테나헬스

클라우드(Cloud) 서비스는 인터넷을 통해 사용자 주문으로 이용할 수 있는 애플리케이션이다. 최근 수년간 헬스케어에 클라우드 서비스의 사용을 의미있게 성장했다. 아테나헬스(Athenahealth)는 클라우드 기반 헬스케어 애플리케이션의 선도 제공자 중 하나이다. 회사의 제품은 임상 관리, 세금 징수, 환자 예약, 주민 건강관리 솔루션 등이다.

6. J&J, 애보트, 메드트로닉, 보스턴 사이언티픽

미국은 글로벌 헬스케어 산업에서 가장 선진화된 기술 혁신의 주요 기여자이다. 헬스케어 분야에서 기술 발전은 인간 기대 수명을 높이고 있다.

지속적 혁신을 하는 미국 기업은 J&J, 애보트, 메드트로닉, 보스턴 사이언티픽 등이다.

미국 의료기기 업체들은 전 세계에서 혁신과 높은 기술 제품으로 주목을 받고 있다. 미국 의료기기 산업은 글로벌 리더이다.

02 스마트 헬스케어의 홈케어 서비스에 대하여 분석하라.

1. 텔레케어 서비스의 개요

텔레케어(Tele-Care) 또는 텔레헬스(TeleHealth)는 정보통신(IT)기술을 활용하여 응급호출기, 동작 및 환경 감지센서 등을 활용한 모니터링을 통해 고령자가 일상생활을 잘 하고 있는지 확인하고 응급상황 발생 시 보호자와 병원, 구급업체로 연락해 후속 조치를 제공하는 서비스다.

인터넷이나 TV, 스마트폰 등을 이용해 원거리에 있는 노약자의 신체 징후나 일상을 모니터링하며 문제를 예방하는 사회복지 시스템으로 온라인 기반으로 사용자 맞춤형 성격이 강해 개인 응급 응답 시스템(PERS: Personal Emergency Response System)라고도 한다.

이미 영국을 중심으로 유럽 대부분의 국가에서는 이를 하나의 산업으로 여기고 있으며 많은 글로벌 기업들 역시 본격적으로 시장에 진출해 다양한 디바이스들을 출시한 상황이다.

텔레케어는 대면서비스에 비해 저렴한 비용으로 24시간 보호해 정서적 안정감을 제공하고 위급 상황 시 빠른 대처를 통해 사망 또는 질병 악화를 예방함으로써 장기적으로 의료비용을 줄이고 삶의 질을 높여준다는 장점이 있다.

국내서는 정부가 주도하는 'U-헬스케어'가 대표적인 텔레케어 서비스로 꼽히지만 이마저도 걸음마 수준이고, 민간부문에서는 전무한 실정이다.

2. 텔레케어 기술의 변천과정

텔레케어 기술은 1세대를 거쳐 3세대까지 진화했다.

1) 1세대 기술

1세대는 통신 기술 기반 고령자의 안부를 물어주는 서비스로 스마트밴드나 스마트 목걸이 형태의 IT기기를 활용한 가정용 수동알람 형태였다.

2) 2세대 기술

2세대는 고령자들이 몸에 착용했던 기기를 동작감지 센서가 대체하였다.

집안 곳곳에 설치된 센서는 사람의 움직임 또는 가스 화재 감지와 전기, 수돗물 사용량까지 감지해서 이상 징후를 알아낸다. 이는 사물인터넷(IoT : Internet of Things)기술을 활용한 서비스로써 기대를 모았으나 외출시에는 활용의 한계로 인하여 사후 대응방식으로 대응에 한계점이 있다.

3) 3세대 기술

2세대 기술을 보완하여 사전 예방 서비스, 관리 중심 체계로 개선된 기술이 3세대 텔레케어 기술이다. 3세대 기술은 대상자의 평상시 생활정보를 빅데이터와 인공지능(AI)의 융복합 기술로 수집해 패턴화 함으로써 응급 상황을 미리 감지할 수 있도록 설계되었다.

최근의 게이트웨이 장비는 WCDMA망/LTE망을 이용하던 기존 장비와 달리 5G망을 사용하는 것은 물론 와이파이(WiFi), 지그비(Zigbee), 블루투스(Bluetooth) 네트워크 기술까지 모두 적용된다.

3. 텔레커어 서비스의 구분

텔레커어 서비스는 가정용 알람과 휴대용 모바일로 나뉘어 사용 장소에 따라 가정용과 모바일로 나눌 수 있고, 응급 호출이 이뤄지는 방식에 따라 수동 알람과 자동 알람으로 나눌 수 있다.

1) 가정용 수동 알람

가정용 수동 알람은 1970년대 미국과 유럽에서 시작된 가장 오래된 텔레케어 서비스로, 1세대 텔레케어로 불리기도 한다. 가정용 수동 알람은 2가지의 기기를 기본적으로 사용한다. 그 중 하나는 응급호출기기로, 손목시계나 펜던트(목걸이) 형태로 이뤄져 사용자가 쉽게 휴대할 수 있다. 다른 하나는 단말기(Base Station)로, 전화와 연결된 스피커폰 형태다.

사용자가 집 안에서 갑자기 넘어지거나 몸이 안 좋을 경우 응급호출기기에 달린 버튼을 눌러 응급구조기관 또는 텔레케어 모니터링 센터에 상황을 알릴 수 있다. 또 보호자나 이웃 주민, 주치의에게 연락이 되도록 지정할 수도 있다.

연락을 받은 모니터링 센터 직원이나 보호자는 단말기의 스피커폰을 통해 사용자에게 말을 걸고, 통화 결과에 따라 구급차를 보내거나 직접 방문하는 등 필요한 조치를 취할 수 있다.

대부분의 호출기기는 방수기능을 갖춰 목욕 중에도 몸에 지닐 수 있고, 단순히 버튼만 누르면 되기 때문에 휴대전화 등 다른 통신수단에 비해 응급 시 사용 편의성이 높다.

가정용 수동 알람의 장점으로는 단순한 사용성과 적정한 가격을 들 수 있다. 특히 응급상황에서 사용하는 호출기기 및 단말기는 고령자가 사용하기에 편리하고 단순하다.

또, 월 25~40달러(한화 2만7000~4만4000원)의 저렴한 비용(미국 기준)으로 장기적으로 사용하기에도 부담이 적다.

가정용 수동 알람을 제공하는 기업은 '필립스(Philips)'를 들 수 있다.

필립스는 2005년과 2006년 잇달아 텔레케어의 선두기업인 '라이프라인(Lifeline)'과 '헬스와치(Health Watch)'를 인수하며 단숨에 이 분야의 선두주자가 됐다. 필립스 이외에도 '리스판스링크(ResponseLINK)', 'AMAC(American Medical Alert Corporation)' 등의 회사가 가정용 수동 알람 서비스를 제공하고 있다.

2) 가정용 자동 알람

가정용 수동 알람은 사용이 편리하지만 사용자 스스로 응급호출기기의 버튼을 누르지 않으면 작동이 되지 않는다. 따라서 몸에 휴대하지 않으면 소용이 없고, 휴대하더라도 응급버튼을 누르지 못한 채 쓰러질 수도 있다.

고령자의 경우 인지기능 장애가 시작되면 가스레인지를 끄지 않을 수도 있고, 수도꼭지 잠그는 것을 잊어버릴 수도 있어 수동 알람이 큰 도움이 되지 않는다.

이러한 한계점을 극복하기 위해 센서 기술을 활용한 가정용 자동 알람 서비스가 나왔다.

가정용 자동 알람은 2세대 텔레케어 서비스로도 불리는데, 동작 감지센서 및 화재·가스누출·물넘침 감지센서 등의 환경 감지센서를 이용해 응급상황을 감지한다.

가정용 자동 알람 서비스를 제공하는 예로는 '제네럴 일렉트릭(GE)'의 '콰이어트케어(Quietcare)'가 대표적이다. 이 서비스는 '리빙 인디펜던틀리(Living Independently)'라는 고령자 케어 전문회사에 의해 2003년 출시됐으나, 2009년 GE 헬스케어에 인수됐다.

콰이어트케어는 동작감지센서를 사용, 사용자의 일상생활 패턴을 분석한다는 점을 특장점으로 내세운다. 침실·욕실·부엌 등에 설치된 동작 감지센서를 통해 사용자가 아침에 침실에서 나왔는지, 식사를 하러 부엌에 갔는지, 화장실에는 얼마나 자주 갔는지 등의 정보를 수집해 평상시의 패턴과 다른 행동을 보이면 이를 감지해 사용자 본인이나 가족에게 연락한다. 수집된 정보는 웹페이지를 통해 사용자의 보호자들도 확인할 수 있기 때문에 자녀 등 보호자는 걱정을 덜고 생업에 종사할 수 있다.

일본의 '세콤'도 유사한 서비스를 제공하고 있다. 세콤의 방범·방재 서비스 중 하나인

'세콤 홈 시큐리티 서비스'는 보안 업체가 제공하는 방범, 화재감시서비스 등에 더해 '긴급통보' 및 '라이프감시'라는 텔레케어 서비스를 부가적으로 제공한다. 긴급통보는 라이프라인과 같은 가정용 수동알람 형태이지만 실내 사람의 움직임을 센서로 확인해 일정 시간 동안 움직임이 감지되지 않으면 세콤에 연락을 취하는 자동 알람 서비스다.

3) 모바일 알람

가정용 알람 서비스는 집 안에서만 사용 가능해 외출 시 사용할 수 없고, 집 안에서도 단말기와 거리가 먼 방이나 마당에서는 작동이 잘 되지 않을 수 있다. 모바일 알람은 응급호출기기가 실외에서도 작동하도록 고안한 기기다. 사용자가 모바일 응급호출기기의 버튼을 누르면 무선통신을 통해 모니터링센터로 전달되고, 모니터링센터는 GPS를 이용해 사용자의 위치를 추적, 적절한 조치를 취하게 된다.

모바일 알람의 대표적인 예로는 세콤의 '코코세콤'이 있다. 이 서비스는 GPS 위성과 휴대전화 기지국을 이용한 위치검색 시스템을 활용해 코코세콤 소지자의 위치를 파악한다. 파악된 위치정보는 웹페이지 또는 휴대전화를 통해 보호자가 실시간으로 확인할 수 있다.

예를 들어 치매 증세가 있는 부모나 혼자 등·하교하는 어린이가 지금 어디에 있는지를 원할 때마다 확인할 수 있다. 이를 통해 코코세콤 소지자가 일상 경로에서 벗어나면 보호자가 소지자에게 직접 연락하거나 세콤의 긴급출동 서비스를 신청할 수 있다. 위험에 처했을 때 코코세콤 소지자 스스로 버튼을 눌러 세콤에 도움을 요청할 수도 있어 고령자뿐만 아니라 어린이, 여성의 호신용으로도 사용된다.

가장 진보된 형태는 모바일 응급호출기기에 낙상 감지센서가 더해진 것으로, 외출 중에 쓰러질 경우 이를 자동으로 감지해 모니터링 센터로 연락이 취해지는 형태다. 이 서비스는 최근 미국 '웰코어(Wellcore)' 등에 의해 상용화되기 시작했다.

4. 시장현황

텔레케어의 영향력이 커지면서 유럽에서는 시장 규모가 매년 성장세를 달리고 있다. 전문가들은 2019년까지 1,900만 세트 이상의 텔레케어 장비가 팔릴 것으로 전망하고 있다.

1) 국외 현황

영국에서만 170만 명의 독거노인이 텔레케어 장비를 사용하고 있는 것으로 알려졌으며, 노령층 인구가 많은 일본 역시도 2013년 아베 신조 총리가 직접 고독사 문제를 IT로 풀겠다는 취지의 발언을 통해 텔레케어 도입에 대한 견해를 밝힌 적도 있다.

덴마크의 청각전문그룹인 오티콘(Oticon)사는 오티콘 원격케어(Oticon RemoteCare)를 출시하여 청각 전문가들이 비대면으로 난청환자를 지원할 수 있는 원격지원 솔루션이다.

이 솔루션은 진료전문가들이 환자를 온라인으로 추적하여 가상진료 예약시 보청기를 원격으로 조정하고 미세조정할 수 있다.

[그림 11-4] 오티콘 원격케어 솔루션

2) 국내 현황

국내 역시 국가연구과제를 비롯해 통신기술을 바탕으로 다양한 제품이나 서비스 기반이 조성되고 있는 상황이다. 최근 자녀에게 의지하지 않는 독립적인 삶을 선호하는 고령층이 늘어나고 있지만 현실은 녹록치 않다면서 이때 텔레케어 서비스가 새로운 해법이 될 수 있다. 궁극적으로 노인 자살이나 고독사 문제와 같은 사회적 문제 해결에도 도움이 될 것이라 본다고 피력했다. 이와 같이 다양한 산업과의 융합으로 발전하고 있는 텔레케어 서비스는 단순히 고령자뿐만 아니라 중증 장애인을 대상으로도 확대될 여지가 있으며, 이를 통해 의료 서비스의 질을 높임과 동시에 그 가족들의 삶의 질 향상에도 도움이 될 수 있다. IT를 통해 종합적인 노인 보건복지가 완성되며 사회 안전망 구축의 기반으로 도약하기를 기대해 본다.

5. 응용 현황

1) 지멘스 시그니아의 보청기

시그니아(Signia)의 텔레케어 서비스는 시그니아 앱을 통해 담당 청각 전문가가 보청기 착용자의 사용 상황을 모니터링하고 보청기 사용 전반을 관리할 수 있는 청각관리 솔루션이다. 착용자는 문자 메시지, 음성 및 화상 통화를 통해 굳이 센터에 방문하지 않아도 실시간으로 전문가 상담을 받을 수 있다.

또한 보청기는 착용자의 청력 상태에 맞춰 음질을 최적화하기 위해 여러 번의 피팅 과정이 필요할 수 있는데, 텔레케어 서비스를 활용하면 원격으로 보청기 피팅이 가능해 센터 방문을 대체할 수 있다. 담당 청각 전문가의 원격 세부 조절을 통해 초기 적응 기간 중 불편함을 최소화할 수 있고 이후에도 발생할 수 있는 문제를 보다 신속하고 효율적으로 해결 가능하다.

착용자들은 서비스 만족도 평가를 통해 청취 상황 및 전반적인 부분에 대한 구조화된 피드백을 청각 전문가에게 전달할 수 있다. 전문가들은 이를 통해 착용자의 적응 상태를 실시간으로 파악하고 데이터를 바탕으로 한 맞춤화된 고객 응대가 가능하다.

실제로 시그니아가 텔레케어 서비스와 보청기 적응력에 대한 상관관계를 조사한 연구 결과에 따르면 텔레케어를 사용한 착용자들이 그렇지 않은 사람들보다 쉽게 적응하는 것으로 나타났다. 또한 청각 전문가 70% 이상이 텔레케어 서비스를 통해 고객과 더욱 긴밀하게 소통할 수 있으며 고객 만족도를 높이는 데 도움이 된다고 응답했다.

시그니아 텔레케어 서비스는 시그니아 앱을 통해 사용할 수 있으며 모든 시그니아 보청기와 호환 가능하다. 시그니아 앱은 애플 앱스토어나 구글 플레이스토어에서 영문으로 시그니아를 검색해 다운로드 가능하며, 텔레케어 서비스는 시그니아 센터에 방문하여 등록 후 사용할 수 있다.

[그림 11-5] 시그니아 앱 다운로드

시그니아를 핵심 브랜드로 보유한 글로벌 청각전문그룹 지반토스의 한국, 일본 총괄 신동일 대표는 "코로나 여파로 특히 보청기 주 사용층인 고령층은 외출을 자제하는 것이 중요하나 전문가의 도움이 필요한 순간이 있을 것"이라며 "그럴 때 텔레케어 서비스를 사용하면 언제 어디서든 전문가의 세심한 관리를 즉각적으로 받을 수 있다"고 전했다.

2) 텔레호스피스

'텔레호스피스(Telehospice)' 시스템도 등장해 집에서 환자들을 돌보는 가족과 간병인이 환자의 통증 지표를 입력하고 전담 간호사가 이를 보고 원격 돌봄 서비스를 제공하는 경우도 있다. 이를 통해 인력관리나 병상 부족 문제도 함께 해결할 수 있는 선순환 구축이 가능하다.

만성질환을 앓아 여러 종류의 약을 투약해야 하는 고령자의 경우 복용시간이나 방법을 정확히 지킨 투약이 어려운 경우가 많다. 이때 텔레케어 서비스로 도움을 받으면 복용하는 약마다 알림 메시지 등을 받고, 투약기를 통해 정량의 약을 복용할 수 있다.

만일 이것이 지켜지지 않으면 모니터링을 통해 사용자나 보호자에게 연락을 취하는 조치가 가능하다.

03 전통적인 의료기기와 스마트 헬스기기의 특징을 비교·분석하라.

최근 의료기기 시장은 전통적인 제조업체 또는 의료정보시스템이 지배해왔던 환경에서 스마트 헬스케어라는 새로운 시장을 통해 변혁의 시기를 맞고 있다. 기존의 전통적인 의료기기와 스마트 헬스케어 제품의 특징적 차이를 〈표 11-7〉와 같이 이해할 수 있다.

〈표 11-7〉 기존 의료기기와 스마트 헬스케어 기기의 특징 비교

	전통적인 의료기기	스마트 헬스케어 기기
물리적 기반	Hardware 기반	SaMD(Software as a Medical Device)와 같이 소프트웨어 포함
주요 기술	전자기적 제어 및 측정기술	정보통신 신기술(클라우드, 빅데이터, 인공지능, 딥러닝, 사물인터넷, 무선네트워크, 3D 프린팅 등)

	전통적인 의료기기	스마트 헬스케어 기기
연결성	독립적인 기기로서 동작하고 데이터의 흐름 은 일반적으로 단방향	다양한 형태의 네트워크에 연결되어 상호운영성을 가지고 외부 기기 또는 소프트웨어(앱) 등과 밀접하게 결합되어 양방향으로 데이터 통신
보안성	물리적 보안에 집중	커넥티드 디바이스가 가지는 다양한 위협요소들을 내포하고 있음
제품 출시 사이클	개발에서 출시까지 장기간의 시간이 소요되고, 출시된 제품은 10년 이상 시장에서 이용 (디자인 기능 변경이 하드웨어 제약 때문에 빠르게 변하지 못함)	소프트웨어 기반의 기기와 작은 기능들과 소프트웨어가 융합되어 돌아가는 기기의 경우, 기획에서 개발까지 1년이 걸리지 않는 경우도 많고 상대적으로 라이프 사이클도 짧음
마켓 접근성	기존 의료기기는 오프라인 시장이 기반이었고, 접근대상은 의사나 환자 등 실 환자들에게 제약	온라인 마켓(앱스토어 포함) 등 다양한 경로로 다양한 유저들이 접근 가능
위험도	전통적 의료기기는 고위험(High risk) 기기들로 이로 인한 규제의 강화가 필수요인	스마트헬스케어 기기의 경우, 고위험(High risk) 기기도 있지만 상대적으로 위험도가 거의 없는 기기들이 많음 (활동량계 등)
지 능		스마트 헬스케어 기기는 인공지능 기술과 결합하여 축적된 지식을 처리/분석하여 새로운 지식을 생산 사용자에게 보다 나은 정보 및 서비스를 제공
복잡도	복잡도가 낮고, 하나의 기기가 하나의 역할을 수행	여러 기능들이 융합되어 복잡도가 높고, 하나의 기기로 다양한 역할을 수행하는 기기의 등장
예시사진		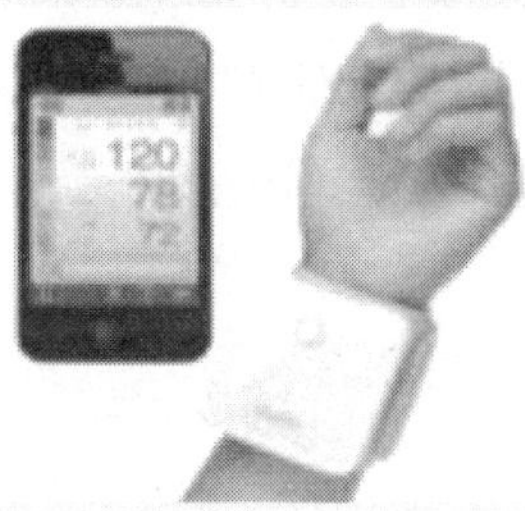

스마트 헬스케어 기기 분야는 정보통신 및 기타 최첨단 과학기술을 빠르게 융합시키는 특징을 갖고 있으며, 기존 의료기기와 달리 네트워크를 이용하여 다른 기기 또는 앱 등과 밀접하게 연결된다. 또한 제품 출시 사이클도 기존 의료기기와 비교해 1/10 정도로 짧아지는 특징을 갖고 있고, 복잡도의 측면에서도 여러 기능이 융복합되는 특징을 나타내고 있다. 그러므로 이러한 스마트 헬스케어 기기와 관련 산업 육성을 위해서는 기존 의료기기 방식과는 다른 규제 및 관리방안에 대한 고민이 필요하다.

04 4IR Engineer의 글로벌 도전을 위해 유용한 문장을 영어로 표현하라.

Useful Expressions(문장을 영어로 표현하기)

1. 저 사귀는 사람 있어요.
   I'm with somebody.

2. 지금 누구 사귀는 사람 있어요?
   Are you with somebody?

3. 데이트하고 있는 사람이 있어요.
   I'm seeing someone.

4. 헤어진 지 꽤 됐어요.
   We broke up a while ago.

5. 우리 데이트할래요?
   Would you like to go out with me?

6. 이상형이 있어요?
   What do you look for in a relationship?

학습활동.11 교수 · 학습 방법

교수 방법

- 4IR 글로벌 도전의 전략과 서비스 융합에 대한 관련 용어, 구성, 방식 이해 정도를 파악한 후 수업을 진행한다.
- 교수자의 주도로 4IR 글로벌 도전의 전략과 서비스 융합 등의 내용을 PPT 자료로 제시한 후 설명한다.
- 가능하면 사전에 개인별 학습 자료를 준비하여 모든 학생이 참여할 수 있는 문제 해결식 수업, 협력 수업이 가능하도록 한다.
- 4IR 글로벌 도전의 전략과 서비스 융합 전 과정을 작업의 순서에 따라 단계적으로 실습이 이루어질 수 있도록 지도한다.
- 교재를 통해 수업을 준비하는데 있어서 필요한 모든 정보나 팁, 힌트 등 도움이 될 만한 내용들을 확인할 수 있다.
- 학생들이 만들게 될 각 모델들은 수업시간에 중점적으로 다뤄질 부분과 어휘, 질문, 답을 포함하고 있으며 또한 탐구할만한 추가적인 아이디어들도 포함하고 있다.

학습 방법

- 4IR 글로벌 도전의 전략과 서비스 융합에 대한 관련 용어를 숙지하고, 4IR 글로벌 도전의 전략과 서비스 융합에 대해 이해한다.
- 4IR 글로벌 도전의 전략과 서비스 융합의 각 단계별 중점 사항을 체계적으로 학습한다.
- 4IR 글로벌 도전의 전략과 서비스 융합의 수행순서의 전 과정을 실습한다.
- 4IR 글로벌 도전의 전략과 서비스 융합의 내용을 이해한다.
- 4IR 글로벌 도전의 전략과 서비스 융합을 이해하고 숙달이 될 때까지 학습한다.

학습활동.11 평가 및 피드백

평가 준거

- 평가자는 피평가자가 수행 준거 및 평가 내용에 제시되어 있는 내용을 성공적으로 수행할 수 있는 지를 평가해야 한다.

학습내용	평가항목	성취수준		
		상	중	하
4IR 글로벌 도전의 전략과 서비스 융합	4IR 글로벌 도전의 전략과 서비스 융합을 이해할 수 있다.			

평가 방법

• 작업 포트폴리오

학습내용	평가항목	성취수준		
		상	중	하
4IR 글로벌 도전의 전략과 서비스 융합	4IR 글로벌 도전의 전략과 서비스 융합을 이해할 수 있다.			

• 필기시험

학습내용	평가항목	성취수준		
		상	중	하
4IR 글로벌 도전의 전략과 서비스 융합	4IR 글로벌 도전의 전략과 서비스 융합을 이해할 수 있다.			

• 체크리스트를 통한 관찰

학습내용	평가항목	성취수준		
		상	중	하
4IR 글로벌 도전의 전략과 서비스 융합	4IR 글로벌 도전의 전략과 서비스 융합을 이해할 수 있다.			

• 피드백

1. 작업 포트폴리오
   - 제출한 보고서를 평가한 후 주요 사항에 대하여 표시하여 돌려준다.
2. 필기시험
   - 평가 결과 성적이 저조한 학생은 보고서 제출 기회를 부여한다.
3. 체크리스트를 통한 관찰
   - 실습 과정에서 평가한 후 개선해야 할 사항 등을 정리하여 돌려둔다.

참 | 고 | 문 | 헌

1. 감동근, https://news.samsung.com/kr/gksrnr-dpswlsldj 지망생에게 건네는 두 가지 당부, 2017.10.12
2. 김덕현, 4차산업혁명과 융합, https://brunch.co.kr/@duk-hyun/11, 2018. Aug.04
3. http://www.moreagile.net/2014/08/it.html
4. 컴퓨터 정보용어 대사전 한국사전연구사
5. 위키백과, https://ko.wikipedia.org/wiki/
6. https://www.oxford-royale.com/articles/reasons-learn-english/
7. https://m.blog.naver.com/PostView.
8. 중앙일보, 라이프 트렌드, 글로벌 기업 일자리 도전, 청년들이여 이렇게 준비하라
9. 엄일연, https://m.post.naver.com/viewer/철저히 준비하고 혁신적으로 도전하라, 글로벌SE, 2018.12.04
10. https://blog.hyosung.com/1381 [마이프렌드 효성 블로그]
11. https://www.bioin.or.kr/과학기술이 해결할 수 있는 10대 글로벌 도전과제, 2019. 4.11
12. MIT Technology Review, Ten big global challenges technology could solve, 2019.2.27
13. https://www.sedaily.com/NewsVIew/1VQZIUGI22
14. https://daystudy.tistory.com/227
15. https://newsroom.intel.co.kr/인텔, 글로벌 도전과제
16. https://phrase.dict.naver.com/ 네이버 글로벌 회화
17. 백세시대(http://www.100ssd.co.kr)
18. 이슈메이커(http://www.issuemaker.kr)
19. 4차산업혁명 시대의 신성장동력 스마트 헬스케어 산업 산업연구원
20. http://blog.naver.com/ 글로벌 서비스 전략

학습 1	4IR 핵심기술과 글로벌 도전 출발
학습 2	4IR 글로벌 도전의 핵심과 미션
학습 3	4IR 글로벌 도전의 결심과 집중
학습 4	4IR 글로벌 도전의 이유와 역량
학습 5	4IR 글로벌 도전의 시작과 목표
학습 6	4IR 글로벌 도전의 진화와 과정
학습 7	4IR 글로벌 도전의 미래와 매너
학습 8	4IR 글로벌 도전의 성공과 혁신
학습 9	4IR 글로벌 도전의 신뢰와 안전한 거래
학습 10	4IR 글로벌 도전의 가치와 디지털 전환
학습 11	4IR 글로벌 도전의 전략과 서비스 융합
학습 12	**4IR 글로벌 도전의 성과 창출과 고도화**
학습 13	4IR 글로벌 도전의 기반확립과 결실

학습 목표	1. 4IR 글로벌 도전의 성과 창출과 고도화를 이해할 수 있다.

12-1 4차산업혁명의 핵심기술, 스마트 물류

1. 스마트 문류 4.0의 개요

ICT 기반의 4차산업혁명으로 물류공급체인에 큰 변화가 일어나고, 새로운 비즈니스모델이 창출되면서 물류비즈니스는 '특정 프로세스의 자동화'에서 벗어나 '전체 공급사슬의 통합화 및 고도화'하는 방향으로 변혁이 일어나고 있다. 그리고 맞춤형 제품을 더 저렴하고, 더 빠르게 공급할 수 있는 공급사슬 전체의 민첩(Agile)성 확보에 대응하기 위해 제조/유통업에 물류 투자와 기술 개발이 급증하고 있다.

이에 따라 새로운 디지털 기술 적용은 상서래 관련된 비용 절감, 수급 행동, 제품 변화를 촉진하게 되며, WTO는 2030년까지 거래비용이 매년 1.8~2%포인트 더 절감될 것으로 전망이다. Logistics 4.0은 4차산업혁명 시대에 부응해 디지털로 연결, 통합돼 기존의 공급사슬 부분 최적화에서 확정되어 전체 최적화 구축이 최종 목표로 진행될 것이다.

초연결화로 특징지어지는 4차산업혁명시대가 성숙될수록 제품, 시장, 공급사슬, 운영기술 등 전반에 걸쳐 물류비즈니스에 대변혁을 초래할 것으로 전망했다.

Logistics 4.0이란 물류로봇, 자율운전 등에 의한 인력효율화와 전체 공급사슬의 물류 기능 표준화가 실현되는 것을 의미한다고 봤다. Logistics 4.0의 핵심 변화 방향은 ICT 적용으로 공급사슬 각 과정에서 사람 개입이 불필요한 완전지능화의 실현과 산업표준화에 의해 조달부터 생산, 택배까지 공급사슬 전체가 연결되면서 종합적인 판단하에 최적의 물류 프로세스를 구축하는 것이다.

핵심 기술로는 IoT, 빅데이터, 인공지능, 플록체인, 로봇, 자율주행차량 등의 게임 체인징 기술로 디지털 트랜스포메이션이 활발히 전개될 것으로 보인다. 최근 유통물류 선도기업을 중심을 물류 플랫폼 구축, 물류센터 등 건물 내 배송 자동화, 라스트 마일 배송 효율화 등의 3가지 디지털 트랜스포메이션이 가속화되고 있다.

2. 스마트 물류 서비스

〈표 12-1〉와 같은 서비스들이 디지털 트윈과 AI 알고리즘을 이용하여 제공되어 산업의 생산성 및 효율성이 개선될 것이다.

〈표 12-1〉 디지털 트윈과 인공지능 기술을 활용한 스마트 유통·물류 서비스

분 류	스마트 유통 물류 서비스 예
실시간 경로 최적화	배송 순서, 교통 상황, 수취인 상황을 기반으로 한 최적경로 설계
차량간 정보 활용	차량들 사이의 수송, 재고, 이동경로 등의 정보 공유 최적화
유통물류 수요예측	중장기적 관점에서의 고객 수요 및 수송 물량의 수요예측
자원 활용	인적·물적 자원의 최적 할당 계획 수립
고객관리	데이터 정보 분석을 통한 고객 충성도 제고 계획 수립 및 고객관리
제품 및 서비스 혁신	고객의 의견을 반영한 제품·서비스 포트폴리오 수립
서비스 고도화	유통·물류 서비스 제공시 발생하는 유해 요소 사전 방지
시장 정보 고도화	국내외 시장 상황을 반영한 공급망 체계 모니터링
수요와 공급망 관리	고객 수요와 유통·물류 공급 시스템 실시간 모니터링 및 개선
운송 차량관리	센서를 이용한 친환경적 차량 관리

예를 들어 유통·물류 차량들 사이의 정보 공유 서비스를 위한 디지털 트윈과 AI 알고리즘이 개발, 적용되어 수송 및 재고관리의 효율화와 물류비 감소가 가능해질 것이다.

그리고 고객으로부터 만들어지는 데이터 정보를 분석하여 사전에 고객 서비스의 변경 및 해지를 예측하고 이를 예방하기 위한 전략을 수립하여 고객의 충성도를 높이는 방안을 설계할 수 있을 것이다.

아울러 운송 차량에 부착된 센서를 이용하여 교통 상황, 소음, 공해, 차량현황 등의 정보를 실시간으로 수집·분석하여 친환경적 차량관리와 함께 수송의 최적화 방안을 마련할 수 있다.

스마트 물류 서비스는 [그림 12-1]처럼 하차 이슈를 해소하기 위한 무빙 라커, 스마트 라커, 스마트우체통, 클라우드 소싱 등 무인(로봇) 배송 솔루션을 도입해야 하고 인터넷과 통신기능이 연동되는 전자식 우편수취함, 소형소포(택배 포함), 등기우편물 등을 입주민과의 직접적인 대면 없이 안전하게 주고받을 수 있는 시스템 도입 및 이동식 무인 상점에 해당하는 모바일 리테일 등을 도입하여 서비스한다.

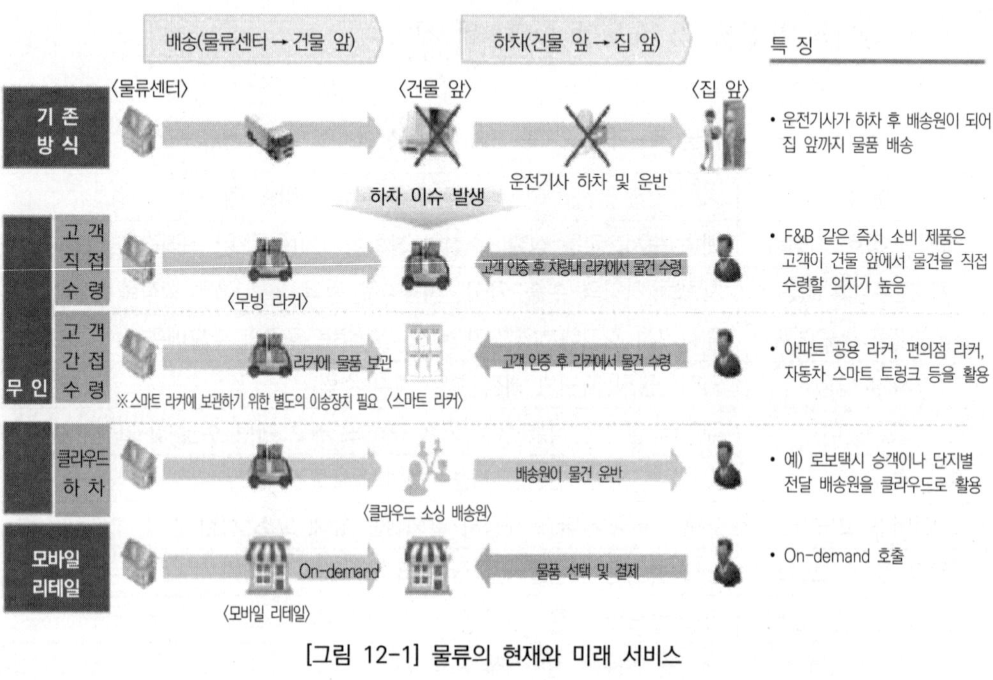

[그림 12-1] 물류의 현재와 미래 서비스

디지털 트윈과 인공지능을 유통·물류 분야에 본격적으로 적용할 때 예상되는 대표적인 서비스 시나리오를 소개한다.

① 물류 서비스 : A전자상거래 업체는 창고를 이용하여 물품을 보관, 포장, 발송하는 업무를 수행한다. A업체는 딥러닝 기술을 사용하여 적정 수준의 재고를 유지하고 창고 내 물품 이동을 위한 최적의 동선을 설계한다. 배송 차량도 최적의 경로와 배송 순서를 정하기 위해 머신러닝을 활용하며, 빠른 시간 내의 물품 배송을 위한 최적화 경로를 제안한다.

② 스마트 운송 로봇 : 인공지능 로봇을 이용하여 공장에 각 구성 요소에 필요한 부품과 장비를 운송하며, 상태 감시를 통해 스마트 센서로 프로세스의 전 과정 및 부품의 상태를 점검하고 사전에 손상될 가능성이 높은 부품을 식별하며 교체 또는 부품 주문 여부를 확인한다.

③ 고객관리와 마케팅 : A업체는 머신러닝과 딥러닝 기술을 활용하여 고객이 과거에 구매한 물품 정보를 토대로 추가 구매물품을 추천한다. 그리고 생활 필수품의 경우 고객이 부족한 시점을 사전에 인지하고 고객을 대신해 자동 주문한다. 아울러 고객이 즐기는 음악이나 영상 등과 같은 온라인 미디어 추천 서비스도 추가로 제공해 준다.

④ 스마트 챗봇 : 고객과의 친밀감 있는 대화를 통해 개인 성향에 맞는 상품을 추천해주고 고객에게 원하는 상품의 판매 위치를 알려주며, 고객이 원하는 조건에 부합하는 상품의 세부 정보를 알려준다.

⑤ 택배기사의 비서 : 음성인식 기능이 탑재된 AI 비서는 택배차량의 배차 시스템에 있는 배송정보, 운송장 정보를 기반으로 택배기사에게 예상 배송완료시간을 알려주고 중앙시스템에 곧바로 배송완료 처리 작업을 수행한다.

⑥ 불량품 판단 : 사전에 상품 불량 검색 기준을 정해 놓고 인공지능의 시각적 인식 기능을 활용하여 배송 상품을 스캔하면서 불량품을 제거한다.

⑦ 데이터 변환 : 인공지능 기술을 활용하여 유통물류 업체에서 많이 사용되고 있는 비정형 데이터(제안서, 계약서 등)를 정형 데이터로 변환하여, 사용자의 검색 및 재활용에 도움이 되도록 데이터베이스를 재설계한다.

⑧ 가상증강현실 지원 : 유통 물류 관리 요원에게 가상증강현실 서비스를 제공하여 물류 프로세스를 이해하고 효율적인 물류 시스템 운영관리 방안을 체험하게 한다.

⑨ 그 외에도 화물을 스스로 인식하여 들어 올리는 AI 로봇, 알아서 이동하며

화물을 싣는 적재 자율운송 로봇, 무인 지게차, 드론을 활용한 유통물류 서비스 등 첨단 신기술 활용으로 가까운 시일 내 유통물류 산업이 고부가가치 산업으로 발전할 것으로 예견된다.

3. 스마트 물류(Logistics) 4.0 시대의 대응책

스마트 Logistics 4.0 시대를 대비하기 위해서는 여러 가지 대응책이 필요하다고 봤다.

① 서비스 측면에서는 물품 자체의 운송서비스 제공에서 벗어나 배송 관련 솔루션을 제공할 수 있는 역량을 확보해야 한다.
기존 물류서비스는 주로 물품 자체의 배송 또는 이와 관련된 서비스 일체에 집중되어 있다. 앞으로는 여기에 더해 물류 비즈니스의 기반인 디지털 플랫폼, 운송수단, 운영기술을 융합한 솔루션을 저렴하게 공급하는게 관건이라는 것이 보고서의 설명이다.

② 목표시장과 공급사슬 측면에서는 주로 단일업체/업종 대상에서 벗어나 업종을 초월한 서비스가 가능하도록 역량을 강화해야 한다.
기존에는 특정업체 또는 업조엥 체화된 수직적 서비스 역량 확보에 집중하였으나, 앞으로는 복수 업체 나아가 업종과 무관한 수평 통합 서비스를 제공하는 역량이 요구된다. 단일 접종의 경우에도, 조달/생산, 국내외 운송, 보관/창고 등 공급사슬 활동 전체를 대상으로 통합관리하는 비즈니스 개발이 필요하다.

③ 전통적인 물류비즈니스 영역에서 벗어나 '물류+a'영역을 구축해야 한다. 물류 보관 및 배송서비스에 더해 조달 대행, 수요예측, 나아가 제품의 보수유지, 조립 등 새로운 부가가치 서비스를 창출해야 한다는 것이다. 3D 프린팅을 통한 수요업체의 보수유지부품 생산까지 확대하거나 축적된 방대한 물류데이터를 교통, 에너지 등 타 영역으로 활용을 확대하는 것이다.

④ 필요 기술 또는 역량 확보를 위해 M&A 또는 외부 제휴 네트워크를 확보해야 한다.
물류 변혁 핵심기술은 로봇/자동화기기, AI, 블록체인, 자율주행 차량이다. 선도업체는 M&A나 제휴를 통해 이들 기술을 확보하고 있는데, 이는 점점 ICT 기반의 업종 횡단적 프로세스 구축 필요성이 커지고 있기 때문이다.

12-2 4IR Engineer의 글로벌 도전 성과 창출

1. 글로벌 도전의 성과 창출 비결

글로벌 도전의 창출 기업은 경쟁사보다 한발 앞서 새로운 가치를 창출하기 위해 Solution 역량 및 Core Platform 확보 등에 주력한다.

글로벌 도전의 창출기업의 성공 비결은 다음의 세 가지로 분석 가능하다.

1) 선택과 집중을 위한 기획단계 강화

제품 생산과 기획단계에서부터 해당 사업분야의 미래예측과 기술센싱을 강화, 이를 기반으로 전략분야 선정 후 집중 투자한다.

① IBM은 기초과학분야에 R&D 역량을 분산 투입하던 방식에서 전략을 전환, GTO(Global Technology Outlook), GIO(Global Innovation Outlook) 등을 통해 초기 기획을 강화하고 이를 통해 선정된 전략기술 분야에 집중 투자한다.

② Siemens는 고유의 미래예측 연구기법인 PoF(Picture of the Future)를 활용해 사업 및 기술개발 기회 도출 후, 사업 구조 변화를 지속 추진한다.

2) 사업화 연계 강화를 위한 개발 전략의 프로세스 고도화

기업의 사업화의 전력의 포트폴리오를 지속적으로 관리함과 동시에 전략사업화 프로세스의 혁신을 통해 효율 제고한다.

① 듀폰은 전략 사업화 프로세스인 APEX와 전략 Pipeline을 통해 사업화율을 제고하고 다수의 혁신 제품 사업화(Pre사업화 R&D 과제 중 약 15%만이 최종적으로 사업화, 최근 4년 내 출시된 신제품이 매출의 약 30% 차지)한다.

② Philips, Siemens, HP 등은 기술 부문 또는 연구소 內 신사업 기획/마케팅을 위한 Incubation 조직을 운영, 기술사업화율 제고한다.

3) 전략 자원의 효율적 활용 및 관리

내부 전략 사업의 시너지 제고와 외부자원 활용하여 극대화를 통해 연구 및 개발, 생산 기간 단축, 투자 리스크 감소 및 비용 절감 추구한다.

Philips는 InnoHub 등을 통한 내부 기술의 융복합화를 추진함과 동시에, Global Open Innovation Campus 등 외부 리소스를 R&D 성과 창출에 적극 활용한다.

[그림 12-2] Two types of humans

출처 : success pictures

12-3 4IR Engineer의 글로벌 도전

1. 직 장

분 류	항 목
중분류	구직, 업무, 거래, 기타
소분류	자주 쓰이는 표현, 지원, 면접, 면접결과, 급여/복지, 기타 문의

A : Could you make 10 photocopies of this article for the meeting?

B : I'm sorry, but this printer is out of order.

A : What should I do?

B : Don't worry. I can print it out at the next office.
Anything else?

A : We are going to have a social time with light refreshment after the meeting.

B : No problem. I'll have them ready.

수행 내용

재료 · 자료

- 4차산업 혁명 관련 자료

기기(장비 · 공구)

- 컴퓨터, 프린터, 주변기기

안전 · 유의사항

- 컴퓨터 및 주변기기의 전원을 관리한다.

수행 순서

01 스마트 물류의 변화 트랜드에 대하여 분석하라.

1. 공급망의 통합

공급망의 통합(Supply Chain Collaboration)은 오늘날의 많은 기업의 주요 화두이다.

공급망의 통합을 위한 다양한 디지털 솔루션도 시장에 지속해서 등장하고 있다. 물류와 운송을 더욱 효율적으로 하기 위해선 효율적인 공급망의 관리가 필요하고, 공급망이 복잡하고 다양해질수록 통합 관리는 힘들어지는 것이 당연한 사실이다.

혁신적인 디지털 솔루션을 활용하여 공급망 전반에서 효과적으로 통합한 기업은 다음과 같은 이점을 누리고 있다.

① 최대 35%의 비용 절감
② 탄소 배출량을 최대 50% 절감
③ 예측 정확도 최대 25% 향상
④ 재고가 최대 20% 감소

⑤ 배송 제공 정확도 향상을 위한 SLA(Service-Level Agreement) 개선(경우에 따라 최대 98% 이상)

⑥ 관리 인력을 최대 10% 절감

추가로 서비스 수준 및 고객 만족도 향상되었음을 확인할 수 있다. 고객에게 효율적인 서비스를 제공하기 위해서 첫 시작은 효율적인 공급망의 관리이며, 효율적인 관리를 위한 공급망의 통합이 중요해 지고 있다.

2. B2B 시장의 B2C의 경험 전환

B2C(비즈니스 대 소비자) 물류와 B2B(비즈니스 대 기업) 물류는 현재까지 각 분리되고 구분되고 있다. 택배의 서비스와 기업화물 운송의 서비스는 분리되어 논의되고 있다.

하지만 전자상거래의 지속적인 증가로 택배 시장은 지속해서 성장하고 있다. 또한 택배의 이동 중에 발생할 수 있는 다양한 변화의 가능성에도 불구하고, 소비자는 상품의 이동에 대해 실시간으로 정보를 얻는 데 익숙해져 있다.

현재 나의 택배가 어디에 있는지 실시간으로 확인하는 과정은 더는 새롭고 신기하지 않은 당연한 서비스가 되었다.

이러한 새로운 경험의 트렌드가 비즈니스 시장에 유입되면서, 상품의 이동에 대한 정보 제공 요구는 증폭되고 있으며, B2B 물류 운영 측면에서도 새로운 요구 사항으로 등장하고 있다.

B2B2C 사업 모델의 확장은 투명성, 유연성, 지속 가능성 및 효율성이 함께 제공되는 새로운 비즈니스 모델의 트렌드가 되고 있다.

3. 지속가능한 물류

환경오염에 대한 경각심은 어느 산업에도 당연하게 등장한 이슈이다. 때문에 환경을 생각한 물류는 물류 시장에서도 당연하게 받아들여지고 있다. 지속 가능한 물류(Green Logistics) 서비스를 목표를 다양한 물류 업체들이 새로운 서비스를 론칭하고, 비즈니스에 도입하는 사례가 전 세계적으로 늘어나고 있다.

운송과 공급과정에서 환경오염 요소의 감소를 목표로 업계는 지속가능한 물류 쪽으로 관심을 가지고 있다.

환경을 생각한 지속 가능한 공급망 관리 접근 방식을 도입했을 때의 장점은 다음과 같다.

① 회사의 평판 긍정적 강화
② 공급망 비용 절감
③ 향상된 프로세스 및 제품 혁신, 추가 수입 창출
④ 고객 충성도 향상

4. 유연성 있는 공급망 관리

유연성 있는 공급망 관리(Elastic Logistics)는 물류 환경에 새롭게 등장한 개념이다. 이는 물류 운영 내에서 주어진 상황의 요구 사항에 맞춰 물류 기능을 확장 및 축소할 수 있는 유연성을 의미한다. 즉 현재 시점의 수요를 기반으로 공급망을 필요에 따라 확장 축소할 수 있도록 관리하는 것을 의미한다. 유연성 있는 물류(Elastic Logistics)는 비용 통제에서 창고 관리, 납품까지 비즈니스의 모든 영역에 적용된다.

공급망 통합 및 가시성 확보를 위하여 클라우드 기반 솔루션을 통해 물류 회사는 시장 변화에 적응을 쉽고 빠르게 할 수 있다. 탄력적인 물류를 통해 기업은 수요 증가에도 불구하고 비용을 낮게 유지하면서 정시에 물품을 거래처에 제공할 수 있다. 이와 같은 시스템의 도입은 다음과 같은 이점을 가지고 있다.

① 고객 경험 향상
② 실시간 공급망 가시성 추가
③ 모든 비즈니스 프로세스 연결
④ 민첩성 및 확장성 제공

5. 디지털 물류

디지털 물류의 전환 없이는 '유연성 있는 물류'가 등장할 수 없다. 비효율성이 가득한 물류 산업의 현재와 미래는 디지털화가 결정하게 될 것이다.

디지털 물류(즉 종이 기반 프로세스와 기존의 수동적인 업무 방향에서의 전환)로의 추진은 2020년에도 계속될 것이며, 디지털화의 이점과 기회는 무궁무진하다.

① 신제품 개발
② 더 많은 혁신
③ 새로운 수입원 창출
④ 역동적이고 안전하며 상호 작용하는 공급망 관리
⑤ 실시간 데이터 및 정보에 대한 접근성 향상

⑥ 더 나은 의사 결정

⑦ 민첩하고 효율적인 프로세스 및 운영

⑧ 향상된 제어, 가시성 및 협업

⑨ 시장 상황에 대한 신속한 대응(유연성 있는 물류)

⑩ 신속한 계획 및 실행 기능

⑪ 시장 출시 시간 단축

⑫ 고객 서비스 개선 및 고객 만족도 향상

그리고 이것들 이외의 장점은 지속해서 등장하고 있다.

하지만 디지털화를 위해선 올바른 비즈니스 플랫폼이 중요하다.

상호 연결성과 기반으로서 정보의 디지털 전환 및 교환 없이는 디지털화가 진행 될 수 없다. 물류업계는 이미 클라우드 기반 애플리케이션 사용이 급증하고 있으며, 새로운 서비스도 새롭게 등장하고 있다.

물류 분야의 주요 동향을 파악할 때, 한 가지 확실한 현상은 디지털이 한창 진행 중이라는 것이다.

운송 및 물류 기술의 발전이 계속됨에 따라 주요 공급망을 리딩하는 기업은, 변화하는 상황에 따라 오프라인 중심의 물류 네트워크에서 온라인 클라우드 환경으로 운영을 옮기고 있다.

이런 변화를 통해 고객의 기대치에 대한 만족 및 시장에서의 기업의 입지를 강화할 수 있다.

02 스마트 물류의 기술에 대하여 분석하라.

1. 블록체인

물류 분야의 블록체인(Blockchain)의 역할을 ① 신속, 간결한 국제무역 물류, ② 공급사슬 내에서의 투명성과 추적가능성, ③ 스마트 계약으로 인한 물류업의 프로세스 자동화로 규정하고 있다.

〈표 12-2〉 블록체인과 물류기술

물류기술	내 용
국제무역기술	• 화물의 조달, 운송관리, 추적, 세관 및 무역금융의 시간, 비용 최적화 • (사례) 동아프리카 ↔ 유럽 간 냉장물품 수송 : 30개 기관, 200건 관련업무 • (적용기업) 머스크 및 IBM : 글로벌 블록체인 기반시스템 ZIM/Accenture : 선하증권(B/L) 디지털화
거래 투명화/ 추적 기술	• 물류공급 및 이력 상황의 추적과 모니터링 • (적용기업) Unilever, Wal-Mart : 제품 추적성, 안전성 확보
스마트 계약기술	• 불완전한 데이터 및 서류, 공정 비효율, 분쟁 방지 Ÿ디지털 문서 및 실시간 데이터 발송 • (적용기업) Accenture : 송장정확도 향상, 초과지불 감소(비용 5% 절감) • 쉽체인 : 공급망 실시간 제품추척 및 계약 블록체인시스템 구축(디지털 통화 '쉽토큰' 이용)

2. 인공지능(AI)

인공지능을 이용한 물류 분야 우수사례를 제시하고 있다. 보다 치열한 경쟁 속에서 글로벌 공급망을 운영하는 기업들은 더 낮은 비용으로 더 높은 수준의 서비스를 제공해야 하며 회계, 금융, 인적 자원, 법률, 정보 기술 등 기업 또한 방대한 양의 데이터와 반복적 작업에 비용을 낭비하고 있는 상황이다.

〈표 12-3〉 인공지능과 물류기술

물류기술	내 용
백오피스 AI 기술 (Back Office)	• 회계, 금융, 인적 자원, 법률, 정보 기술 등 부문에서 인지자동화(AI)를 통해 시간 및 비용을 절감 • 비즈니스 프로세스 자동화 : AI 및 로봇 프로세스 자동화(RPA)가 결합
예측물류 기술	• AI 기반의 예측 정보를 이용하여 사전 예방적 물류운영을 수행 • (적용기업) DHL : 머신러닝 기반 항공화물 운송지연시간 예측시스템 Resilience360 platform(예측위험관리시스템)
보고 말하고 생각하는 물류기술	• AI를 통한 인력작업 지원, 노동편의성 확보 Ÿ지능형 로봇, 컴퓨터 비전, 대화형 UI, 자율차량 • (적용기업) (핀)젠로보틱스 : AI 기반(TX2로봇) 폐기물 분류시스템 (싱)그레이오렌지 : 자가탐색 AGV (프)Qopius : 컴퓨터 비전기반 AI 시스템(상품진열성능, 제품추적)
지능형 소비자 경험 기술	• AI 기반 음성 에이전트를 통해 물류 공급자와의 고객경험 개선, 개인화 • (적용기업) DHL : '알렉사'를 이용하여 소포추적 및 발송정보 관리 Package.ai : '제니'를 통한 고객과의 메신저/SNS 소통(배송시간, 장소, 지침 등 협의)

이에 AI는 인지 자동화를 통해 시간을 절약하고 비용을 절감하며 생산성과 정확성을 높일 수 있는 기회를 제공할 수 있다. 미래에는 현재 사람이 수행하고 있는 일 가운데 반복적이고 단순한 작업을 로봇 혹은 인공지능이 대체할 경우 사람은 보다 복잡하고 창조적인 일에 매진할 수 있을 것이다.

예측물류는 물류산업에서 AI 기반의 예측 정보를 이용하여 사전 예방적 운영을 위한 물류활동이 가능하도록 하는 것이다. AI를 활용한 예측 네트워크 관리는 물류 운영효과를 크게 높일 수 있다. DHL에서는 항공 화물 항로와 네트워크는 수십 년의 산업 경험을 가진 전 문가들의 과거 데이터와 경험 그리고 전문 지식을 활용, AI를 이용한 머신러닝 기반의 예측시스템을 운용하고 있다.

AI는 현대 물류에서 육체적 노동 감소에 큰 기여를 할 것으로 예견되고 있다. 즉 AI와 인공 지능 로봇, 컴퓨터 비전 시스템, 대화형 인터페이스, 자율형 차량 등을 결합함으로써 물류작업에서 사람의 노동 편의성을 제공할 수 있다. 지능형 로봇 소터는 편지, 소포 및 팔레트 형태 발송화물을 효과적으로 신속하게 분류하게 되며, 기존 인력이 처리했던 수백만 건의 화물을 정렬, 스캔 등을 통해 효과적으로 분류한다.

핀란드 회사인 ZenRobotics는 2011년부터 지능형 로봇기반 폐기물 분류 시스템을 개발했으며, 동사의 TX2 로봇시스템은 컴퓨터 비전과 기계 학습을 사용하여 컨베이어에서 재활용 가능한 폐기물을 선정하고 정렬한다. 싱가포르의 자동화 로봇 회사인 GreyOrange 사는 스스로 탐색하는 AGV를 개발하였다. 컴퓨터비전 재고관리는 유통산업에서 현실화되고 있다. 프랑스 스타트업 회사인 Qopius는 상품전시 진열대의 성능 측정, 제품 추적 등 소매점 효율적 운영을 위한 컴퓨터 비전기반 AI 시스템을 개발하고 있다.

소비자는 상품을 인터넷상에서 구입하는 것으로 시작하여 배송 받는 것 혹은 반품하는 것으로 물류활동이 이루어진다. 이 과정에서 AI 기반 음성 에이전트를 통해 물류 공급자와의 고객경험을 개선, 개인화하고 있다. DHL은 음성기반으로 소포 추적 및 아마존의 알렉사를 이용하여 발송정보를 제공하고 있다. 이스라엘의 스타트 업체인 Package.ai는 라스트 마일 배송을 하는 '제니'를 개발하여 소포 수령인에게 페이스북 메신저나 SMS를 통해 연락함으로써 배달 시간, 장소 및 기타 지침 등의 조정이 가능토록 하고 있다. 제니의 대화 능력 과 상황에 맞게 처리할 수 있는 기술로 인해 운영비용을 최대 70% 절감할 수 있는 것으로 나타났다.

학습 12

3. 3D프린터

3D프린터는 널리 알려진 기술이며 물류/공급사슬 분야에서 미치는 영향이 매우 높다.

동 분야의 기술은 물류공급사슬 내 이동되거나 기 생산, 운용되는 제품의 예비부품, 맞춤형 부품 등에 사용되고 있다.

4. 로보틱스

DHL에서는 우선 가까운 미래에 로보틱스의 물류 분야 활용 사례를 살펴보고 먼 미래에는 어떠한 비전을 가졌는지 분석하였다. 오늘날 물류 산업이 직면하고 있는 가장 큰 문제 중 하나는 노동력 가용성이며 고객까지 높은 서비스를 제공할 수 있는 물류인력 유무이다.

첫째, 전자상거래의 발전에 따라 배송물량이 증가하고 증가된 물량을 처리하기 위한 물류 근로자들에 대한 지속적 수요증가가 필요한 상황이다. Forrester Research에 따르면 유럽과 미국의 온라인 소매업이 전년 대비 10% 성장할 것으로 예상된다. 아시아의 온라인 쇼핑시장의 성장은 더욱 빨라서 2020년까지 중국의 온라인 소매 시장은 프랑스, 독일, 일본, 영국, 그리고 미국을 합친 것과 같은 규모로 예상된다.

둘째, 미래는 인구 감소로 인한 가용 노동 인구 규모 감소가 예견되고 있다. 이러한 문제를 효과적으로 타개할 대책으로서 로보틱스가 대두되고 있으며 물류를 보조하는 로봇은 '눈, 손, 발, 그리고 두 뇌'의 형태를 가지게 될 것이다

일반적으로 인식장치는 가격대가 높아서 로보틱스 발전의 장애요인으로 작용해 왔다. 2011년 마이크로소프트에서 개발한 Kinect는 저비용의 3D 카메라로, 실시간으로 사용자의 움직임을 인식할 수 있어서 다양한 게임에 활용되고 있다. 대부분의 사람들은 Kinect를 게임 도구로 바라보았지만 로보틱스 엔지니어들은 저렴한 센서로서의 가능성을 보았다. Kinect는 1cm 정확도로 사물의 깊이를 구분할 수 있으며 너비와 높이를 3mm 이내의 정확도로 구분할 수 있어서 질감 을 충분히 느낄 수 있을 만큼 민감하다. 소프트웨어를 사용하면 이 정보를 사용하여 로봇이 환경을 '확인' 하고 시야에 있는 개체를 찾을 수 있다.

Cobot이라고 불리는 협업이 가능한 로봇은 사람과 로봇이 공유된 작업공간에서 협업이 가능한 시스템이다. 기존의 로봇 특히 산업형 로봇은 별도의 공간에서 작업을 수행하고 사람과 접촉되면 안전을 위하여 정지하게 되어 있었다. Cobot은 안전성을 확보하여 사람과 동일한 공간에서 협업이 가능한 시스템이다. 기존의 산업형 로봇은 지면에 볼트로 고정되어 있었다. 이러한 형태의 로봇은 대량생산 체계에 적합하다. 그러나 물류업에서는 이동성이 중요한 개념이다.

차세대 물류 분야 로봇의 또 하나의 주요 개념은 계산 능력이다. 위에 열거한 다양한

기능을 성공적으로 수행하기 위해서는 강력한 계산능력이 필요하다.

1) AR 기반 물류관리/운영

증강 현실(AR)은 디지털 세계와 물리 세계의 경계를 융합하여 물류 계획, 프로세스 실행 및 운송에 대한 새로운 시각을 제공할 수 있다. AR은 헤드업 디스플레이나 다른 디지털 장치를 이용하여 상황별 정보를 제공할 수 있으며 정확한 정보(Right Information)를 적절한 시간(Right Time)에 적절한 장소(Right Place)에 제공함으로써 작업자의 역량을 강화한다. 주요 응용분야는 AR 기반 물류창고 운용, 보다 안전하고 스마트한 운전, 지능형 라스트 마일 운영 등이 있다.

2) 물류 빅데이터 분석

데이터기반 수집, 분석 및 예측을 통해 물류를 혁신할 수 있다. 방대한 디지털화는 방대한 양의 데이터가 물류공급망을 따라 수많은 물류과정에서 모여진다. 따라서 빅데이터를 활용하여 물류능력의 최적화, 고객환경 개선, 위험감소 등을 기반으로 신규 물류비즈니스 모델을 이끌어 낼 수 있을 것이다. 주요 활용사례로서 실시간 경로 최적화, 스마트 예측, 예측 배송, 앤드투앤드(End-to-End) 공급망 위험관리 등이 있다.

3) 물류인력 생체개선

첨단 착용가능, 외골격 기술과 같은 생체 개선 기술은 현재 물리적 장벽의 경계를 확장할 수 있다. 스마트 의류, 생체 공학 무기, 심지어 미래의 뇌-컴퓨터 인터페이스도 훈련, 통신, 프로세스 실행과 같은 분야에서 물류 인력을 지원할 수 있다. 무엇보다도 이러한 기술은 공급망에서의 건강 및 안전 위험을 최소화할 수 있다.

4) 클라우드 물류

클라우드 컴퓨팅은 다양한 서비스로서의 물류(LaaS) 기반 비즈니스 모델을 지원한다. 물류 서비스제공자는 수요에 따라 사용량에 따른 결제 방식을 통해 맞춤형 모듈식 클라우드서비스를 제공하게 된다. 따라서 기존의 높은 투자 및 유지보수 비용이 소요되는 IT 인프라의 개발을 저비용으로 서비스 및 관리를 가능하게 한다.

5) IoT

사물 인터넷(IoT)은 모든 사물들을 인터넷에 연결, 데이터 기반 물류를 가속화할 수 있는 능력을 가지고 있다. 일상적인 객체들이 정보를 전송, 수신, 처리, 저장할 수 있게 되어 자율적이고 이벤트 중심적인 물류 프로세스에 적극 활용이 가능하다.

6) 센서기반 물류

센서 기술은 물류 업계에서 매우 중요한 부분으로 센서 솔루션은 디지털 방식으로서 복잡하고 수동적인 물류를 변화시킬 수 있다. 물류운영의 규격화, 품질 관리 및 시각화는 지능화, 안전성 및 효율성은 센서 정보의 활용에 기초하고 있어 센서는 저비용으로 개발됨이 바람직하다.

7) 차세대 무선네트워크

차세대 네트워크 및 통신기술은 전반적인 물류환경에서 IoT 기술실현의 기반이 된다. 물류 분야에서 차세대 지능형 네트워크는 물류비용 효율성, 내외부 연결성, 현지화를 가능하게 한다. 물류공급망에서 투명성과 추적성을 갖춘 물류가 현실화 되고 있으며, 차세대 통신기술로는 LPWANs(Low-Power Wide Area Networks), 5G, 저궤도 위성 등이 등장할 예정이다.

8) 자율주행차 기술

AI 기술 발전과 센서 · 비전 기술 개발로 자율주행차는 차량 조립, 운영, 활용, 서비스 측면에서 변화가 예상된다. 트럭에서부터 라스트 마일 배송 로봇(Lastmile Robot)에 이르기까지 자율주행차는 새로운 차원의 안전성, 효율성, 품질을 확보함으로써 전반적인 운송 물류를 변화시킬 것이다.

9) 무인에어드론 기술

무인항공기나 드론은 배송의 처음과 마지막을 담당할 뿐만 아니라 생산물류 및 감시업무에도 활용된다. 무인항공기는 기존의 육상 수송수단을 대체하는 것이 아니라 접근이 위험한 곳이나 원격으로 배송이 필요한 곳에서 가치를 발휘할 것이다.

10) 가상현실 기술

물류에서 가상현실 기술은 제조, 유통, 공급망에서 발전해 왔다. 사용자가 3D로 환경을 설계, 시뮬레이션 및 평가할 수 있도록 함으로써 물류 공급업체는 물류흐름을 최적화하고 프로세스를 모니터링하기 위해 더 나은 정보에 입각한 결정을 내릴 수 있다.

03 4IR Engineer의 글로벌 도전을 위해 유용한 문장을 영어로 표현하라.

Useful Expressions(문장을 영어로 표현하기)

1. 어떤 학위를 가지고 있습니까?
   What degrees do you have?

2. 당신의 성격은 어떻습니까?
   How would you describe your personality?

3. 저는 낙천적인 편입니다.
   I'm an optimistic person.

4. 당신의 장점은 무엇이라고 생각하십니까?
   What do you think are your strengths?

5. 우리 회사에 관심을 둔 이유는 무엇입니까?
   Why are you interested in our company?

6. 이 연락처로 연락 드리면 됩니까?
   Can I reach you at this number?

학습활동.12 교수 · 학습 방법

교수 방법

- 4IR 글로벌 도전의 성과 창출과 고도화에 대한 관련 용어, 구성, 방식 이해 정도를 파악한 후 수업을 진행한다.
- 교수자의 주도로 4IR 글로벌 도전의 성과 창출과 고도화 등의 내용을 PPT 자료로 제시한 후 설명한다.
- 가능하면 사전에 개인별 학습 자료를 준비하여 모든 학생이 참여할 수 있는 문제 해결식 수업, 협력 수업이 가능하도록 한다.
- 4IR 글로벌 도전의 성과 창출과 고도화전 과정을 작업의 순서에 따라 단계적으로 실습이 이루어질 수 있도록 지도한다.
- 교재를 통해 수업을 준비하는데 있어서 필요한 모든 정보나 팁, 힌트 등 도움이 될 만한 내용들을 확인할 수 있다.
- 학생들이 만들게 될 각 모델들은 수업시간에 중점적으로 다뤄질 부분과 어휘, 질문, 답을 포함하고 있으며 또한 탐구할만한 추가적인 아이디어들도 포함하고 있다.

학습 방법

- 4IR 글로벌 도전의 성과 창출과 고도화에 대한 관련 용어를 숙지하고, 4IR 글로벌 도전의 성과 창출과 고도화에 대해 이해한다.
- 4IR 글로벌 도전의 성과 창출과 고도화의 각 단계별 중점 사항을 체계적으로 학습한다.
- 4IR 글로벌 도전의 성과 창출과 고도화의 수행순서의 전 과정을 실습한다.
- 4IR 글로벌 도전의 성과 창출과 고도화의 내용을 이해한다.
- 4IR 글로벌 도전의 성과 창출과 고도화을 이해하고 숙달이 될 때까지 학습한다.

학습활동.12 평가 및 피드백

평가 준거

- 평가자는 피평가자가 수행 준거 및 평가 내용에 제시되어 있는 내용을 성공적으로 수행할 수 있는 지를 평가해야 한다.

학습내용	평가항목	성취수준		
		상	중	하
4IR 글로벌 도전의 성과 창출과 고도화	4IR 글로벌 도전의 성과 창출과 고도화를 이해할 수 있다.			

평가 방법

• 작업 포트폴리오

학습내용	평가항목	성취수준		
		상	중	하
4IR 글로벌 도전의 성과 창출과 고도화	4IR 글로벌 도전의 성과 창출과 고도화를 이해할 수 있다.			

• 필기시험

학습내용	평가항목	성취수준		
		상	중	하
4IR 글로벌 도전의 성과 창출과 고도화	4IR 글로벌 도전의 성과 창출과 고도화를 이해할 수 있다.			

• 체크리스트를 통한 관찰

학습내용	평가항목	성취수준		
		상	중	하
4IR 글로벌 도전의 성과 창출과 고도화	4IR 글로벌 도전의 성과 창출과 고도화를 이해할 수 있다.			

• 피드백

1. 작업 포트폴리오
   - 제출한 보고서를 평가한 후 주요 사항에 대하여 표시하여 돌려준다.
2. 필기시험
   - 평가 결과 성적이 저조한 학생은 보고서 제출 기회를 부여한다.
3. 체크리스트를 통한 관찰
   - 실습 과정에서 평가한 후 개선해야 할 사항 등을 정리하여 돌려둔다.

참 | 고 | 문 | 헌

1. 감동근, https://news.samsung.com/kr/gksrnr-dpswlsldj 지망생에게 건네는 두 가지 당부 2017.10.12
2. 김덕현, 4차산업혁명과 융합. https://brunch.co.kr/@duk-hyun/11, 2018. Aug.04
3. http://www.moreagile.net/2014/08/it.html
4. 컴퓨터 정보용어 대사전 한국사전연구사
5. 위키백과, https://ko.wikipedia.org/wiki/
6. https://www.oxford-royale.com/articles/reasons-learn-english/
7. https://m.blog.naver.com/PostView.
8. 중앙일보. 라이프 트렌드, 글로벌 기업 일자리 도전, 청년들이여 이렇게 준비하라
9. 엄일연, https://m.post.naver.com/viewer/ 철저히 준비하고 혁신적으로 도전하라, 글로벌SE, 2018.12.04
10. https://blog.hyosung.com/1381 [마이프렌드 효성 블로그]
11. https://www.bioin.or.kr/과학기술이 해결할 수 있는 10대 글로벌 도전과제, 2019. 4.11
12. MIT Technology Review, Ten big global challenges technology could solve, 2019.2.27
13. https://www.sedaily.com/NewsVIew/1VQZIUGI22
14. https://daystudy.tistory.com/227
15. https://newsroom.intel.co.kr/인텔, 글로벌 도전과제
16. https://phrase.dict.naver.com/ 네이버 글로벌 회화
17. 송상화, https://www.lotis.or.kr/물류창고 디지털 트윈 시스템개발
18. https://www.parcelandpostaltechnologyinternational.com/news/operations/
19. https://www.logistics.dhl/content/dam/dhl/global/core/documents
20. https://logisticsinsider.in/
21. https://www.logistics.dhl/kr-en/home/press/press-archive/2019/
22. 김종경, https://www.klnews.co.kr : 448/news/스마트물류, 2016
23. https://www.pluxity.com/plug-driving
24. 한국교통연구원, 글로벌문류기술동향, 2020.1.23.
25. 테크월드. http://www.epnc.co.kr
26. www.hellot.ne
27. 현데경제연구원, Logistics.4.0시대의 특징과 시사점
28. 포스크 경영연구소, R&D 고 성과 창출기업의 비결

학습 1	4IR 핵심기술과 글로벌 도전 출발
학습 2	4IR 글로벌 도전의 핵심과 미션
학습 3	4IR 글로벌 도전의 결심과 집중
학습 4	4IR 글로벌 도전의 이유와 역량
학습 5	4IR 글로벌 도전의 시작과 목표
학습 6	4IR 글로벌 도전의 진화와 과정
학습 7	4IR 글로벌 도전의 미래와 매너
학습 8	4IR 글로벌 도전의 성공과 혁신
학습 9	4IR 글로벌 도전의 신뢰와 안전한 거래
학습 10	4IR 글로벌 도전의 가치와 디지털 전환
학습 11	4IR 글로벌 도전의 전략과 서비스 융합
학습 12	4IR 글로벌 도전의 성과 창출과 고도화

학습 13 4IR 글로벌 도전의 기반확립과 결실

학습 목표

1. 4IR 글로벌 도전의 기반확립과 결실을 이해할 수 있다.

13-1 4차산업혁명의 핵심기술, 지능형 로봇

1. 지능형 로봇의 개념

지능형 로봇(Intelligent Robots)은 외부환경을 인식(Perception)하고 스스로 상황을 판단(Cognition)하여 자율적으로 동작(Manipulation)하는 로봇이다. 산업사회에서 정보화 사회를 거쳐 지능기반사회로의 발전에 따라 로봇의 패러다임은 노동대체 수단으로서의 '전통적 로봇'에서 인간 친화적인 'IT 기반 지능형 서비스 로봇'으로 변화하였다. 사람의 명령에 의해 피동적, 반복적 작업을 수행하던 과거의 전통적 로봇과는 달리 IT 기술 및 네트워크와의 융합을 통해 지능적이고 능동적인 서비스를 제공하는 'IT 기반 지능형서비스 로봇'의 새로운 개념이다.

지능형 로봇은 최근 IT기술의 융·복합화, 지능화 추세에 따라 네트워크를 통한 로봇의 기능분산, 가상공간 내에서의 동작 등 IT와 융합한 'IT 기반 지능형 서비스 로봇'의 개념을 포함한다. 향후 BT, NT 등 첨단기술의 진전에 따라 또 다른 개념의 새로운 로봇이 출현하고 있다.

2. 지능형 로봇의 핵심기술

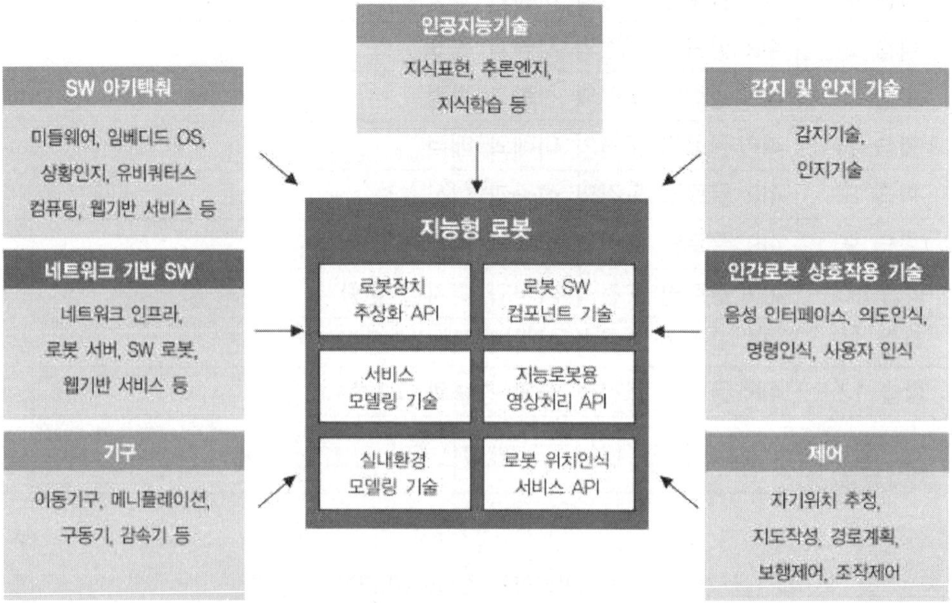

[그림 13-1] 지능형 로봇의 기술

지능형 로봇은 유비쿼터스 네트워크 기술을 바탕으로 언제 어디서나 인간에게 다양한 서비스를 제공하는 로봇으로 정의한다. 복합적인 하드웨어 기술로 구성된 로봇요소에 소프트웨어인 지능을 부여하여 서비스를 제공하는 기계, 전자, 정보, 생체공학의 복합체로 정의한다. 따라서 지능형로봇자체 구현에 필요한 표준(로봇 내부의 표준)으로서 지능형 로봇시스템 기술을 표준화 대상 항목으로 선정한다.

지능형 로봇이 서비스를 제공하기 위해서는 로봇 사이의 또는 로봇과 인간, 네트워크를 포함한 환경 간의 다양한 인터렉션이 요구된다. 이처럼 기능 및 서비스를 제공하기 위한 대상 또는 환경에 관련된 표준(로봇 외부의 표준)으로서 로봇-인간 - 환경상호 작용기술에 대한 표준이 필요하다,

지능형 로봇의 기능 및 사용과 관련하여 로봇에 의해 주어지는 부가적인 서비스 또는 파생되는 제반 사항에 대한 표준(기반적 측면의 표준)으로서 서비스 및 활용기술의 표준이 포함한다.

〈표 13-1〉 지능형 로봇의 분류

기술 대분류	중분류	내 용
감지 및 인지기술	감지 기술	감지 기술, 시각센서 제작 기술, 청각센서 제작 기술, 거리(적외선, 초음파 레이저) 센서 제작 기술, 기타 센서(후각, 미각 등) 센서 제작 기술
	인지 기술	시각 인식 기술, 청각 인식 기술, 촉각 인식 기술, 후각 인식 기술
인간로봇 상호작용	사용자 인식	얼굴검출 및 인식 기술, 화자 인식 기술, 신체 특징 인식 기술, 사용자 추적 및 관리 기술
	명령 인식	주의집중 기술, 음원추적 기술, 제스처 인식 기술, 목표물 추적 및 추종 기술
	의도 인식	표정인식 기술, 학습-추론 기반 상호작용 기술
	음성 인터페이스	음성인식 기술, 음향인식 기술, 음성합성 기술
제 어	자기위치 추정	Dead Reckoning 기술, 인공 표식 인식 기술, 자연 표식 인식 기술, 위치 정보 융합 기술
	지도 작성	환경 정보 등록 기술, 지도 관리 및 수정 기술
	경로 계획	전역 경로 계획 기술, 지역 경로 계획 기술, 장애물 회피 기술
	보행 제어	이족/사족/육족 보행 기술
	Manipulator 제어	Soft Manipulation 기술, 여유 자유도 제어 기술, 파지 제어 기술
로봇 지능	지식 표현	논리 기반 지식 표현 기술, 인지 기반 지식 표현 기술, 의도 파악 기술
	추론 엔진	추론엔진 기술, 내장형 추론엔진 기술, 시공간지식 추론 기술, 로봇 행위 제어 기술
	지식 학습	기호기반 학습기술, 부기호기반 학습기술, 개성 표출 기술, 대화기반 학습 기술
로봇 소프트웨어 아키텍처	자율 행위선택 메커니즘	가변우선순위 결정기술, 행위선택 학습기술
	미들웨어	로봇응용 배포 기술, 실시간 분산제어 미들웨어 기술
	임베디드 운영체제	커널 경량화 기술, 실시간 스케줄링 기술
	로봇 통신망	실시간 제어통신 프로토콜 기술, 네트워크 디바이스 드라이버 기술, 네트워크 프로토콜 스택 기술
	로봇 개발 환경	개발 방법론 제작 기술, 개발 도구 제작 기술
로봇 소프트웨어 기술	네트워크 인프라 기술	유무선 실시간 네트워크 기술, 로봇 통신 프로토콜 기술, 원격 로봇 보안 프로토콜 기술, 센서 네트워크 활용 기술, 유비쿼터스 컴퓨팅 기술, 실시간 로봇 원격제어 및 고장진단 기술

기술 대분류	중분류	내 용
	로봇 서버 기술	고가용성 서버 기술, 분산 처리 미들웨어 기술, 로봇 서비스 운용 기술, 로봇 분산통신 미들웨어 기술
	소프트웨어 로봇 기술	상황인지 기술, 동적 적응 기술, 이동 에이전트 기술, 소프트웨어 인터페이스 기술
	웹기반 로봇 서비스 기술	시멘틱 서비스 탐색 기술, 로봇 서비스 프로세스 제어 기술
기 구	이동기구	limbed vehicle 제작 기술, wheeled mobile robot 제작 기술
	manipulator	팔 및 링크 제작 기술, 손목 제작 기술, 손 제작 기술, 눈, 목 기구 제작 기술
	구동기	스마트 액츄에이터 제작 기술, 서보 모터 제작 기술, 신개념 구동기 제작 기술
	감속기	harmonic drive, rv 감속기, planetary gear 제작 기술

13-2 4IR Engineer의 글로벌 도전 기반 확립

1. 자율과 창의를 발휘

수직적인 문화에서 수평적 토론문화를 통한 자율과 창의성을 키워 나가는 작고 쉬운 것부터 시작해서 가시적인 성과를 낼 수 있도록 지속적인 인내의 노력이 필요하다.

2. 비젼, 미션 그리고 전략

미션(Mission)은 글로적 도전의 목표를 위한 가치를 창출하는 꿈과 희망인 것이다. 비젼(Vision)은 글로벌 도전의 미래 목표가 도출을 위한 구체적인 방법으로 환경적인 통찰력, 보편적 가치, 상황과 시기에 따라 가변적이다. 미션의 목표와 비젼의 방법으로 주관적인 의지로 추진하는 것이 공유와 실천의 전략이다.

3. 새로운 목표를 향한 노력 결의

무엇이든지 글로벌 도전의 목표는 중요하다. 그렇치만 그 목표 달성을 위해 가장 중요한 것은 확신이다. 아마도 글로벌 도전에서 늘 어려움이 직면하게 되는데 이럴 때는 확신을 가지고 노력하는 것이 중요하다. 결국 노력은 성공의 확률을 높이는 것이다. 목표를 구체적으로 세워서 된다는 생각하는 확신이 있어야 한다.

노력 = f(시간 × 집중) 이런 함수 관계가 성립한다.
내일의 꽃은 오늘의 씨앗에서 시작된다.

4. 우리가 시작한 글로벌 도전과 열정의 결실

남과 다른 생각과 방식으로 과감히 도전을 한다. 변화의 흐름을 슬기롭게 대처하고 이를 이끌어가기 위해서는 남과 다른 생각과 방식으로 과감히 도전해야한다.

글로벌 도전은 오늘 당장은 힘들고 어렵겠지만 이 시기를 참고 견디어 내면 마침내 희망찬 미래를 맞이하게 될 것이다.

[그림 13-2] You words carefully

출처 : success pictures

학습 13

13-3 4IR Engineer의 글로벌 도전

1. 병원/약국

분 류	항 목
중분류	예약/진찰, 내과/이비인후과, 피부과/비뇨기과, 외과/신경외과, 산부인과/소아과, 안과/치과, 문병, 약구입
소분류	자주 쓰이는 표현, 예약, 접수, 의사 문진, 의사 진찰, 처방, 검사

At a Clinic

A : What are your symptoms?

B : I have a fever and an upset stomach.

A : Oh, that's too bad. I'll give you a prescription.

B : Thanks.

At a Pharmacy

A : How has the doctor diagnosed your case?

B : He said I had an indigestion.
Here is a prescription.
I'd like to get the prescription filled.

A : Certainly. I'll be back with your medicine in a minute.

B : Thanks. I hope to feel better soon.

수행 내용

재료 · 자료

- 4차산업 혁명 관련 자료

기기(장비 · 공구)

- 컴퓨터, 프린터, 주변기기

안전 · 유의사항

- 컴퓨터 및 주변기기의 전원을 관리한다.

수행 순서

01 외국의 지능형 로봇 산업의 동향에 대하여 분석하라.

미국, 일본, EU와 같은 선진국은 미래의 잠재적인 로봇 시장의 주도권을 확보하기 위해서 적극적인 투자와 지원을 확대하고 있는 중이다.

1. 미국의 동향

미국은 국가 경쟁력의 원동력으로 인식하고 로봇 산업을 육성하고 있으며, 2011년 '첨단 제조 파트너 쉽'(AMP : Advanced Manufacturing Partnership)을 발표하고, 이 일환으로 '국가 로봇 계획(National Robotics Initative)'을 추진하고 있다.

미국 정부에서는 지능형 로봇 기술을 6대 첨단기술의 하나로 분류하여 미국 안보에 중대한 영향을 미칠 수 있는 중요 기술로 지정하였다. 먼저 청소 로봇을 일반에 판매하여 큰 성공을 거둔 IROBOT의 '룸바'와 엔터테인먼트 로봇인 타이거 일렉트로닉의 'I-CYBIE' 등의 개인서비스용 로봇 제품과 미국이 중점적으로 투자하고 있는 전문서비스용 로봇분야인 '팩봇'과 베어들 군사용 로봇인 다빈치 등이 있다.

미국의 주요 지능로봇 관련업체는 군사용 의료용 로봇과 같은 전문서비스용 로봇에 막

대한 투자 및 기술개발을 하고 있다.

예를 들어 휴머노이드 로봇, 3인조밴드 로봇, 오락용 로봇, 무선 제어 로봇, 청소용 로봇, 간호보조 로봇 등이 있다.

미국은 산업용 로봇의 창시국으로 시장규모 면에서 세계2위, 인공지능 등 원천기술 분야에서 세계 1위의 로봇 선도국이다. 우주, 국방, 의료 분야에서 로봇 기술의 활용이 돋보이며 대표적인 기업으로는 세계 최초의 청소 로봇 룸바를 생산하는 아이로봇, 최근 빅독으로 유명세를 탄 보스톤 다이내믹스사, 수술 로봇의 세계1위 기업 다빈치시스템의 인튜이티브 서지컬 등이 있다. 미국은 이미 알파벳(구글)의 자회사이던 보스턴 다이나믹스가 사람처럼 이족 보행을 하며 자유자재로 뛰거나 움직이는 로봇 아틀라스로 기술력을 과시한 바 있다. 사무실 같은 사무 공간이나 공장 등 활용 가능성이 무궁무진하다. 내년에는 건설현장 투입을 목표로 4족 보행 로봇 '스팟 미니'를 본격 판매할 계획이다.

미국의 대형 유통업체인 크로거는 올 연말을 목표로 실리콘밸리의 로봇 기업 뉴로를 통해 자율주행 로봇을 이용한 무인 배달 서비스를 준비하고 있다. 소비자가 온라인이나 매장을 방문해 필요한 물품을 선택하면 자율주행 로봇이 물품을 싣고 집 앞까지 가져다 주게 된다.

2. 일본의 동향

일본은 아베노믹스 성장전략의 핵심정책으로 범정부차원의 '로봇 新전략'을 발표('15년 1월 총리실 산하 '로봇혁명 실현회의')하고 로봇정책실을 설치하였고 큰 폭의 예산 증액('15년 160억엔→'16년 294억엔)은 물론 R&D 중심의 지원을 벗어나 시장화를 지원하는 '로봇도입 실증 사업'을 적극 추진하고 있다. 일본은 미국에서 발명된 산업용 로봇(Unimation사의 PUMA)을 본격 산업화한 시장 규모면에서 세계1위의 로봇강국이다. 미쓰비시 중공업, 히다찌, 야스카와, 나가사끼 중공업 세계 굴지의 산업용 로봇 제조회사들이 로봇 산업을 형성하고 있다.

일본은 정통적인 로봇 강국으로 자율주행 기술 개발과 함께 현장 투입 테스트에 공을 들이고 있다. 소프트뱅크의 로봇 페퍼는 일본 소프트뱅크 매장 140여 곳에서 접객 업무를 진행 중이다. 간사이 국제공항은 올해 초 셀프 체크인 로봇과 청소 로봇의 실증 테스트를 마쳤다. 일본 치바 공대는 지난 7월 지능형 로봇에서 탑승형 로봇으로 변신할 수 있는 칸구로를 개발하고, 일본 도요하시 공대도 꽃재배용 자율주행 로봇을 개발 중이다.

업계 관계자는 "자율주행 로봇의 발전은 저 출산과 인구 고령화로 인한 노동 인구 감소를 해결할 수 있는 대안이 될 수 있을 것"이라고 말했다. 이처럼 지능형 로봇의 실행화가 시작되고 있다. 지능형 로봇은 인구 문제로 인한(고령화 저출산)상황을 어느 정도 대체하여 인구 문제 해결에 있어 중요한 문제 해결을 할 수 있다. 일본은 대기업 주도로 개인용 서비스로봇 중심의 연구개발이 활발하며, 제조업용 로봇에 이어 서비스 로봇에서도 전 세계 지능형 로봇 시장을 주도하고 있다.

산업체에서는 제조용 로봇을 통해 확보한 주요기술을 지능형 로봇의 제어에 응용하고, 학연을 중심으로 지능을 위해 필요한 애플리케이션을 개발하고 있다.

일본의 차세대 로봇 기술에 대한 연구개발 방향은 사회적인 인구 구성의 변화와도 큰 관계가 있다. 고령화 사회인 일본에서는 국가적인 차원에서 노인과 어린이 가사노동을 대상으로 하는 로봇이 깊게 연구되고 있고, 실제 상용화된 제품이 출시되고 있다. 예를 들어 '이프봇(IFBOT)'은 독거 노인들의 말상대를 해줄 수 있는 노인과의 대화만을 위해 고안된 로봇이다. 또 가정에 애완견이나 아이가 혼자있는 경우가 많아 집 밖에서도 언제든 핸드폰을 통해 이들을 보살필 수 있도록 하는 영상 모니터일 전문 로봇 '로보리아'를 상용화하였다.

3. 유럽의 동향

유럽에서는 주로 독일을 중심으로 청소, 구조/국방/보안, 건설/파괴. 낙농, 의료, 에듀테인먼트 등의 분야에서 활용되는 서비스 로봇을 제작 판매하고 있고, 진공청소로봇분야는 스웨덴에서 세계최초로 청소로봇 TRILOBITE를 개발하여 현재의 청소로봇 시장의 산파 역할을 담당하였다.

청소 로봇은 영국의 다이슨, 독일의 KARCHER 등이 생산하고 있다. 독일 'SIEMENS'의 'SINAS'는 로봇의 자율 이동 기능을 이용해 대형 마트 등에서 청소와 짐 운반 등의 서비스를 제공하고 있다.

프랑스의 MECCANO의 SPYKEE의 경우 와이파이, 블루투스, 적외선과 음성인식기술이 적용된 조립로봇으로, 로봇의 모바일 CCTV를 통해 집 상태를 살펴볼 수 있고, 와이파이를 이용해 전세계 어디에 있든지 조정이 가능한 스파이 로봇이다.

유럽은 전통적으로 낙농산업과 복지산업이 발달한 지역으로, 로봇도 농업용 로봇과 실버 복지 로봇에 대한 연구가 한창이다. EU는 로봇 분야 실행을 위해 연구와 혁신을 추진하는 SPARC프로그램을 개시하였다.

독일은 스마트 공장 시스템에 중점을 두어 하이테크 전략(Industry 4.0)을 추진하고 있고, 프랑스는 중소기업에 로봇 설비투자에 10%까지 자금지원을 하고 더불어 세계 5대 서비스 로봇 국가진입을 목표로 적극적인 육성정책을 추진하고 있다. 영국은 '국가 로봇 전략'을 수립하고 '25년까지 세계 로봇시장의 10%점유를 목표로 하고 있다.

4. 중국의 동향

중국은 중국 10대 산업 육성계획의 핵심 산업분야로 로봇을 선정하고 Smart Manufacturing 프로젝트('15년 3월)를 추진하고 있다. 또한 '로봇 산업 발전계획('16~'20년, 5개년 계획)'을 발표하고('16년 3월)하고 국제 수준의 제품 성능 및 품질 확보, 핵심부품 기술력 향상, 시장 수요를 만족시키는 로봇산업 시스템 구축계획을 제시하였으며, 교육용 로봇 등에 관심을 보이고 있다.

02 포스트 코로나 시대와 차세대 로봇에 대하여 분석하라.

미래에는 로봇이 경제 주요 구성원이 될 것이라는 내용의 책을 쓴 미래학자 마틴 포드는 "코로나19가 소비자의 패턴을 바꾸면서 '자동화'라는 새로운 기회의 문이 활짝 열렸다"고 설명한다.

이와 같이 각계 전문가들은 코로나19의 확산으로 인한 주요 변화로 산업 영역의 자동화를 논하고 있다. 산업 영역의 자동화는 로봇 기술과 밀접한 관련이 있고 최근에는 인공지능, 사물인터넷, 빅데이터, 클라우드 컴퓨팅 등 4차산업혁명의 주요 기술들이 로봇 기술과 융합하면서 로봇 기술은 더욱 빠른 성장세를 보이고 있다.

로봇은 외부환경을 인식하고 스스로 상황을 판단해 자율적으로 동작하는 기계이다. 보편적으로 로봇은 산업용 로봇과 서비스 로봇으로 구분지을 수 있다.

산업용 로봇은 산업 현장에서 사용되는 자동화 로봇, 인간과 협력하는 코봇(Co-Bot), 인간의 안전과 작업 능력을 향상시켜 주는 웨어러블 로봇 등으로 진화하면서 적용 분야가 확대되고 있다.

서비스 로봇은 물류, 배송, 전문서비스 로봇으로 구분되며 전문 서비스 로봇은 의료, 서빙, 요리 등 다양한 인간의 활동영역에서 활용된다.

코로나19로 언택트 기술의 관심도와 중요도가 커지면서 이들 로봇 기술 중에서도 기존의 로봇과 차별화되는 상황판단기능과 자율 동작기능이 추가돼 사람과 협력하는 차세대 로봇의 역할이 그 어느 때보다 주목받고 있다.

기존의 로봇과 차별화되는 상황판단기능과 자율동작기능이 추가돼 사람과 협력하는 차세대 로봇인 코봇, 물류 로봇, 서비스 로봇은 코로나19로 인해 발생되는 다양한 문제를 해결하고 각 산업 현장 내지 민간 부분에서 새롭게 발굴되는 수요를 충족시킬 수 있는 바 전문가들은 향후 더욱 많은 기업이나 조직들이 차세대 로봇 기술을 채택할 것이라고 보고있다. 코로나19 이후 급속도로 진행되고 있는 사회·경제의 디지털화와 맞물려 차세대 로봇 기술 및 해당 시장 역시 코로나19가 성장 견인차의 역할을 하는 것이다.

미래 산업 기술경쟁력을 갖추기 위해서 차세대 로봇 기술은 매우 중요한 역할을 할 것으로 보이는 바 이와 관련된 우리 기업들은 핵심부품 및 소재기술을 확보하고 표준 및 인증을 지원하는 민관 협력체계를 구성하는 등 건강한 산업 생태계를 구축하려는 노력이 필요하다. 또한 물류, 서비스 분야에 해당되는 기업의 경우 필요한 로봇을 적재적소에 적극적으로 도입하거나 현장에서 획득한 노하우를 가지고 기술개발 및 사업화를 추진해 차세대 로봇 산업의 성장을 돕고 경쟁력을 확보할 수도 있겠다.

03 인간과 협업하는 로봇에 대하여 분석하라.

먼저 물리적으로 공유되는 작업 공간에서 인간과 상호작용하는 코봇(Co-Bot)은 산업 현장에서 포장·기계 사용을 위한 구성요소 로드와 언로드, 조립 등에 이용된다. 시장조사기관인 Grand View Research에 의하면 글로벌 코봇 시장 규모는 2018년 6억6100만 달러로 2019년에서 2025년까지 44.5%의 연평균성장률(CAGR)을 보일 것으로 조사됐으며, 해당 보고서에서 주목하는 코봇 시장 성장 요인과 미국 코봇 시장 전망은 다음과 같다.

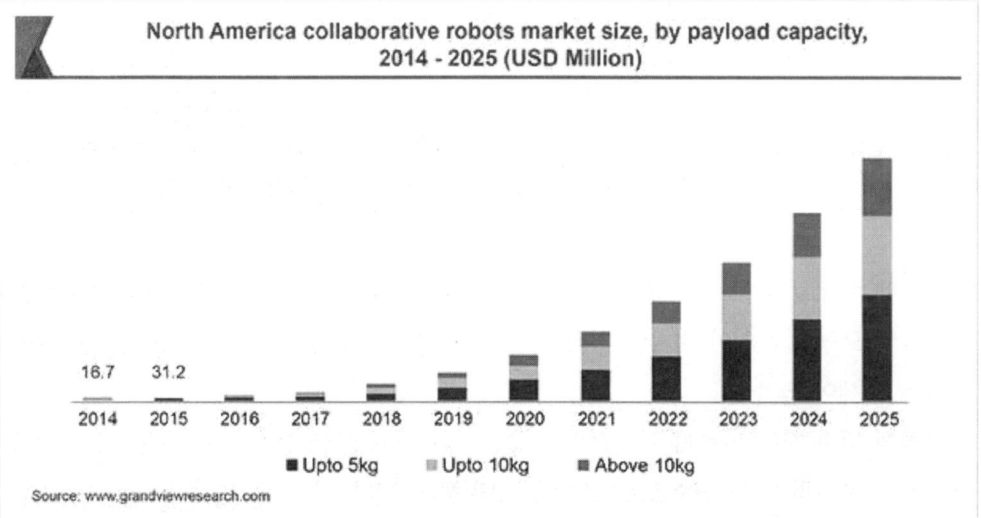

[그림 13-3] 미국 로봇 시장 전망

학습 13

〈표 13-2〉 글로벌 코봇 시장 성장요인

연 번	성장요인
1	중소기업 채택 증가
2	제조 프로세스 자동화의 가속화 및 이에 대한 투자 증가
3	스마트 부품 조립 및 전자 제품 조립 분야의 이용 증가
4	높은 페이로드(Payload) 용량을 요구하는 작업에 대한 수요 증가
5	센서, 소프트웨어 및 EOAT(End of Arm Tooling)과 같은 관련 기술의 발전

상기와 같이 페이로드 용량을 기준으로 코봇 시장 전망을 구분해 볼 수 있는 바 특히 10kg 페이로드 용량을 초과하는 코봇은 정밀성과 신뢰성이 높기 때문에 시장 전망이 밝으며, 예측 기간 동안 46.2%의 연평균성장률을 보일 것으로 예측됐다.

미국의 주요 코봇 생산업체는 Rethink Robotics, Precise Automation, Aubo 등이 있으며 해당 업체들이 개발해 출시한 코봇은 미국 내 제조업 활성화에 적극적으로 기여하고 있는 것으로 평가되고 있다.

〈표 13-3〉 미국의 주요 코봇 생산업체와 업체별 기술개발현황

업체명	현 황
Rethink Robotics	• 미국에서 코봇 최초 개발 • Sawyer, Baxter 등 출시 • 사람이 자유롭게 로봇 관절을 조작해 원하는 자세로 쉽게 프로그래밍
Precise Optmation	• 간단한 구조의 코봇 제작 • 작업자의 안전 확보하기 위한 충돌센서, 직접 교시 기능 보유 • 생명공학연구를 지원하도록 설계된 Sample Handler 등 출시
Aubo Robotics	• 6축, 3, 5, 7, 10kg의 페이로드를 갖춘 경량 산업용 로봇 • 프로그래밍 기술 없이 데모로 로봇을 빠르고 쉽게 프로그래밍 가능 • 안전펜스, 레이저 또는 센서없이 작업자와 나란히 작동

최근에는 코로나19로 인해 제조 산업 영역에서 기존의 생산기지의 글로벌화가 크게 타격을 입으면서 기업이 위치한 지역 내지 자국 중심으로 밸류 체인(Value Chain)이 강화되는 추세이다.

이렇게 되면 제조 비용이 지속적으로 증가하게 되고 생산 인력은 감소하므로 기업들은 생산성을 제고하기 위하여 로봇 도입을 고려하게 된다.

코로나19가 로봇 수요의 증가와 도입을 촉진하는 역할을 하는 것이다. 이러한 상황에서

제조 현장의 인력 투입을 줄이고 전염 위험도를 낮출 수 있는 코봇은 포스트 코로나 시대에 시사하는 바가 크다고 볼 것이다.

04 물류 로봇에 대하여 분석하라.

물류 로봇은 서비스 로봇 중 하나로 사물인터넷 기술, 자율주행기술, 인공지능기술의 융합을 통해 물류 효율 향상을 목적으로 물류센터, 공장 등에서 사용되는 로봇 시스템으로 물품의 포장·분류·적재 및 이송과정에 주로 활용되는 로봇을 의미한다. 미국에서는 구글, 아마존, DHL 등 글로벌 기업들이 물류 혁신을 위한 로봇 기술을 도입하고 있으며, 물류 효율이 각국의 산업 경쟁력을 좌우하는 등 물류 산업이 미래 핵심 산업으로 등장하고 있어 서비스 로봇 분야 중에서도 가장 유망하고 성장잠재력이 높은 분야이다.

시장조사기관인 Research and Market에 의하면 글로벌 물류 로봇 시장은 2018년에 4조3562억 달러를 기록했으며, 2019~2027년에 19.1%의 CAGR로 성장해 2027년에 20조2293억 달러 규모에 이를 것으로 예상된다. 북미 시장은 2018년 글로벌 물류 로봇 시장에서 아시아-태평양 시장에 이어 2위를 차지했으나 2019~2027의 예측 기간 동안 가장 높은 시장 성장률을 보일 것으로 관측됐다.

물류 로봇은 ① 물류센터·공장에서 사용되는 물류 로봇, ② 병원·요양원·호텔 등 대형건물에서 사용되는 물류 로봇, ③ 최종 소비자에게 상품을 전달하는 라스트 마일 배송 로봇으로 세분화할 수 있으며 각 세분화된 카테고리별 미국의 주요 물류 로봇 생산업체는 다음과 같다.

〈표 13-4〉 미국의 주요 물류 로봇 생산업체와 업체별 기술개발현황

카테고리	업체명	현 황
물류센터 및 공장에서 사용되는 물류 로봇	Amazon Robotics	• 물류센터에서 주로 운영 중이며, 물류 비용의 80% 절감 • 물건 처리 시간이 90분에서 15분으로 단축 • 인간-로봇 협업 및 다중로봇 최적 스케줄링 • 로봇시스템을 단순화하고 로봇의 도입과 유지비용을 낮춰 수만 대의 로봇 운용 가능 • Prime Air (드론배송) 등의 다양한 형태의 배송로봇 개발 중
	6RS (6 River Systems)	• 물류 창고 로봇 Chuck 개발, 높이 조정 가능 • 터치 스크린 탑재해 적재할 물품 이미지, 개수, 작업자 이동 방향 등을 표시 가능

학습 13

카테고리	업체명	현 황
	Seegrid	• 2D vision 기술을 바탕으로 창고 내 무인자율주행 지게차 Tow 개발한 스타트업 • 레이저, 와이어 가이드, 자기테이프 없이 비전가이드 센서가 장착된 AGV가 스스로 주위환경을 파악하고 가상격자를 매핑함으로써 자율주행
	Fetch Robotics	• 피킹로봇 Fetch, 이송로봇 Freight, 로봇 관리용 소프트웨어 Fetchcore 개발 • 주문 접수 시 Fetch와 Freight가 창고에서 해당 물건을 바구니에 넣어 포장대까지 운반
	Right Hand Robotics	• 하버드, 예일, MIT 연구자들이 공동 개발 • 사람과 비슷한 수준의 시간당 500~600개의 아이템을 잡을 수 있는 Right Pick 기술 개발 • 플라스틱으로 포장된 물건, 부분적으로 다른 물건에 가려진 물건을 인식하는 기술 개발
대형 건물에서 사용되는 물류 로봇	AETHON	• 병원에서 의약품, 검체, 식사, 린넨(옷감) 등의 배송을 주목적으로 하는 로봇 TUG 개발 • 최대 450kg, 10시간 동작 • 자동문 연동, 엘리베이터를 이용한 층 간 이동 가능
	Savioke	• 호텔 등에서 스낵, 타월 등 각종 서비스 용품을 배달하는 로봇 Relay 개발
최종 소비자에게 상품을 전달하는 라스트 마일 배송 로봇	Starship Technologies	• 보행로를 따라 이동하는 실외 배송 로봇 • LiDAR를 적용하지 않고 5대의 카메라, GPS, 관성센서, 인공지능기술을 적용해 신호인지, 보행자 인지 등을 통해 자율주행
	Marble Robotics	• 3차원 정밀지도와 3차원 LiDAR를 적용해 복잡한 도심 환경에 적용가능하고 높은 안정성을 가진 배달로봇 개발
	Agility Robotics	• 이족보행이 가능한 휴머노이드형 배달로봇 개발 • 계단을 오르내리거나 장애물이 있는 복잡한 지형을 배송물품을 들고 걸어다닐 수 있음.

아마존과 같은 전자 상거래 및 소매업체는 물류가 전체 공급망에서 중요한 역할을 하기 때문에 물류 로봇의 역할은 더욱 확대되고 중요해질 전망이다.

또한 병원에서는 코로나19 감염위험이 큰 검체 폐기물과 식사의 운반을 로봇이 대신할 경우 전염의 위험성을 크게 줄일 수 있으므로 수요가 증가할 것으로 예측되며, 최종 소비자에게 상품이 전달되는 단계에서 역시 비접촉식 배송에 대한 수요가 커지고 있는바 물류 로봇은 포스트 코로나 시대에서 핵심적인 역할을 할 것으로 기대된다.

05 서비스 로봇에 대하여 분석하라.

차세대 서비스 로봇은 외부 환경을 인식하고 스스로 상황을 판단해 자율적으로 동작하고 반응해 의료, 실버, 헬스케어, 재난, 농업, 교육 등 다양한 분야에서 사용될 수 있다. 특히 개인 맞춤형 서비스에 대한 욕구가 커지고 노령인구증가에 따른 각종 사회문제가 대두되는 현대인의 일상 속에서도 별로 주목받지 못하던 서비스 로봇이 코로나19의 확산이 불러온 공공보건 위기 속에서 사람들의 건강과 안전을 보장하는 솔루션으로 급부상하고 있다.

글로벌 시장 조사 기업인 Market and Market이 2019년에 발표한 서비스 로봇의 세계시장전망 보고서에 따르면 글로벌 서비스 로봇 시장은 2018년에 114억8000만 달러(약 13조6400억 원)에 달하며 예측 기간인 2019년부터 2024년까지 약 25.34%의 연평균성장률로 2024년에는 시장규모가 509억달러에 이를 것으로 전망하고 있다.

미국에서는 수술 로봇, 화상 진료 로봇, 항공 기내 청소 로봇, 간병 로봇, 서빙 로봇 등의 서비스 로봇의 개발이 활발하게 이뤄지고 있으며, 주요 서비스 로봇 생산업체는 다음과 같다.

〈표 13-5〉 미국의 서비스 로봇 생산업체 및 기술개발현황

업체명	현 황
Boston Dynamics	• 4족 보행로봇 SPOT 출시 • 공사장 업무용으로 활용되는 SPOT에 대형 태블릿을 장착해 원격의료플랫폼으로 활용 • 메사추세츠 브리검여성병원에 시범적으로 투입돼 화상문진 수행 • 향후 원격진단검사, 소독 등 서비스 영역 확대할 예정
Dimer UVC Innovations	• 항공기 소독 로봇 GermFalcon 개발 • LA, SF, 뉴욕 국제공항에 소독 로봇 무상 제공 • 자외선(UVC) 이용해 기내 객실, 조리실, 승무원 탑승 공간 소독
INF Robotics	• 간병용 로봇 Rudy 개발
CAPSA Healthcare	• 약 조제용 로봇 Kirby lester robot 개발
Luvozo	• 요양시설이나 노인복지시설에서 사용되는 서비스 로봇 Sam 개발 • 자율주행기능, 텔레프레전스 기능 갖추어 노인들을 대상으로 건강이상유무 확인 및 일상 생활에 대한 상담 가능

학습 13

전문가들은 의료 서비스 로봇의 경우 우리나라의 세계적인 임상능력을 활용한다면 유망 품목으로 성장할 가능성이 높고 간병 로봇과 같은 소셜 로봇의 경우도 우리나라가 확보하고 있는 IT 핵심역량을 잘 활용한다면 글로벌 경쟁력 확보도 가능할 것으로 보고 있다.

코로나19로 대두되고 있는 각종 사회문제를 서비스 로봇이 해결하면서 서비스 로봇에 대한 긍정적인 인식이 증가하고 서비스 로봇을 통해 기업 입장에서는 생산성 향상을, 개인은 삶의 질 향상을 도모할 수 있을 것으로 기대된다.

06 4IR Engineer의 글로벌 도전을 위해 유용한 문장을 영어로 표현하라.

Useful Expressions(문장을 영어로 표현하기)

1. 배가 아파요.

   I have a stomachache.

2. 입원해야 해요?

   Do I have to be hospitalized?

3. 제임스 선생님께 진료 예약을 하고 싶어요.

   I'd like to make an appointment with Dr.Smith.

4. 종합 검진을 받고 싶어요.

   I want to get a general check-up.

5. 입원해야 해요?

   Do I have to be hospitalized?

6. 언제 퇴원하세요?

   When will you be discharged?

학습활동.13 교수 · 학습 방법

교수 방법

- 4IR 글로벌 도전의 기반확립과 결실 대한 관련 용어, 구성, 방식 이해 정도를 파악한 후 수업을 진행한다.
- 교수자의 주도로 4IR 글로벌 도전의 기반확립과 결실 등의 내용을 PPT 자료로 제시한 후 설명한다.
- 가능하면 사전에 개인별 학습 자료를 준비하여 모든 학생이 참여할 수 있는 문제 해결식 수업, 협력 수업이 가능하도록 한다.
- 4IR 글로벌 도전의 기반확립과 결실 전 과정을 작업의 순서에 따라 단계적으로 실습이 이루어질 수 있도록 지도한다.
- 교재를 통해 수업을 준비하는데 있어서 필요한 모든 정보나 팁, 힌트 등 도움이 될 만한 내용들을 확인할 수 있다.
- 학생들이 만들게 될 각 모델들은 수업시간에 중점적으로 다뤄질 부분과 어휘, 질문, 답을 포함하고 있으며 또한 탐구할만한 추가적인 아이디어들도 포함하고 있다.

학습 방법

- 4IR 글로벌 도전의 기반확립과 결실에 대한 관련 용어를 숙지하고, 4IR 글로벌 도전의 기반확립과 결실에 대해 이해한다.
- 4IR 글로벌 도전의 기반확립과 결실의 각 단계별 중점 사항을 체계적으로 학습한다.
- 4IR 글로벌 도전의 기반확립과 결실의 수행순서의 전 과정을 실습한다.
- 4IR 글로벌 도전의 기반확립과 결실의 내용을 이해한다.
- 4IR 글로벌 도전의 기반확립과 결실을 이해하고 숙달이 될 때까지 학습한다.

학습활동.13 평가 및 피드백

평가 준거

- 평가자는 피평가자가 수행 준거 및 평가 내용에 제시되어 있는 내용을 성공적으로 수행할 수 있는 지를 평가해야 한다.

학습내용	평가항목	성취수준		
		상	중	하
4IR 글로벌 도전의 기반 확립과 결실	4IR 글로벌 도전의 기반확립과 결실을 이해할 수 있다.			

평가 방법

• 작업 포트폴리오

학습내용	평가항목	성취수준		
		상	중	하
4IR 글로벌 도전의 기반 확립과 결실	4IR 글로벌 도전의 기반확립과 결실을 이해할 수 있다.			

• 필기시험

학습내용	평가항목	성취수준		
		상	중	하
4IR 글로벌 도전의 기반 확립과 결실	4IR 글로벌 도전의 기반확립과 결실을 이해할 수 있다.			

• 체크리스트를 통한 관찰

학습내용	평가항목	성취수준		
		상	중	하
4IR 글로벌 도전의 기반 확립과 결실	4IR 글로벌 도전의 기반확립과 결실을 이해할 수 있다.			

• 피드백

1. 작업 포트폴리오
   - 제출한 보고서를 평가한 후 주요 사항에 대하여 표시하여 돌려준다.
2. 필기시험
   - 평가 결과 성적이 저조한 학생은 보고서 제출 기회를 부여한다.
3. 체크리스트를 통한 관찰
   - 실습 과정에서 평가한 후 개선해야 할 사항 등을 정리하여 돌려둔다.

참 | 고 | 문 | 헌

1. 감동근, https://news.samsung.com/kr/gksrnr-dpswlsldj 지망생에게 건네는 두 가지 당부 2017.10.12
2. 김덕현, 4차산업혁명과 융합, https://brunch.co.kr/@duk-hyun/11, 2018. Aug.04
3. http://www.moreagile.net/2014/08/it.html
4. 컴퓨터 정보용어 대사전 한국사전연구사
5. 위키백과, https://ko.wikipedia.org/wiki/
6. https://www.oxford-royale.com/articles/reasons-learn-english/
7. https://m.blog.naver.com/PostView.
8. 중앙일보, 라이프 트렌드, 글로벌 기업 일자리 도전, 청년들이여 이렇게 준비하라
9. 엄일연, https://m.post.naver.com/viewer/철저히 준비하고 혁신적으로 도전하라, 글로벌SE, 2018.12.04
10. https://blog.hyosung.com/1381 [마이프렌드 효성 블로그]
11. https://www.bioin.or.kr/과학기술이 해결할 수 있는 10대 글로벌 도전과제, 2019. 4.11
12. MIT Technology Review, Ten big global challenges technology could solve, 2019.2.27
13. https://www.sedaily.com/NewsVIew/1VQZIUGI22
14. https://daystudy.tistory.com/227
15. https://newsroom.intel.co.kr/인텔, 글로벌 도전과제
16. https://phrase.dict.naver.com/네이버 글로벌 회화
17. 위키백과사전, 지능형로봇
18. https://www.itfind.or.kr/지능형로봇
19. 한국 산업기술평가관리원, KEIT, KOTRA 실리콘밸리 무역관 자료 종합
20. 한국산업기술평가관리원, 미국, 차세대 로봇 기술 개발 동향
21. KEIT, 물류 로봇 기술동향 및 향후 전망, 한국산업기술평가관리원 "미국, 차세대 로봇 기술 개발 동향"

학습 13

저자약력

■ 남 상 엽

- 공학박사
- 삼성종합기술원 정보시스템연구소 근무
- 모토로라반도체통신 기술연구소 근무
- 국제대학교 교수(현재)

■ 고 인 숙

- 성균관대학교 영문학박사
- 국제대학교 교수(현재)

4차산업 핵심기술 및 글로벌 도전

2020년 9월 5일 1판 1쇄 발행

저 자 남상엽 · 고인숙
발행인 남 승 우

발행처 도서출판 상尙 학學 당堂
서울특별시 동작구 사당로9가길 6
TEL : 02) 595-1692~4
FAX : 02) 595-1394
E-mail : namdoo6@unitel.co.kr
신고 : 2-155호 (1968. 11. 29)

정가 28,000원

ISBN 978-89-6587-201-6 93560

〈디자인〉 편집 엄해숙 / 표지 토틀컴